O andar do bêbado

Leonard Mlodinow

O andar do bêbado

Como o acaso determina nossas vidas

Tradução:
Diego Alfaro

Consultoria:
Samuel Jurkiewicz
Coppe-UFRJ

2ª edição
14ª reimpressão

ZAHAR

Para os meus três milagres da aleatoriedade: Olivia, Nicolai e Alexei...
e para Sabina Jakubowicz

Tradução autorizada da primeira edição americana, publicada em 2008 por Pantheon Books, uma divisão de Random House, Inc., de Nova York, Estados Unidos

Grafia atualizada segundo o Acordo Ortográfico da Língua Portuguesa de 1990, que entrou em vigor no Brasil em 2009.

Título original
The Drunkard's Walk: How Randomness Rules Our Lives

Capa
Sérgio Campante

Imagem de capa
2h/iStock.com

Indexação
Nelly Praça

Revisão
Clara Diament
Joana Milli

CIP-Brasil. Catalogação na publicação
Sindicato Nacional dos Editores de Livros, RJ

M681a Mlodinow, Leonard 1954-
O andar do bêbado: como o acaso determina nossas vidas / Leonard Mlodinow; tradução Diego Alfaro; consultoria Samuel Jurkiewicz. — 2ª ed. — Rio de Janeiro: Zahar, 2018.
il.

Tradução de: The Drunkard's Walk: How Randomness Rules Our Lives.
Inclui bibliografia e índice
ISBN 978-85-378-1810-7

1. Modelos matemáticos – Aspectos sociais. 2. Variáveis aleatórias. 3. Probabilidades. 4. Acaso. I. Alfaro, Diego. II. Jurkiewicz, Samuel. III. Título.

CDD: 519.2
18-51945 CDU: 519.2

Vanessa Mafra Xavier Salgado – Bibliotecária – CRB-7/6644

EDITORA SCHWARCZ S.A.
Praça Floriano, 19, sala 3001 — Cinelândia
20031-050 — Rio de Janeiro — RJ
Telefone: (21) 3993-7510
www.companhiadasletras.com.br
www.blogdacompanhia.com.br
facebook.com/editorazahar
instagram.com/editorazahar
twitter.com/editorazahar

Sumário

Prólogo

Alguns anos atrás, um homem ganhou na loteria nacional espanhola com um bilhete que terminava com o número 48. Orgulhoso por seu "feito", ele revelou a teoria que o levou à fortuna. "Sonhei com o número 7 por 7 noites consecutivas", disse, "e 7 vezes 7 é 48."[1] Quem tiver melhor domínio da tabuada talvez ache graça do erro, mas todos nós criamos um olhar próprio sobre o mundo e o empregamos para filtrar e processar nossas percepções, extraindo significados do oceano de dados que nos inunda diariamente. E cometemos erros que, ainda que menos óbvios, são tão significativos quanto esse.

O fato de que a intuição humana é mal adaptada a situações que envolvem incerteza já era conhecido nos anos 1930, quando alguns pesquisadores notaram que as pessoas não conseguiam nem imaginar uma sequência de números que passasse em testes matemáticos de aleatoriedade nem reconhecer com segurança se uma série dada havia sido gerada aleatoriamente. Nas últimas décadas, surgiu um novo campo acadêmico que estuda o modo como as pessoas fazem julgamentos e tomam decisões quando defrontadas com informações imperfeitas ou incompletas. Suas pesquisas mostraram que, em situações que envolvem o acaso, nossos processos cerebrais costumam ser gravemente deficientes. É um ramo que reúne muitas disciplinas, não só a matemática e as ciências tradicionais, como também a psicologia cognitiva, a economia comportamental e a neurociência moderna. Porém, embora tais estudos tenham sido legitimados por um recente Prêmio Nobel (de Economia), suas lições, em grande parte, ainda não vazaram dos círculos acadêmicos para a psique popular. Este livro é uma tentativa de remediar essa situação. Ele trata dos princípios que governam o acaso, do desenvolvimento dessas ideias e da maneira pela qual elas atuam em política, negócios, medicina, economia, esportes, lazer e outras áreas da atividade humana. Também trata do modo como tomamos decisões e dos processos que nos levam a julgamentos equivocados e decisões ruins quando confrontados com a aleatoriedade ou a incerteza.

A falta de informações frequentemente leva à concorrência entre diferentes interpretações. Esse é o motivo pelo qual foi necessário tanto esforço para confirmarmos o aquecimento global, pelo qual certos medicamentos às vezes são declarados seguros e depois retirados do mercado e, presumivelmente, pelo qual nem todas as pessoas concordam com a minha observação de que o milk-shake de chocolate é um componente indispensável de uma dieta saudável para o coração. Infelizmente, a má interpretação dos dados tem muitas consequências negativas, algumas grandes, outras pequenas. Como veremos, por exemplo, médicos e pacientes muitas vezes interpretam erroneamente as estatísticas ligadas à efetividade de medicamentos e o significado de exames importantes. Pais, professores e alunos se equivocam quanto ao significado de provas como o vestibular, e enólogos cometem os mesmos erros com relação à classificação de vinhos. Investidores chegam a conclusões inválidas ao analisarem o desempenho histórico de fundos de ações.

Nos esportes, criamos uma cultura na qual, com base em sensações intuitivas de correlação, o êxito ou fracasso de um time é atribuído em grande medida à competência do técnico. Por isso, quando um time fracassa, normalmente o técnico é demitido. A análise matemática das demissões em todos os grandes esportes, no entanto, mostrou que, em média, elas não tiveram nenhum efeito no desempenho da equipe.[2] Um fenômeno análogo tem lugar no mundo corporativo, onde se acredita que os diretores-gerais possuem um poder sobre-humano para fazer ou falir uma empresa. Ainda assim, em companhias como Kodak, Lucent, Xerox e outras, esse poder muitas vezes se mostrou ilusório. Nos anos 1990, por exemplo, quando dirigia a GE Capital Services sob o comando de Jack Welch, Gary Wendt era tido como um dos homens de negócios mais perspicazes dos Estados Unidos. Para Wendt, essa reputação se traduziu num bônus de US$45 milhões quando foi contratado para dirigir a companhia Conseco, que passava por dificuldades financeiras. Os investidores aparentemente concordaram com a ideia de que, com Wendt no leme, os problemas da Conseco estariam resolvidos: as ações da empresa triplicaram em um ano. No entanto, dois anos depois, Wendt se demitiu de repente, a Conseco faliu e as ações foram vendidas por centavos.[3] Teria ele se deparado com uma tarefa impossível? Teria dormido no volante? Ou será que sua coroação se baseou em pressupostos questionáveis, como o de que um executivo tem capacidade quase absoluta de afetar o rumo de uma empresa, ou de que um único êxito passado serve como indicador confiável da performance futura de alguém? Em qualquer situação específica, não podemos chegar a respostas seguras sem examinarmos os detalhes do caso em questão. Isso é o que farei por diversas vezes neste livro. Porém, o mais importante é que apresentarei as ferramentas necessárias para identificarmos os indícios do acaso.

Nadar contra a corrente da intuição é uma tarefa difícil. Como veremos, a mente humana foi construída para identificar uma causa definida para cada acontecimento, podendo assim ter bastante dificuldade em aceitar a influência de fatores aleatórios ou não relacionados. Portanto, o primeiro passo é percebermos que o êxito ou o fracasso podem não surgir de uma grande habilidade ou grande incompetência, e sim, como escreveu o economista Armen Alchian, de "circunstâncias fortuitas".[4] Os processos aleatórios são fundamentais na natureza, e onipresentes em nossa vida cotidiana; ainda assim, a maioria das pessoas não os compreende nem pensa muito a seu respeito.

O título *O andar do bêbado* vem de uma analogia que descreve o movimento aleatório, como os trajetos seguidos por moléculas ao flutuarem pelo espaço, chocando-se incessantemente com suas moléculas irmãs. Isso pode servir como uma metáfora para a nossa vida, nosso caminho da faculdade para a carreira profissional, da vida de solteiro para a familiar, do primeiro ao último buraco de um campo de golfe. A surpresa é que também podemos empregar as ferramentas usadas na compreensão do andar do bêbado para entendermos os acontecimentos da vida diária. O objetivo deste livro é ilustrar o papel do acaso no mundo que nos cerca e mostrar de que modo podemos reconhecer sua atuação nas questões humanas. Espero que depois desta viagem pelo mundo da aleatoriedade, você, leitor, comece a ver a vida por um ângulo diferente, com uma compreensão mais profunda do mundo cotidiano.

1. Olhando pela lente da aleatoriedade

LEMBRO-ME DE, QUANDO ADOLESCENTE, ver as chamas amarelas das velas do sabá dançando aleatoriamente sobre os cilindros brancos de parafina que as alimentavam. Eu era jovem demais para enxergar algum romantismo na luz de velas, mas ainda assim ela me parecia mágica – em virtude das imagens tremulantes criadas pelo fogo. Moviam-se e se transformavam, cresciam e desvaneciam sem nenhuma aparente causa ou propósito. Certamente, eu acreditava, devia haver um motivo razoável para o comportamento da chama, algum padrão que os cientistas pudessem prever e explicar com suas equações matemáticas. "A vida não é assim", disse meu pai. "Às vezes ocorrem coisas que não podem ser previstas." Ele me contou de quando, em Buchenwald, o campo de concentração nazista em que ficou preso, já quase morrendo de fome, roubou um pão da padaria. O padeiro fez com que a Gestapo reunisse todos os que poderiam ter cometido o crime e alinhasse os suspeitos. "Quem roubou o pão?", perguntou o padeiro. Como ninguém respondeu, ele disse aos guardas que fuzilassem os suspeitos um a um, até que estivessem todos mortos ou que alguém confessasse. Meu pai deu um passo à frente para poupar os outros. Ele não tentou se pintar em tons heroicos, disse-me apenas que fez aquilo porque, de qualquer maneira, já esperava ser fuzilado. Em vez de mandar fuzilá-lo, porém, o padeiro deu a ele um bom emprego como seu assistente. "Um lance de sorte", disse meu pai. "Não teve nada a ver com você, mas se o desfecho fosse diferente, você nunca teria nascido." Nesse momento me dei conta de que devo agradecer a Hitler pela minha existência, pois os alemães haviam matado a mulher de meu pai e seus dois filhos pequenos, apagando assim sua vida anterior. Dessa forma, se não fosse pela guerra, meu pai nunca teria emigrado para Nova York, nunca teria conhecido minha mãe, também refugiada, e nunca teria gerado a mim e aos meus dois irmãos.

Meu pai raramente falava da guerra. Na época eu não me dava conta, mas anos depois percebi que, sempre que ele partilhava conosco suas terríveis experiências, não o fazia apenas para que eu as conhecesse, e sim porque queria transmitir uma lição maior sobre a vida. A guerra é uma circunstância extrema, mas o papel do acaso em nossas vidas não é exclusividade dos extremos. O desenho de nossas vidas, como a chama da vela, é continuamente conduzido em novas direções por diversos eventos aleatórios que, juntamente com nossas reações a eles, determinam nosso destino. Como resultado, a vida é ao mesmo tempo difícil de prever e difícil de interpretar. Da mesma maneira como, diante de um teste de Rorschach, você poderia ver o rosto da Madonna e eu um ornitorrinco, podemos ler de diversas maneiras os dados que encontramos na economia, no direito, na medicina, nos esportes, na mídia ou no boletim de um filho na terceira série do colégio. Ainda assim, interpretar o papel do acaso num acontecimento não é como interpretar um teste de Rorschach; há maneiras certas e erradas de fazê-lo.

Frequentemente empregamos processos intuitivos ao fazermos avaliações e escolhas em situações de incerteza. Não há dúvida de que tais processos nos deram uma vantagem evolutiva quando tivemos que decidir se um tigre-dentes-de-sabre estava sorrindo por estar gordo e feliz ou porque estava faminto e nos via como sua próxima refeição. Mas o mundo moderno tem um equilíbrio diferente, e hoje tais processos intuitivos têm suas desvantagens. Quando utilizamos nossos modos habituais de pensar ante os tigres de hoje, podemos ser levados a decisões que se afastam do ideal, e que podem até ser incongruentes. Essa conclusão não é surpresa nenhuma para os que estudam o modo como o cérebro processa a incerteza: muitas pesquisas apontam para uma conexão próxima entre as partes do cérebro que avaliam situações envolvendo o acaso e as que lidam com a característica humana muitas vezes considerada a nossa principal fonte de irracionalidade, as emoções. Imagens de ressonância magnética funcional, por exemplo, mostram que risco e recompensa são avaliados por partes do sistema dopaminérgico, um circuito de recompensa cerebral importante para os processos motivacionais e emocionais.[1] Os testes também mostram que as amígdalas cerebelosas – os lóbulos arredondados na superfície anterior do cerebelo –, também ligadas a nosso estado emocional, especialmente ao medo, são ativadas quando tomamos decisões em meio à incerteza.[2]

Os mecanismos pelos quais as pessoas analisam situações que envolvem o acaso são um produto complexo de fatores evolutivos, da estrutura cerebral, das experiências pessoais, do conhecimento e das emoções. De fato, a resposta humana à incerteza é tão complexa que, por vezes, distintas estruturas cerebrais chegam a conclusões diferentes e aparentemente lutam entre si para determinar qual delas dominará as demais. Por exemplo, se o seu rosto inchar até cinco vezes o tamanho normal em 3 de cada 4 vezes que você comer camarão, o lado "lógico" do seu cérebro, o hemisfério esquerdo, tentará encontrar um padrão. Já o hemisfério direito, "intuitivo", dirá apenas: "Evite camarão." Ao menos essa foi a descoberta feita por pesquisadores em situações experimentais menos dolorosas. O nome do jogo é suposição de probabilidades. Em vez de brincarem com camarões e histamina, os pesquisadores mostram aos participantes do estudo uma série de cartas ou lâmpadas de duas cores, digamos, verde e vermelho. A experiência é organizada de modo que as cores apareçam com diferentes probabilidades, mas sem nenhuma espécie de padrão. Por exemplo, o vermelho poderia aparecer com frequência duas vezes maior que o verde numa sequência como vermelho-vermelho-verde-vermelho-verde-vermelho-vermelho-verde-verde-vermelho-vermelho-vermelho, e assim por diante. Depois de observar o experimento por algum tempo, a pessoa deve tentar prever se cada novo item da sequência será vermelho ou verde.

O jogo tem duas estratégias básicas. Uma delas é sempre arriscar na cor percebida como a que ocorre com mais frequência. Essa é a estratégia preferida por ratos e outros animais não humanos. Ao empregarmos essa estratégia, garantimos um certo grau de acertos, mas também aceitamos que nosso desempenho não será melhor que isso. Por exemplo, se o verde surgir em 75% das vezes e decidirmos sempre arriscar no verde, acertaremos em 75% das vezes. A outra estratégia é "ajustar" a nossa proporção de tentativas no verde e no vermelho conforme a proporção de verdes e vermelhos que observamos no passado. Se os verdes e vermelhos surgirem segundo um padrão e conseguirmos desvendar esse padrão, essa estratégia nos permitirá acertar em todas as tentativas. Mas se as cores surgirem aleatoriamente, o melhor que podemos fazer é nos atermos à primeira estratégia. No caso em que o verde aparece aleatoriamente em 75% das vezes, a segunda estratégia levará ao acerto em apenas cerca de 6 vezes de cada 10.

Os seres humanos geralmente tentam descobrir qual é o padrão e, nesse processo, acabamos tendo um desempenho pior que o dos ratos. Há pessoas, porém, com certos tipos de sequelas cerebrais pós-cirúrgicas que impedem os hemisférios direito e esquerdo de se comunicar um com o outro – uma condição conhecida como cérebro dividido. Se o experimento for realizado com esses pacientes de modo que eles só consigam ver a luz ou a carta colorida com o olho esquerdo e só possam utilizar a mão esquerda para sinalizar suas previsões, apenas o lado direito do cérebro é testado. Mas se for realizado de modo a envolver apenas o olho direito e a mão direita, será um experimento para o lado esquerdo do cérebro. Ao realizarem esses testes, os pesquisadores descobriram que – nos mesmos pacientes – o hemisfério direito sempre arriscava na cor mais frequente, e o esquerdo sempre tentava adivinhar o padrão.[3]

A capacidade de tomar decisões e fazer avaliações sábias diante da incerteza é uma habilidade rara. Porém, como qualquer *habilidade*, pode ser aperfeiçoada com a experiência. Nas páginas que se seguem, examinarei o papel do acaso no mundo que nos cerca, as ideias desenvolvidas ao longo dos séculos para nos ajudar a entender esse papel e os fatores que tantas vezes nos levam pelo caminho errado. O filósofo e matemático britânico Bertrand Russell escreveu:

> Todos começamos com o "realismo ingênuo", isto é, a doutrina de que as coisas são aquilo que parecem ser. Achamos que a grama é verde, que as pedras são duras e que a neve é fria. Mas a física nos assegura que o verdejar da grama, a dureza das pedras e a frieza da neve não são o verdejar da grama, a dureza das pedras e a frieza da neve que conhecemos em nossa experiência própria, e sim algo muito diferente.[4]

A seguir, olharemos o mundo pela lente da aleatoriedade e veremos que, também em nossas vidas, muitos dos acontecimentos não são exatamente o que parecem ser, e sim algo muito diferente.

Em 2002, o Prêmio Nobel de Economia foi concedido a um cientista chamado Daniel Kahneman. Hoje em dia, os economistas fazem todo tipo de coisa – explicam por que os professores recebem salários tão baixos, por que os times de futebol valem tanto dinheiro e por que as funções corporais ajudam a estabelecer um limite para o tamanho das criações de porcos (um porco produz de três a cinco vezes mais excrementos que uma pessoa, portanto uma fazenda com milhares de porcos costuma produzir mais detritos que as cidades vizinhas).[5] Apesar das grandes pesquisas feitas por economistas, o Nobel de 2002 foi excepcional, porque Kahneman não é economista. É psicólogo, e durante décadas, ao lado do falecido Amos Tversky, estudou e esclareceu os tipos de percepções equivocadas sobre a aleatoriedade que alimentam muitas das falácias comuns de que falarei neste livro.

O maior desafio à compreensão do papel da aleatoriedade na vida é o fato de que, embora os princípios básicos dela surjam da lógica cotidiana, muitas das consequências que se seguem a esses princípios provam-se contraintuitivas. Os próprios estudos de Kahneman e Tversky foram desencadeados por um evento aleatório. Em meados dos anos 1960, Kahneman, que começava então sua carreira como professor da Universidade Hebraica, concordou em realizar um trabalho pouco emocionante: dar aulas a um grupo de instrutores de voo da Aeronáutica israelense sobre os pressupostos convencionais das mudanças de comportamento e sua aplicação à psicologia do treinamento de voo. Ele deixou clara a ideia de que a estratégia de recompensar comportamentos positivos funciona bem, ao contrário da de punir equívocos. Um de seus alunos o interrompeu, expressando uma opinião que acabaria por levar o cientista a uma epifania e por guiar suas pesquisas pelas décadas seguintes.[6]

"Muitas vezes elogiei entusiasticamente meus alunos por manobras muito bem executadas, e na vez seguinte sempre se saíram pior", disse o instrutor de voo. "E já gritei com eles por manobras mal executadas, e geralmente melhoraram na vez seguinte. Não venha me dizer que a recompensa funciona e a punição, não. Minha experiência contradiz essa ideia." Os outros instrutores concordaram. Para Kahneman, a experiência deles parecia genuína. Por outro lado, ele acreditava nos experimentos com animais que demonstravam que a recompensa funcionava melhor que a punição. Ele meditou sobre esse aparente paradoxo. E então se deu conta: os gritos precediam a melhora, porém, ao contrário do que parecia, não a causavam.

Como era possível? A resposta se encontra num fenômeno chamado regressão à média. Isto é, em qualquer série de eventos aleatórios, há uma grande probabilidade de que um acontecimento extraordinário seja seguido, em virtude puramente do acaso, por um acontecimento mais corriqueiro. Funciona assim: cada aprendiz possui uma certa habilidade pessoal para pilotar jatos de caça. A melhora em seu nível de habilidade envolve diversos fatores e requer ampla prática; portanto, embora sua habilidade esteja melhorando lentamente ao longo do treinamento, a variação não será perceptível de uma manobra para a seguinte. Qualquer desempenho especialmente bom ou ruim será, em sua maior parte, uma questão de sorte. Assim, se um piloto fizer um pouso excepcionalmente bom, bem acima de seu nível normal de performance, haverá uma boa chance de que, no dia seguinte, essa performance se aproxime mais da norma – ou seja, piore. E se o instrutor o tiver elogiado, ficará com a impressão de que o elogio não teve efeito positivo. Porém, se um piloto fizer um pouso excepcionalmente ruim – derrapar com o avião no fim da pista, entrando no tonel de sopa da lanchonete da base –, haverá uma boa chance de que, no dia seguinte, sua performance se aproxime mais da norma – ou seja, melhore. E se seu instrutor tiver o hábito de gritar "Seu jegue estabanado!" sempre que algum aluno tiver um desempenho ruim, ficará com a impressão de que a crítica teve efeito positivo. Dessa maneira surgiria um *aparente* padrão: aluno faz boa manobra, elogio tem efeito negativo; aluno faz manobra ruim, instrutor compara aluno a asinino em altos brados, aluno melhora. A partir de tais experiências, os instrutores concluíram que seus gritos constituíam uma eficaz ferramenta educacional. Na verdade, não faziam nenhuma diferença.

Esse erro intuitivo colocou Kahneman para pensar. Ele se perguntou: será que tais equívocos são universais? Será que, como os instrutores de voo, todos nós acreditamos que as críticas severas melhoram o comportamento de nossos filhos ou o desempenho de nossos empregados? Será que fazemos outros julgamentos equivocados quando deparados com a incerteza? Kahneman sabia que os seres humanos, por necessidade, empregam certas estratégias para reduzir a complexidade de tarefas que envolvem julgamento e que a intuição sobre probabilidades tem um papel importante nesse processo. Será que ficarei doente depois de comer aquela apetitosa *tostada* de ceviche do vendedor ambulante? O que fazemos não é nos lembrar conscientemente de todas as barraquinhas de comida semelhantes em que já tenhamos comido, contar o número de vezes que passamos a noite tomando remédio para indigestão e chegar a uma estimativa numérica. Na verdade, deixamos que a intuição faça o serviço. Porém, pesquisas feitas nos anos 1950 e no início dos 60 indicaram que a intuição sobre a aleatoriedade costuma falhar nessas situações. Quão disseminada seria essa incompreensão da incerteza?, perguntou-se Kahneman. E quais seriam suas implicações na tomada de decisões humana? Passaram-se alguns anos e ele convidou outro jovem professor, Amos Tversky, para fazer uma apresentação em um de seus seminários. Mais tarde, durante o almoço, Kahneman mencionou a Tversky as ideias que estava desenvolvendo. Ao longo dos 30 anos que se seguiram, Tversky e Kahneman descobriram que, mesmo entre pessoas ilustradas, quando lidamos com processos aleatórios – seja em situações militares ou esportivas, questões de negócios ou médicas –, as crenças e a intuição muitas vezes nos deixam em maus lençóis.

Suponha que você tenha enviado o manuscrito do seu romance de suspense sobre o amor, a guerra e o aquecimento global a quatro editores, e que todos o tenham rejeitado. Sua intuição e a sensação esquisita na boca do estômago poderiam lhe dizer que a rejeição de tantos editores experientes significa que o manuscrito não é bom. Mas essa intuição estará correta? Será o romance impossível de vender? Todos sabemos, a partir da experiência, que se diversos lançamentos seguidos de uma moeda derem cara, isso não significa que estamos jogando uma moeda com duas caras. Existirá a possibilidade de que o sucesso editorial seja algo tão imprevisível que, mesmo que um romance esteja destinado à lista de best-sellers, diversos editores não se deem conta disso e mandem cartas dizendo "Obrigado, mas não, obrigado"? Nos anos 1950, um certo livro foi rejeitado por vários editores, que responderam com comentários do tipo "muito maçante", "um registro enfadonho de querelas familiares típicas, aborrecimentos insignificantes e emoções adolescentes" e "mesmo que houvesse surgido cinco anos atrás, quando o tema [a Segunda Guerra Mundial] ainda era oportuno, não me parece que teria qualquer chance". O livro, *O diário de Anne Frank*, vendeu 30 milhões de cópias, tornando-se uma das obras mais vendidas da história. Cartas semelhantes foram enviadas a Sylvia Plath, porque "definitivamente não pudemos notar um talento genuíno"; a George Orwell, por *A revolução dos bichos*, porque "é impossível vender histórias sobre bichos nos Estados Unidos"; e a Isaac Bashevis Singer, porque "são a Polônia e os judeus ricos outra vez". Antes de ficar famoso, Tony Hillerman se viu abandonado por seu agente, que o aconselhou a "se livrar de todo esse negócio sobre os índios".[7]

Esses não foram erros de julgamento isolados. De fato, muitos livros destinados a grande sucesso tiveram que sobreviver não só à rejeição, mas à rejeição repetida. Por exemplo, atualmente, considera-se que poucos livros despertem um fascínio mais evidente e universal que as obras de John Grisham, Theodor Geisel (Dr. Seuss) e J.K. Rowling. Ainda assim, os textos que esses autores escreveram antes de se tornarem famosos – e que seriam, todos eles, muito bem-sucedidos – foram repetidamente rejeitados. O manuscrito de *Tempo de matar*, de John Grisham, foi rejeitado por 26 editores; seu segundo original, *A firma*, só atraiu o interesse de editores depois que uma cópia pirata que circulava em Hollywood lhe rendeu uma oferta de US$600 mil pelos direitos para a produção do filme. O primeiro livro infantil do Dr. Seuss, *And to Think that I Saw it on Mulberry Street*, foi rejeitado por 27 editores. E o primeiro *Harry Potter*, de J.K. Rowling, foi rejeitado por nove.[8] Além disso, há o outro lado da moeda – o lado que qualquer pessoa do mundo dos negócios conhece bem: os muitos autores que tinham grande potencial, mas que jamais se tornaram conhecidos, John Grishams que desistiram depois das primeiras 20 rejeições ou J.K. Rowlings que desistiram após as primeiras sete. Depois de ser rejeitado muitas vezes, um desses autores, John Kennedy Toole, perdeu a esperança de algum dia ter seu romance publicado e cometeu suicídio. No entanto, sua mãe perseverou, e 11 anos depois *Uma confraria de tolos* foi publicado; ganhou o Prêmio Pulitzer de ficção e vendeu quase 2 milhões de cópias.

Há um amplo fosso de aleatoriedade e incerteza entre a criação de um grande romance – ou joia, ou cookies com pedaços de chocolate – e a presença de grandes pilhas desse romance – ou joia, ou sacos de biscoitos – nas vitrines de milhares de lojas. É por isso que as pessoas bem-sucedidas em todas as áreas quase sempre fazem parte de um certo conjunto – o conjunto das pessoas que não desistem.

Muito do que nos acontece – êxito na carreira, nos investimentos e nas decisões pessoais, grandes ou pequenas – resulta tanto de fatores aleatórios quanto de habilidade, preparação e esforço. Portanto, a realidade que percebemos não é um reflexo direto das pessoas ou circunstâncias que a compõem, e sim uma imagem borrada pelos efeitos randomizantes de forças externas imprevisíveis ou variáveis. Isso não quer dizer que a habilidade não importe – ela é um dos fatores ampliadores das chances de êxito –, mas a conexão entre ações e resultados não é tão direta quanto gostaríamos de acreditar. Assim, nem nosso passado é tão fácil de compreender nem é fácil prever nosso futuro, e em ambos os empreendimentos podemos nos beneficiar da capacidade de enxergar além das explicações superficiais.

Geralmente subestimamos os efeitos da aleatoriedade. Nosso corretor de ações recomenda que invistamos em fundos mútuos latino-americanos que "têm ganhado de lavada dos fundos americanos" por cinco anos consecutivos. Nosso médico atribui um aumento nos triglicerídeos a nosso novo hábito de degustar um pedaço de bolo de chocolate com leite todas as manhãs, depois de darmos às crianças um café da manhã constituído de manga com iogurte desnatado. Podemos ou não seguir os conselhos de nosso corretor ou nosso médico, mas poucos de nós questionamos se esses profissionais os baseiam em dados suficientes. No mundo político, econômico ou empresarial – até mesmo quando há carreiras e milhões de dólares em jogo –, frequentemente os eventos fortuitos são manifestamente mal interpretados como sucessos ou fracassos.

Hollywood nos fornece uma boa ilustração desse fato. Serão merecidas as recompensas (e punições) do jogo de Hollywood, ou será que a sorte tem um papel muito mais importante do que imaginamos no sucesso (e fracasso) de bilheteria de um filme? Todos entendemos que a genialidade não garante o sucesso, mas é tentador presumir que o sucesso deve emergir da genialidade. Ainda assim, a ideia de que ninguém é capaz de prever se um filme será bem ou malsucedido tem sido uma suspeita desconfortável em Hollywood ao menos desde o dia em que o romancista e roteirista William Goldman a enunciou em seu clássico *As aventuras de um roteirista de Hollywood*, de 1983. Nesse livro, Goldman cita o antigo executivo de estúdios David Picker, que disse: "Se eu tivesse dito sim a todos os projetos que recusei, e não a todos os que aceitei, a coisa teria funcionado mais ou menos da mesma maneira."[9]

Isso não quer dizer que um tremido filme de terror caseiro poderia se tornar um grande sucesso com a mesma facilidade que, digamos, *O exorcista: o início*, cujo custo foi estimado em US$80 milhões. Bem, na verdade, foi isso o que aconteceu há alguns anos com *A bruxa de Blair*: custou aos produtores meros US$60 mil, mas sua bilheteria rendeu US$140 milhões – mais de três vezes o montante de *O exorcista*. Ainda assim, não é isso o que Goldman está dizendo. Ele se refere apenas a filmes profissionais feitos em Hollywood, com valores de produção altos o suficiente para entregar o filme a um distribuidor respeitável. E não nega que haja fatores que condicionem o desempenho de um filme nas bilheterias. Diz apenas que esses fatores são tão complexos e que o caminho que vai do sinal verde ao lançamento é tão vulnerável a influências imprevisíveis e incontroláveis que palpites bem-informados sobre o potencial de um filme ainda não produzido não são muito mais eficazes que um cara ou coroa.

É fácil encontrar exemplos da imprevisibilidade de Hollywood. Os cinéfilos devem se lembrar das grandes expectativas que havia nos estúdios quanto aos megafracassos *Ishtar* (Warren Beatty + Dustin Hoffman + orçamento de US$55 milhões = bilheteria de

US$14 milhões) e *O último grande herói* (Arnold Schwarzenegger + US$85 milhões = US$50 milhões). Por outro lado, você talvez se lembre das grandes dúvidas que os executivos da Universal Studios tinham quanto a *Loucuras de verão*, o filme do jovem diretor George Lucas rodado por menos de US$1 milhão. Apesar da desconfiança dos executivos, ele rendeu US$115 milhões, mas isso não mitigou as dúvidas ainda mais sérias quanto à ideia seguinte de Lucas: ele chamou a história de *Adventures of Luke Starkiller as taken from "The Journal of the Whills"*. A Universal o considerou improduzível. Por fim, a 20th Century Fox produziu o filme, mas a fé do estúdio no projeto não foi muito grande: pagou apenas US$200 mil ao cineasta para escrevê-lo e dirigi-lo; em troca, Lucas recebeu os direitos das continuações e de merchandising. No fim das contas, *Guerra nas estrelas: uma nova esperança* rendeu US$461 milhões a partir de um orçamento de US$13 milhões, e Lucas construiu seu próprio império.

Dado que a decisão de dar o sinal verde a um projeto é tomada anos antes de o filme ser concluído, e que os filmes estão sujeitos a muitos fatores imprevisíveis durante os anos de produção e divulgação, sem falar nas preferências insondáveis do público, a teoria de Goldman não parece nem um pouco absurda. (Por sinal, é uma teoria corroborada por muitas pesquisas econômicas recentes.)[10] Apesar disso tudo, os executivos dos estúdios não são julgados pelo feijão com arroz de suas habilidades gerenciais, que são tão importantes para o diretor de uma siderúrgica quanto para o diretor da Paramount Pictures. Em vez disso, são avaliados por sua competência em descolar grandes sucessos de bilheteria. Se Goldman estiver certo, essa capacidade é uma mera ilusão, e, apesar da arrogância que possa apresentar, nenhum executivo vale um contrato de US$25 milhões.

Não é muito fácil determinar que proporção de um resultado se deve à habilidade e que proporção se deve à sorte. Eventos aleatórios frequentemente surgem como as passas numa caixa de cereal – em grupos, sequências e amontoados. E, embora a Fortuna seja justa nas potencialidades, não é justa nos resultados. Isso significa que se 10 executivos de Hollywood jogarem 10 moedas cada um, ainda que todos tenham chances iguais de ganhar ou perder, no final *haverá* ganhadores e perdedores. Nesse exemplo, há 2 chances em 3 de que ao menos 1 dos executivos jogue 8 ou mais caras ou coroas.

Imagine que George Lucas produza um novo filme da série *Guerra nas estrelas* e, em um teste de mercado, resolva realizar um experimento insano. Ele lança dois filmes idênticos, mas com títulos diferentes: *Guerra nas estrelas: episódio A* e *Guerra nas estrelas: episódio B*. Cada filme tem sua própria campanha publicitária e seu programa de distribuição, idênticos em cada detalhe, a não ser pelo fato de que os trailers e propagandas de um filme dizem *Episódio A* e os do outro dizem *Episódio B*. Agora fazemos uma competição entre os dois. Qual filme fará mais sucesso? Suponha que observemos os primeiros 20 mil espectadores e registremos o filme que resolveram assistir (ignorando os fãs obstinados que assistirão a ambos e insistirão na ideia de que existem diferenças sutis, mas significativas, entre os dois). Como os filmes e suas campanhas publicitárias são idênticos, podemos produzir um modelo matemático da brincadeira, da seguinte maneira: imagine que alinhemos todos os espectadores e joguemos uma moeda para cada um deles. Se a moeda cair em cara, o espectador assistirá ao *Episódio A*; se cair em coroa, assistirá ao *Episódio B*. Como a moeda tem chances iguais de cair em cada um dos lados, podemos pensar que, em nossa guerra de bilheterias experimental, cada filme permanecerá na liderança por aproximadamente a metade do tempo. No entanto, a matemática da aleatoriedade nos diz o contrário: o número mais provável de mudanças na liderança é 0, e é 88 vezes mais provável que um dos dois filmes permaneça na liderança ao longo de todo o processo de escolha dos 20 mil espectadores do que, digamos, a liderança troque de mãos continuamente.[11] A lição a ser extraída não é que não existem diferenças entre os filmes, e sim que alguns filmes serão mais bem-sucedidos que outros mesmo que todos os filmes sejam idênticos.

Tais questões não são discutidas nas reuniões de executivos, nem em Hollywood nem em outros lugares, e assim os padrões típicos de aleatoriedade – aparentes sequências de êxito ou fracasso ou o amontoamento de dados – são rotineiramente mal interpretados. O que é pior: as pessoas tendem a agir com base nesses padrões, como se eles representassem uma nova tendência.

Um dos exemplos mais notáveis de unção e regicídio na Hollywood moderna foi o caso de Sherry Lansing, que dirigiu a Paramount com grande sucesso durante muitos anos.[12] Sob o comando de Lansing, a Paramount ganhou o Oscar de melhor filme por *Forrest Gump: O contador de histórias*, *Coração valente* e *Titanic* e viveu os dois anos mais rentáveis na história da companhia. Então, a reputação de Lansing despencou de súbito, e ela foi despedida depois que a Paramount passou, nas palavras da revista *Variety*, por "um longo período de baixo desempenho nas bilheterias".[13]

Em termos matemáticos, há uma explicação curta e uma longa para o destino de Lansing. Primeiro, a resposta curta. Veja esta série de porcentagens: 11,4; 10,6; 11,3; 7,4; 7,1; 6,7. Percebeu alguma coisa? O chefe de Lansing, Sumner Redstone, também percebeu, e para ele a tendência parecia significativa, pois esses seis números representavam a fatia do mercado ocupada pelo Paramount's Motion Picture Group nos últimos seis anos do comando de Lansing. A tendência levou a revista *Business Week* a especular que Lansing "talvez tenha perdido a mão".[14] Pouco depois, Lansing anunciou que deixaria a empresa, e alguns meses depois um talentoso gerente chamado Brad Grey foi trazido a bordo.

Como é possível que um gênio infalível como Lansing conduza uma empresa por sete excelentes anos e então despenque, praticamente da noite para o dia? Foram propostas muitas teorias para explicar o sucesso inicial de Lansing. Enquanto a Paramount ia bem, Lansing foi elogiada por torná-la um dos estúdios mais bem conduzidos de Hollywood e por seu talento em transformar histórias convencionais em sucessos de US$100 milhões. Quando a sorte de Lansing mudou, os revisionistas entraram em ação. Seu gosto por refilmagens e continuações de sucesso se tornou um defeito. O pior de tudo talvez fosse a noção de que o fracasso se devia a seus "gostos em cima do muro". Ela estava agora sendo culpada por ter autorizado a produção de fracassos de bilheteria como *Linha do tempo* e *Lara Croft: Tomb Raider – a origem da vida*. Subitamente, todos acreditavam que Lansing não gostava de correr riscos, era antiquada e pouco antenada com as novas tendências. Mas será que podemos realmente culpá-la por acreditar que um best-seller de Michael Crichton daria bom material para um filme? E onde estavam todos os críticos de *Lara Croft* quando o primeiro *Tomb Raider* rendeu US$131 milhões em bilheteria?

Mesmo que as teorias sobre os fracassos de Lansing fossem plausíveis, considere o quanto a demissão foi abrupta. Ela teria se tornado avessa a riscos e pouco antenada da noite para o dia? Afinal, a fatia de mercado da Paramount caiu com muita rapidez. Num ano, Lansing estava nas alturas; no seguinte, tornou-se motivo de piadas de comediantes de fim de noite. A mudança de sorte seria compreensível se, como outros em Hollywood, ela tivesse ficado deprimida após um abominável processo de divórcio, sido acusada de fraude ou entrado numa seita religiosa. Não foi o caso. E seu córtex cerebral certamente não sofreu nenhum dano. As únicas provas dos defeitos recém-adquiridos de Lansing encontradas por seus críticos foram, de fato, seus defeitos recém-adquiridos.

Em retrospecto, fica claro que Lansing foi demitida em virtude da incapacidade da indústria cinematográfica de compreender a aleatoriedade, e não de decisões equivocadas que possa ter tomado: os filmes da Paramount para o ano seguinte já estavam no forno no momento em que Lansing deixou a empresa. Portanto, se quisermos ter uma ideia aproximada de como teria sido o desempenho de Lansing num universo paralelo em que ela tivesse continuado no emprego, basta observar os dados do ano seguinte à sua saída. Com filmes como *A guerra dos mundos* e *Golpe baixo*, a Paramount teve seu melhor verão em toda a década, e sua fatia de mercado voltou a ser de quase 10%. Não é apenas irônico – mais uma vez, trata-se do aspecto da aleatoriedade chamado regressão à média. Uma manchete da *Variety* sobre o tema dizia: "Presentes de despedida: filmes do velho regime promovem a retomada da Paramount."[15] Mas não podemos deixar de pensar que, se a Viacom (a empresa-mãe da Paramount) tivesse sido mais paciente, a manchete talvez dissesse: "Ano de sucessos recoloca a Paramount e a carreira de Lansing nos trilhos."

Sherry Lansing teve sorte no início e azar no final, mas poderia ter sido pior. Ela poderia ter tido azar no início. Foi o que aconteceu com um diretor da Columbia Pictures chamado Mark Canton. Descrito pouco depois de sua contratação como um sujeito entusiástico e com tino para boas bilheterias, foi despedido depois que seus primeiros anos geraram retornos frustrantes. Criticado por um colega anônimo por ser "incapaz de distinguir entre vencedores e perdedores" e por outro por estar "preocupado demais em louvar a empresa", esse homem desgraçado deixou no forno, ao sair da empresa, filmes como *Homens de preto* (US$589 milhões em bilheterias em todo o mundo), *Força Aérea Um* (US$315 milhões), *O quinto elemento* (US$264 milhões), *Jerry Maguire: a grande virada* (US$274 milhões) e

Anaconda (US$137 milhões). Nas palavras da *Variety*, os filmes deixados como legado por Canton "se saíram bem, muito bem".[16]

Ora, Hollywood é isso aí, uma cidade em que Michael Ovitz trabalha por 15 anos como presidente da Disney e então é demitido, recebendo um cheque de US$140 milhões, e onde o diretor de estúdio David Begelman é demitido da Columbia Pictures por fraude e estelionato, sendo contratado como diretor-geral da MGM alguns anos depois. Porém, como veremos nos próximos capítulos, os mesmos erros de julgamento que infestam Hollywood também infestam as percepções das pessoas em todos os âmbitos da vida.

MINHA EPIFANIA PESSOAL com relação aos efeitos ocultos da aleatoriedade aconteceu durante a faculdade, quando fiz um curso de probabilidades e comecei a aplicar seus princípios ao mundo dos esportes. Isso é fácil de fazer porque, como na indústria cinematográfica, a maior parte das realizações esportivas pode ser facilmente quantificada, e os dados são disponibilizados rapidamente. O que descobri foi que, assim como as lições de persistência, prática e trabalho em equipe que aprendemos nos esportes se aplicam a todos os nossos empreendimentos na vida, o mesmo ocorre com as lições de aleatoriedade. Assim, dediquei-me a examinar uma lenda de dois grandes rebatedores do beisebol, Roger Maris e Mickey Mantle, uma história que traz uma lição para todos nós, até mesmo os que não conseguem distinguir uma bola de beisebol de uma de pingue-pongue.

Era o ano de 1961. Eu mal tinha aprendido a ler, mas ainda me lembro das caras de Maris, do New York Yankees, e de seu parceiro de equipe mais famoso que ele, Mantle, na capa da revista *Life*. Os dois jogadores estavam envolvidos em uma corrida histórica para igualar ou quebrar o celebrado recorde de Babe Ruth, estabelecido em 1927, de, em um só ano, fazer 60 *home runs*.* Eram tempos idealistas, nos quais minha professora no colégio dizia coisas como: "Precisamos de mais heróis como Babe Ruth"; ou: "Nunca tivemos um presidente corrupto." Como a lenda de Babe Ruth era sagrada, quem pensasse em desafiá-la teria que mostrar seu valor. Mantle, um corajoso rebatedor que lutou muito apesar de seus problemas nos joelhos, era o grande favorito dos fãs e da imprensa. Simpático e bem-apessoado, ele passava a impressão de ser aquele garoto modelo americano que todos esperavam que quebraria recordes. Maris, por outro lado, era um sujeito bronco e retraído, um azarão que jamais havia rebatido mais de 39 *home runs* num só ano, que dirá algo perto dos 60. Era visto como um homem desagradável, que não dava entrevistas e não gostava de crianças. Todos torciam por Mantle. Eu gostava de Maris.

No fim das contas, os joelhos de Mantle acabaram com ele, e o jogador só conseguiu chegar aos 54 *home runs*. Maris quebrou o recorde de Ruth com 61. Ao longo de sua carreira, Babe Ruth rebateu 50 ou mais *home runs* num só ano em quatro temporadas distintas, e em 12 temporadas foi o maior rebatedor da liga. Maris nunca mais rebateu 50 *home runs*, nem sequer 40, e nunca mais foi o melhor do campeonato. Essa performance geral aumentou o ressentimento. Com o passar dos anos, ele foi criticado incessantemente pelos fãs, comentaristas esportivos e, às vezes, por outros jogadores. O veredicto era: ele sucumbiu sob a pressão de ser o campeão. Um famoso comentarista do beisebol disse que "Maris não tinha o direito de bater o recorde de Ruth".[17] Isso pode até ter sido verdade, mas não pelo motivo que esse comentarista tinha em mente.

* Jogada perfeita do esporte, na qual o rebatedor manda a bola para tão longe que ele consegue dar a volta completa pelo circuito de quatro bases do campo antes que ela seja trazida de volta para o jogo. (N.T.)

Muitos anos depois, influenciado pelo curso de matemática na faculdade, aprendi a ver a conquista de Maris sob um novo ângulo. Para analisar a disputa entre ele e Mantle, reli a velha matéria da *Life* e encontrei nela uma breve discussão sobre a teoria da probabilidade e sobre como ela poderia ser usada para prever o resultado da disputa.[18] Decidi fazer meu próprio modelo matemático dos *home runs*. Funciona assim: o resultado de qualquer tentativa (isto é, uma oportunidade de êxito) depende principalmente da habilidade do jogador, é claro. Mas também depende da interação de muitos outros fatores: sua saúde, o vento, o sol, a iluminação dos estádios, a qualidade dos arremessos que recebe, a situação de jogo, a sorte ao tentar adivinhar corretamente que tipo de arremesso será feito pelo lançador, o resultado da coordenação entre suas mãos e olhos ao iniciar o movimento, o fato de ter ou não conhecido uma morena no bar que o fez dormir mais tarde na noite anterior, o estado de seu estômago após comer um cachorro-quente com queijo e chili, mais batatas fritas com alho, no café da manhã. Se não fosse por tantos fatores imprevisíveis, um jogador rebateria *home runs* em todas as suas tentativas, ou falharia em todas. Em vez disso, a cada tentativa podemos dizer que ele tem uma certa probabilidade de conseguir rebater um *home run* e uma certa probabilidade de não conseguir. Ao longo das centenas de tentativas que um jogador tem a cada ano, esses fatores aleatórios geralmente se anulam, resultando numa certa produção de *home runs* que aumenta à medida que ele se torna mais habilidoso e, por fim, decresce em virtude do mesmo processo que desenha rugas em seu belo rosto. No entanto, às vezes os fatores aleatórios não se anulam. Com que frequência isso acontece, e qual é o tamanho da aberração?

A partir das estatísticas anuais do jogador, podemos estimar sua probabilidade de acertar um *home run* a cada tentativa.[19] Em 1960, no ano anterior a seu recorde, Roger Maris acertou 1 a cada

14,7 tentativas (um valor semelhante à sua média em seus quatro melhores anos). Vamos chamar esse desempenho de Maris normal. Podemos fazer um modelo da capacidade de Maris normal de acertar *home runs* da seguinte maneira: imaginamos uma moeda que cai em cara, em média, não 1 vez a cada 2 jogadas, e sim 1 vez a cada 14,7. A seguir, jogamos essa moeda 1 vez a cada tentativa de Maris e contamos 1 *home run* sempre que a moeda cair em cara. Se quisermos avaliar, digamos, o desempenho de Maris na temporada de 1961, basta jogarmos a moeda uma vez para cada oportunidade que ele teve nesse ano. Com esse método, podemos gerar toda uma série de temporadas de 1961 alternativas nas quais a habilidade de Maris é comparada ao total de *home runs* do Maris normal. Os resultados dessas temporadas fictícias ilustram a gama de resultados que poderíamos esperar de Maris normal se seu talento não tivesse passado por um pico – isto é, considerando apenas sua habilidade "normal" de rebater *home runs* e os efeitos da pura sorte.

Para realizar de fato esse experimento eu precisaria de uma moeda bem esquisita, um punho bastante forte e um tempo de dispensa na universidade. Na prática, a matemática da aleatoriedade permitiu que eu fizesse a análise utilizando equações e um computador. Na maior parte das minhas temporadas de 1961 imaginárias, o número de *home runs* rebatidos por Maris normal se manteve, como era de se esperar, dentro da faixa normal de Maris. Em algumas temporadas fictícias ele rebateu uns poucos a mais, e em outras, uns poucos a menos. Só raramente ele rebateu muitos a mais ou a menos. Com que frequência o talento de Maris normal geraria resultados comparáveis aos de Babe Ruth?

Eu esperava que a chance de Maris de igualar o recorde de Ruth fosse aproximadamente igual à de Jack Whittaker, que, alguns anos atrás, gastou um dólar a mais depois de comprar biscoitos para o café da manhã numa loja de conveniências e acabou ganhando US$314 milhões na loteria de seu estado. Essa teria sido a chance de um jogador menos talentoso. Porém, os *home runs* de Maris normal, embora não fossem comparáveis aos de Ruth, ainda estavam bem acima da média. E assim, a probabilidade de que Maris normal quebrasse um recorde em virtude do acaso não era microscópica: ele igualou ou quebrou o recorde de Ruth uma vez a cada 32 temporadas. Isso pode não parecer uma boa probabilidade, e provavelmente não teríamos apostado em Maris, nem no ano de 1961 em particular. Mas essa probabilidade leva a uma conclusão surpreendente. Para entender por quê, façamos agora uma pergunta mais interessante. Consideremos *todos* os jogadores que tiveram o talento de Maris normal e *todo* o período de 70 anos que vai do recorde de Ruth ao início da "era dos anabolizantes" (em que, em virtude do uso de drogas pelos jogadores, os *home runs* se tornaram muito mais comuns). Qual é a chance de que *algum* jogador, em *algum* momento, igualasse ou quebrasse o recorde de Ruth em virtude somente do acaso? Seria razoável acreditar que Maris apenas calhou de ser o escolhido para receber essa temporada aberrantemente sortuda?

A história nos mostra que, nesse período, havia cerca de 1 jogador a cada 3 anos com talento e oportunidades comparáveis aos de Maris normal em 1961. Quando somamos todos eles, chegamos à conclusão de que, em virtude apenas do acaso, a probabilidade de que um desses jogadores tivesse igualado ou quebrado o recorde de Ruth foi de um pouco mais de 50%. Em outras palavras, ao longo de 70 anos, é esperado que algum jogador que habitualmente acerta algo em torno de 40 *home runs* tenha um pico de 60 ou mais *home runs* numa temporada – um fenômeno semelhante ao estalido ocasional que ouvimos em meio à estática numa ligação telefônica ruim. Também é esperado, é claro, que endeusemos ou difamemos – e analisemos eternamente – quem quer que seja essa pessoa "sortuda".

Jamais saberemos ao certo se Maris foi um jogador muito melhor em 1961 que em qualquer outra temporada em que jogou beisebol profissional, ou se apenas se beneficiou da boa sorte. Porém, análises detalhadas do beisebol e de outros esportes, feitas por cientistas renomados como Stephen Jay Gould e o Prêmio Nobel E.M. Purcell, nos mostram que modelos como o que descrevi, baseados em jogos de cara ou coroa, se aproximam bastante do desempenho real de jogadores e equipes, incluídas aí suas fases boas e ruins.[20]

Quando examinamos feitos extraordinários nos esportes – ou em qualquer outra área –, devemos ter em mente que eventos extraordinários podem ocorrer sem causas extraordinárias. Eventos aleatórios muitas vezes se parecem com eventos não aleatórios, e, ao interpretarmos as questões humanas, devemos ter cuidado para não confundir uns com os outros. Embora tenham precisado de muitos séculos para isso, os cientistas aprenderam a enxergar além da ordem aparente e reconhecer a aleatoriedade oculta na natureza e na vida cotidiana. Neste capítulo, apresentei alguns vislumbres de seu funcionamento. Nos próximos, vou considerar as ideias centrais da aleatoriedade em seu contexto histórico e descrever sua relevância, com o objetivo de apresentar uma nova perspectiva sobre o mundo que nos cerca diariamente e, assim, promover uma melhor compreensão da conexão entre esse aspecto fundamental da natureza e a nossa experiência pessoal.

2. As leis das verdades e das meias verdades

Olhando para o céu em uma noite de céu limpo e sem lua, o olho humano é capaz de detectar milhares de fontes cintilantes de luz. Em meio a essas estrelas espalhadas arbitrariamente, repousam padrões. Um leão aqui, uma concha de sopa ali. A capacidade de perceber padrões pode ser ao mesmo tempo uma vantagem e uma deficiência. Isaac Newton refletiu sobre as regularidades apresentadas por objetos em queda e criou uma lei de gravitação universal. Outros perceberam uma melhora em seu desempenho atlético quando estavam usando meias sujas, e a partir daí se recusaram a usar meias limpas. Entre todos os padrões existentes na natureza, como determinar quais são significativos? Promover tal distinção é um empreendimento inerentemente prático. E assim, você talvez não se surpreenda ao saber que, diferentemente da geometria, que surgiu como uma série de axiomas, provas e teoremas criados por uma cultura de filósofos sisudos, a teoria da aleatoriedade surgiu de mentes preocupadas com magia e apostas, pessoas que poderíamos imaginar segurando dados e poções, em vez de livros ou pergaminhos.

A teoria da aleatoriedade é fundamentalmente uma codificação do bom senso. Mas também é uma área de sutilezas, uma área em que grandes especialistas cometeram equívocos famosos e apostadores experientes acertaram de maneira infame. Para entendermos a aleatoriedade e superarmos nossas concepções equivocadas sobre ela, precisamos de experiência e de um pensamento muito cuidadoso. Assim, começamos nossa jornada com algumas das leis básicas da probabilidade e com os desafios trazidos por sua descoberta, compreensão e aplicação. Uma das explorações clássicas sobre a intuição em relação a essas leis foi um experimento conduzido pelo par de cientistas que muito fizeram para elucidar nossas concepções errôneas, Daniel Kahneman e Amos Tversky.[1] Sinta-se livre para participar – e aprender alguma coisa sobre a sua própria intuição probabilística.

Imagine uma mulher chamada Linda, de 31 anos de idade, solteira, sincera e muito inteligente. Cursou filosofia na universidade. Quando estudante, preocupava-se profundamente com discriminação e justiça social e participou de protestos contra as armas nucleares. Tversky e Kahneman apresentaram essa descrição a um grupo de 88 pessoas e lhes pediram que classificassem as seguintes afirmações numa escala de 1 a 8, de acordo com sua probabilidade, de modo que 1 representasse a mais provável e 8 a mais improvável. Eis os resultados, da mais provável à menos provável:

AFIRMAÇÃO	CLASSIFICAÇÃO MÉDIA DE PROBABILIDADE
Linda participa do movimento feminista.	2,1
Linda é assistente social psiquiátrica.	3,1
Linda trabalha numa livraria e faz aulas de ioga.	3,3
Linda é bancária e participa do movimento feminista.	4,1
Linda é professora do ensino fundamental.	5,2
Linda participa da Liga pelo Voto Feminino.	5,4
Linda é bancária.	6,2
Linda é corretora de seguros.	6,4

À primeira vista, pode parecer que esses resultados não têm nada de incomum: a descrição foi de fato criada para representar uma militante feminista, e não uma bancária ou corretora de seguros. Porém, vamos nos concentrar agora em apenas três das possibilidades e suas classificações médias, listadas a seguir da mais provável à mais improvável. Esta é a ordem na qual 85% dos entrevistados classificaram as três possibilidades:

AFIRMAÇÃO	CLASSIFICAÇÃO MÉDIA DE PROBABILIDADE
Linda participa do movimento feminista.	2,1
Linda é bancária e participa do movimento feminista.	4,1
Linda é bancária.	6,2

Se nada nessa tabela parece estranho, então Kahneman e Tversky enganaram você, pois se a chance de que Linda seja bancária e participe do movimento feminista for maior que a chance de que ela seja bancária, isso seria uma violação de nossa primeira lei da probabilidade, uma das mais básicas de todas: *a probabilidade de que dois eventos ocorram nunca pode ser maior que a probabilidade de que cada evento ocorra individualmente*. Por que não? Aritmética simples: chance de que o evento A ocorra = chance de que os eventos A e B ocorram + chance de que o evento A ocorra e o evento B *não* ocorra.

Kahneman e Tversky não se surpreenderam com o resultado, pois haviam dado aos entrevistados um número grande de possibilidades, e as conexões entre as três situações poderiam facilmente se perder na confusão. Então, apresentaram a descrição de Linda a outro grupo, mas dessa vez só propuseram estas possibilidades:

Linda participa do movimento feminista.
Linda é bancária e participa do movimento feminista.
Linda é bancária.

Para surpresa dos pesquisadores, 87% dos entrevistados nesse teste também consideraram que a probabilidade de que Linda seja bancária e participe do movimento feminista é maior que a probabilidade de que Linda seja bancária. Então os pesquisadores levaram a coisa ainda mais adiante: pediram explicitamente a um grupo de 36 alunos de graduação bastante ilustrados que considerassem suas respostas tendo em vista nossa primeira lei da probabilidade. Mesmo após a sugestão, dois dos entrevistados se ativeram à resposta ilógica.

O que Kahneman e Tversky notaram de interessante nessa teimosia é que as pessoas não cometem o mesmo erro se lhes fizermos perguntas que não tenham relação com o que elas já sabem sobre Linda. Por exemplo, suponha que Kahneman e Tversky tivessem perguntado quais das seguintes afirmações pareciam mais prováveis:

> Linda possui uma franquia da International House of Pancakes.
> Linda fez uma operação de mudança de sexo e agora se chama Larry.
> Linda fez uma operação de mudança de sexo, agora se chama Larry e possui uma franquia da International House of Pancakes.

Nesse caso, poucas pessoas pensariam que a última opção é mais provável que alguma das anteriores.

Os dois cientistas concluíram que como o detalhe "Linda participa do movimento feminista" parecia verdadeiro com base na descrição inicial de sua personalidade, quando este era acrescentado à especulação sobre seu emprego como bancária, ele aumentava a credibilidade da situação. Porém, muitas coisas poderiam ter acontecido entre os dias de hippie de Linda e sua quarta década de vida neste planeta. Ela poderia ter se convertido a um culto religioso fundamentalista, se casado com um *skinhead* e ter tatuado uma suástica na nádega esquerda, ou ter ficado ocupada demais com outros aspectos da vida para manter seu ativismo político. Em todos esses casos, e em muitos outros, ela não participaria do movimento feminista. Assim, quando acrescentado, esse detalhe reduz a chance de que a situação seja precisa, embora pareça aumentar a probabilidade de precisão.

Se os detalhes que recebemos se adequarem à imagem mental que temos de alguma coisa, então, quanto maior o número de detalhes numa situação, mais real ela parecerá, e, portanto, consideraremos que será mais provável – muito embora o ato de acrescentarmos qualquer detalhe do qual não tenhamos certeza a uma conjectura a torne menos provável. Essa inconsistência entre a lógica da probabilidade e as avaliações das pessoas com relação a acontecimentos incertos despertou o interesse dos pesquisadores, pois poderia levar a avaliações injustas ou equivocadas de situações na vida real. O que é mais provável: que um réu, depois de encontrar um corpo, deixe a cena do crime, ou que um réu, depois de encontrar um corpo, deixe a cena do crime porque teme ser acusado pelo macabro assassinato? É mais provável que o presidente aumente os gastos federais com educação ou que aumente os gastos federais com educação utilizando fundos obtidos pelo corte de outros gastos dirigidos aos estados? É mais provável que uma empresa aumente suas vendas no ano que vem ou que aumente as vendas no ano que vem porque a economia em geral passará por um bom ano? Em todos os casos, embora a segunda opção seja menos provável que a primeira, pode parecer mais provável. Ou, nas palavras de Kahneman e Tversky, "uma boa história muitas vezes é menos provável que uma … [explicação] menos satisfatória".

Kahneman e Tversky descobriram que mesmo médicos muito bem treinados cometem o mesmo erro.[2] Eles apresentaram um grave problema médico a um grupo de residentes: uma embolia pulmonar (um coágulo de sangue no pulmão). Uma pessoa com essa doença pode apresentar um ou mais dentre diversos sintomas. Alguns deles, como paralisia parcial, são incomuns; outros, como falta de ar, são prováveis. O que é mais provável: que a vítima de uma embolia pulmonar apresente paralisia parcial, ou que apresente tanto paralisia parcial como falta de ar? Kahneman e Tversky descobriram que 91% dos médicos acreditavam que o coágulo tinha menos probabilidade de causar apenas um sintoma raro do que de causar uma combinação entre um sintoma raro e um sintoma comum – em defesa dos médicos, devemos dizer que os pacientes não entram no consultório dizendo coisas como: "Tenho um coágulo de sangue nos pulmões. Adivinhe os meus sintomas."

Anos depois, um dos alunos de Kahneman e outro pesquisador descobriram que os advogados são vítimas do mesmo viés em seus julgamentos.[3] Quer estejam envolvidos em processos criminais ou cíveis, os clientes habitualmente dependem de seus advogados para avaliar o que poderá ocorrer se seu caso for a julgamento. Qual é a chance de absolvição, ou de acordo, ou de penas monetárias de diversos valores? Embora os advogados não possam expressar suas opiniões em termos de probabilidades numéricas, eles dão conselhos com base em suas previsões pessoais das probabilidades relativas de possíveis desfechos. Nesse caso, os pesquisadores também descobriram que os advogados consideram mais prováveis as contingências descritas em maiores detalhes. Por exemplo, na época do processo cível iniciado por Paula Jones contra o então presidente Bill Clinton, pediram a 200 advogados que previssem a probabilidade de que o processo não corresse até o final. Para alguns dos consultados, essa possibilidade foi dividida entre as causas específicas que poderiam levar ao término do processo, como acordo, retirada da queixa ou encerramento por parte do juiz. Ao compararem os dois grupos – advogados que deveriam apenas decidir se o caso correria até sua conclusão *versus* advogados aos quais foram apresentadas as maneiras pelas quais o processo poderia chegar a uma conclusão prematura –, verificaram que os advogados do segundo grupo estavam muito mais inclinados que os primeiros a prever que o processo terminaria prematuramente.

A capacidade de avaliar conexões significativas entre fenômenos diferentes no ambiente que nos cerca pode ser importante a ponto de que valha a pena enxergarmos umas poucas miragens. Se um homem das cavernas faminto vê uma mancha esverdeada numa pedra distante, sai mais caro não lhe dar importância quando se trata de um lagarto gordo e saboroso do que correr e atacar umas poucas folhas caídas. E assim, diz a teoria, talvez tenhamos evoluído para evitar o primeiro erro ao custo de, às vezes, cometer o segundo.

Na história da matemática, os gregos da Antiguidade se destacam por terem inventado a maneira como a matemática moderna é levada a cabo: por meio de axiomas, provas, teoremas, mais provas, mais teoremas e assim por diante. Nos anos 1930, porém, o tcheco-americano Kurt Gödel – amigo de Einstein – provou que essa abordagem tinha suas deficiências: a maior parte da matemática, demonstrou, deve ser inconsistente ou então conter verdades que não podem ser provadas. Não obstante, a matemática seguiu firmemente seu caminho ao estilo grego, o estilo de Euclides. Os gregos, gênios da geometria, criaram um pequeno conjunto de axiomas, afirmações que devem ser aceitas sem provas, e avançaram a partir daí, provando muitos teoremas elegantes que detalhavam as propriedades das retas, planos, triângulos e outras formas geométricas. A partir desse conhecimento, conseguiram discernir, por exemplo, que a Terra é uma esfera e chegaram até a calcular seu raio. Devemos nos perguntar por que motivo uma civilização capaz de gerar um teorema como a proposição 29 do livro 1 dos *Elementos*, de Euclides – "uma linha reta que cruza duas retas paralelas produz ângulos alternados idênticos; o ângulo externo é igual ao ângulo interno oposto, e a soma dos ângulos internos do mesmo lado equivale a dois ângulos retos" –, não criou uma teoria para demonstrar que se jogarmos dois dados seria pouco sábio apostarmos um Corvette na possibilidade de que ambos caiam no número 6.

Na verdade, além de não terem Corvettes, os gregos tampouco tinham dados. Tinham, contudo, seus vícios em apostas. Dispondo de uma abundância de carcaças animais, o que jogavam eram astrágalos, feitos de ossos do calcanhar. Um astrágalo tem seis lados, mas só quatro deles são estáveis o suficiente para permitir que o osso se apoie sobre eles. Estudiosos modernos apontam que, em virtude da anatomia do osso, as probabilidades de que caia em cada um dos lados não são iguais: são de aproximadamente 10% para dois dos lados e de 40% para os outros dois. Um jogo comum consistia em jogar 4 astrágalos. O resultado considerado o melhor era raro, mas não o mais raro de todos: tratava-se do caso em que os 4 astrágalos caíam em lados diferentes. Tal resultado se chamava jogada de Vênus. A jogada de Vênus tem uma probabilidade de aproximadamente 384/10 mil, mas os gregos, por não possuírem uma teoria da aleatoriedade, não sabiam disso.

Os gregos também utilizavam astrágalos ao consultarem seus oráculos. As respostas que obtinham eram tidas como as palavras dos deuses. Muitas escolhas importantes, feitas por gregos proeminentes, se baseavam nesses conselhos, como descrito nos relatos do historiador Heródoto e de escritores como Homero, Ésquilo e Sófocles. Porém, apesar da importância do jogo de astrágalos tanto nas apostas como na religião, os gregos não fizeram nenhum esforço por entender as regularidades desse jogo.

Por que os gregos não desenvolveram uma teoria das probabilidades? Uma resposta é que muitos gregos acreditavam que o futuro se desvelava conforme a vontade dos deuses. Se o resultado de um jogo de astrágalos significava "casa-te com a espartana atarracada que te imobilizou naquela luta atrás do quartel", um rapaz grego não veria o jogo como um produto da sorte (ou azar) num processo aleatório; ele o veria como a vontade dos deuses. Com essa visão de mundo, um entendimento da aleatoriedade seria irrelevante. Portanto, a previsão matemática da aleatoriedade teria parecido impossível. Podemos encontrar outra resposta na própria filosofia que permitiu que os gregos se tornassem matemáticos tão importantes: eles insistiam na verdade absoluta, provada pela lógica e pelos axiomas, e fechavam a cara ante certos pronunciamentos. Por exemplo, em *Fédon*, de Platão, Símias diz a Sócrates que "argumentos baseados em probabilidades são impostores" e antecipa o trabalho de Kahneman e Tversky, chamando a atenção para o fato de que, "a menos que seja observado grande cuidado em seu uso, tendem a ser enganadores – na geometria e também em outros assuntos".[4] Em *Teeteto*, Sócrates afirma que "argumentos baseados apenas em verossimilhança e probabilidade são suficientes para desclassificar qualquer geômetra".[5] Porém, mesmo os gregos que acreditavam que os probabilistas possuíam algum valor talvez tenham tido dificuldades em formular uma teoria consistente naqueles dias, em que ainda não havia extensos registros de dados, porque as pessoas têm memória notavelmente fraca ao tentarem estimar a frequência – e, portanto, a probabilidade – de ocorrências passadas.

O que é maior, o número de palavras de seis letras na língua inglesa que têm *n* como sua quinta letra, ou o número de palavras de seis letras na língua inglesa que terminam em *ing*? A maior parte das pessoas escolhe o grupo terminado em *ing*. Por quê? Porque é mais fácil para elas pensar em palavras que terminam em *ing* que em quaisquer palavras genéricas de seis letras que tenham *n* como sua quinta letra. Mas não precisamos examinar o *Dicionário Oxford* – nem mesmo saber contar – para provar que esse palpite está errado: o grupo de palavras de seis letras que têm *n* como sua quinta *inclui* todas as palavras de seis letras que terminam em *ing*.[6] Os psicólogos chamam esse tipo de erro de viés de disponibilidade, porque ao reconstruirmos o passado damos uma importância injustificada às memórias mais vívidas, portanto mais disponíveis, mais fáceis de recordar.

O desagradável com o viés de disponibilidade é que ele distorce gradualmente nossa imagem do mundo, por distorcer nossa percepção dos acontecimentos passados e do ambiente. Por exemplo, as pessoas tendem a superestimar a fração de moradores de rua que têm problemas psiquiátricos, pois, quando encontram um morador de rua que não se comporta de maneira esquisita, não lhe dão importância nem contam aos amigos sobre o pedinte perfeitamente trivial que encontraram. Mas quando veem um morador de rua que caminha pesadamente, agitando os braços ante um amigo imaginário e cantando "When the saints go marching in", tendem a se lembrar do incidente.[7] Qual é a probabilidade de que, dentre as cinco filas do mercado, escolhamos a mais lenta? A menos que tenhamos sido amaldiçoados por um praticante de magia negra, a resposta é de aproximadamente ⅕. Assim, por que motivo, quando pensamos no assunto, temos a sensação de possuirmos um talento sobrenatural para escolher a fila mais lenta? Porque temos coisas mais importantes com as quais nos preocupar quando as coisas correm bem, mas quando a senhora à nossa frente, que tem um único produto no carrinho, decide reclamar de que a galinha lhe foi cobrada a US$1,50 o quilo e ela tem certeza de que a placa na geladeira de carnes dizia US$1,49, prestamos muita atenção ao fato.

Uma ilustração clara do efeito que o viés de disponibilidade pode ter em nossos julgamentos e tomadas de decisão veio de uma simulação de tribunal do júri.[8] Nesse estudo, o júri recebeu doses iguais de provas absolventes e incriminatórias com relação à acusação de que um motorista estava bêbado quando bateu em um caminhão de lixo. A artimanha do estudo está no fato de que um grupo de jurados recebeu as provas absolventes numa versão "amena": "O dono do caminhão de lixo afirmou no interrogatório que seu caminhão era difícil de ver à noite, por ser cinza." O outro grupo recebeu uma forma mais "vívida" da mesma prova: "O dono do caminhão de lixo afirmou no interrogatório que seu caminhão era difícil de ver à noite, por ser cinza. Ele lembrou que seus caminhões são cinza 'porque isso esconde a sujeira. O que você queria, que eu os pintasse de cor-de-rosa?'" As provas incriminatórias também foram apresentadas de duas maneiras, dessa vez numa forma vívida para o primeiro grupo e amena para o segundo. Quando pediram aos jurados que dessem seus veredictos de culpa ou inocência, o lado que recebeu a apresentação mais vívida das provas sempre prevaleceu, e o efeito foi ainda maior quando houve um retardo de 48 horas antes da apresentação do veredicto (possivelmente em virtude da maior dificuldade de recordar o acontecimento).

Ao distorcer o modo como enxergamos o passado, o viés de disponibilidade complica qualquer tentativa de o compreendermos. Isso valia para os gregos da Antiguidade e continua a valer para nós. Porém, havia outro grande obstáculo a qualquer teoria primitiva da aleatoriedade, de ordem bastante prática: embora a probabilidade básica exija apenas conhecimentos aritméticos, os gregos não sabiam aritmética, ao menos não numa forma fácil de se trabalhar. Por exemplo, em Atenas, no século V a.C., no ápice da civilização grega, uma pessoa que quisesse escrever um número usava uma espécie de código alfabético.[9] As primeiras nove das 24 letras do alfabeto grego representavam os números que chamamos de 1 a 9. As seguintes nove letras representavam os números que chamamos 10, 20, 30 e assim por diante. E as seis últimas letras, além de três símbolos adicionais, representavam as primeiras nove centenas (100, 200 e assim por diante, até 900). Se você tem problemas com aritmética hoje em dia, imagine como seria tentar subtrair ΔΓΘ de ΩΨΠ! Para complicar ainda mais as coisas, a ordem na qual as unidades, dezenas e centenas eram escritas não importava: às vezes as centenas vinham em primeiro, às vezes em último, e às vezes a ordem era ignorada completamente. Para completar, os gregos não tinham zero.

O conceito de zero chegou à Grécia quando Alexandre invadiu o Império Babilônico, em 331 a.C. Mesmo então, embora os alexandrinos tenham começado a usar o zero para denotar a ausência de um número, ele não era empregado como um número por si só. Na matemática moderna, o número 0 possui duas propriedades fundamentais: na adição, é o número que, quando somado a qualquer outro, deixa-o inalterado, e na multiplicação é o número que, quando multiplicado por qualquer outro, mantém-se ele próprio inalterado. Esse conceito não foi introduzido até o século IX, pelo matemático indiano Mahavira.

Mesmo depois do desenvolvimento de um sistema numérico utilizável, passariam-se muitos séculos até que as pessoas reconhecessem adição, subtração, multiplicação e divisão como as operações aritméticas fundamentais – e, lentamente, percebessem que certos símbolos convenientes poderiam facilitar bastante sua manipulação. Somente no século XVI o mundo ocidental estaria pronto para desenvolver uma teoria da probabilidade. Ainda assim, apesar das desvantagens de um sistema de cálculo inadequado, a civilização que conquistou os gregos – os romanos – foi a primeira a fazer algum progresso na compreensão da aleatoriedade.

Os ROMANOS COSTUMAVAM desdenhar da matemática, ao menos da dos gregos. Nas palavras do estadista Cícero, que viveu de 106 a.C. a 43 a.C., "entre os gregos, o geômetra ocupava o lugar mais honrado; dessa forma, nada progrediu de maneira tão brilhante entre eles quanto a matemática. Porém, nós estabelecemos como o limite dessa arte sua utilidade na medição e na contagem."[10] De fato, poderíamos imaginar um livro grego centrado na prova de congruências entre triângulos abstratos, enquanto um texto romano típico se concentraria em questões sobre como determinar a largura de um rio quando o inimigo ocupa a margem oposta.[11] Com tais prioridades matemáticas, não é de surpreender que, enquanto os gregos produziram matemáticos notáveis como Arquimedes, Diofanto, Euclides, Eudoxo, Pitágoras e Tales, os romanos não produziram um matemático sequer.[12] Na cultura romana, o conforto e a guerra, e não a verdade e a beleza, ocupavam o centro das atenções. Ainda assim, justamente por se concentrarem nas questões práticas, os romanos consideravam importante a compreensão da probabilidade. Dessa forma, apesar de enxergar pouco valor na geometria abstrata, Cícero escreveu que "a probabilidade é o próprio guia da vida".[13]

Cícero talvez tenha sido o maior defensor da probabilidade na Antiguidade. Ele a empregou para argumentar contra a interpretação habitual de que o êxito nas apostas se devia à intervenção divina, escrevendo que "o homem que joga com frequência acabará por fazer, uma vez ou outra, uma jogada de Vênus: de vez em quando, fará até mesmo duas ou três em sequência. Seremos tolos ao ponto de afirmar que tal coisa ocorreu em virtude da intervenção pessoal de Vênus, e não por pura sorte?"[14] Cícero acreditava que um acontecimento poderia ser antecipado e previsto mesmo que sua ocorrência dependesse do mero acaso. Ele chegou a utilizar um argumento estatístico para ridicularizar a crença na astrologia. Irritado com o fato de que, apesar de ilegal em Roma, a astrologia ainda continuasse viva e popular, o político observou que em Canas, em 216 a.C., Aníbal, liderando cerca de 50 mil soldados cartagineses e aliados, trucidou um exército romano muito maior, abatendo mais de 60 mil de seus 80 mil soldados. "Todos os romanos que caíram em Canas teriam, por acaso, o mesmo horóscopo?", perguntou Cícero. "Ainda assim, todos tiveram exatamente o mesmo fim."[15] Cícero talvez ficasse mais animado ao saber que, 2 mil anos mais tarde, um estudo científico sobre a validade das previsões astrológicas publicado na revista *Nature* foi ao encontro de sua conclusão.[16] O jornal *New York Post*, por outro lado, aconselha-me que, como sagitariano, devo encarar críticas objetivamente e executar as mudanças que pareçam necessárias.

No fim das contas, o principal legado de Cícero na área da aleatoriedade foi o termo que usou, *probabilis*, que acabou por originar o termo empregado atualmente. No entanto, é uma seção do código de leis romanas, o *Digesto*, compilado pelo imperador Justiniano no século VI, o primeiro documento no qual a probabilidade aparece como figura jurídica.[17] Para apreciarmos o modo como os romanos aplicaram o pensamento matemático à teoria jurídica, devemos entender o contexto: a lei romana da Idade das Trevas se baseava nas práticas das tribos germânicas. Não era uma coisa muito bonita. Considere, por exemplo, as regras do testemunho. A veracidade do testemunho de, digamos, um marido que negava ter tido um caso com a costureira de togas de sua esposa não era determinada pela capacidade do maridão de responder a um interrogatório feito por um conselho de acusação, e sim por sua determinação em se ater à história que contou mesmo depois de ser cutucado – com um ferro em brasa (se trouxermos de volta *esse* costume, veremos muito mais casos de divórcios decididos fora dos tribunais). E se a defesa disser que a carruagem não tentou frear em nenhum momento, mas a testemunha qualificada alegar que as marcas dos cascos mostram que os freios foram aplicados, a doutrina germânica oferecia uma prescrição simples: "Escolha-se um homem de cada grupo para resolver a questão com escudos e lanças. Quem perder será o perjuro, e deverá perder a mão direita."[18]

Ao substituírem, ou ao menos tornarem suplementar, a prática do julgamento pela batalha, os romanos buscaram na precisão matemática uma cura para as deficiências do velho sistema arbitrário. Vista nesse contexto, a ideia romana de justiça empregava conceitos intelectuais avançados. Ao reconhecer que as provas e testemunhos muitas vezes entravam em conflito e que a melhor maneira de resolvê-los era quantificar a inevitável incerteza, os romanos criaram o conceito da meia prova, que se aplicava aos casos em que não havia razões convincentes nem para se crer nem para se duvidar de evidências ou testemunhos. Em alguns casos, a doutrina romana incluía até mesmo graus mais refinados de prova, como no decreto eclesiástico de que "um bispo não deve ser condenado, a não ser com 72 testemunhas ... um padre cardeal não deve ser condenado, a não ser com 44 testemunhas, um diácono cardeal da cidade de Roma, com 36 testemunhas, um subdiácono, acólito, exorcista, leitor ou ostiário, com sete testemunhas".[19] Para ser condenada sob essas regras, além de cometer o crime, a pessoa teria também que vender ingressos para o espetáculo. Ainda assim, o reconhecimento de que a probabilidade de verdade num testemunho podia variar e de que eram necessárias regras para a combinação dessas probabilidades foi um ponto de partida. E foi assim que, na improvável Roma antiga, surgiu pela primeira vez um conjunto sistemático de regras baseadas na probabilidade.

Infelizmente, é difícil atingirmos destreza quantitativa quando estamos lidando com VIIIs e XIVs. No fim das contas, embora a lei romana possuísse certa racionalidade e coerência legal, não chegava a ter validade matemática. Na lei romana, por exemplo, duas meias provas constituíam uma prova plena. Isso pode parecer pouco razoável para uma cabeça não acostumada ao pensamento quantitativo; hoje, estando mais familiarizados com as frações, seríamos tentados a perguntar: se duas meias provas equivalem à certeza absoluta, o que é que representam três meias provas? De acordo com a maneira correta de combinarmos probabilidades, duas meias provas não chegam a produzir uma certeza absoluta, e, além disso, jamais poderemos somar um número finito de provas parciais para gerar uma certeza, porque para combinarmos probabilidades não devemos somá-las, e sim multiplicá-las.

Isso nos leva à nossa próxima lei, a Lei da Combinação de Probabilidades: *Se dois eventos possíveis, A e B, forem independentes, a probabilidade de que A e B ocorram é igual ao produto de suas probabilidades individuais.* Suponha que uma pessoa casada tenha, em média, uma chance de aproximadamente 1/50 de se divorciar a cada ano. Por outro lado, um policial tem uma chance de aproximadamente 1/5 mil de morrer em serviço. Qual é a probabilidade de que um policial casado se divorcie e morra no mesmo ano? Segundo o princípio acima, se tais eventos forem independentes, a probabilidade será de aproximadamente 1/50 × 1/5 mil, que equivale a 1/250 mil. É claro que os eventos não são independentes; na verdade, estão ligados: depois de morrer, droga, o policial não pode mais se divorciar. Assim, a chance de que ele tenha tanto azar é um pouco menor que 1/250 mil.

Por que multiplicamos em vez de somar? Suponha que você faça um baralho com as fotografias dos 100 sujeitos que conheceu até agora num serviço de relacionamentos na internet – homens que, pelas fotos apresentadas nas páginas, se parecem com Tom Cruise, mas que pessoalmente lembram mais Danny DeVito. Suponha também que, no verso de cada carta, você liste algumas informações sobre cada homem, como sincero (sim ou não) e bonito (sim ou não). Por fim, suponha que 1 de cada 10 de suas possíveis almas gêmeas tenha um "sim" para cada uma das categorias. Quantos homens dentre os 100 do seu baralho passarão no teste em ambas as categorias? Consideremos primeiro a sinceridade (poderíamos igualmente considerar a beleza). Como 1 de cada 10 cartas traz um "sim" na categoria "sinceridade", 10 dentre as 100 cartas passarão no teste. Desses 10 homens, quantos serão bonitos? Novamente, 1 em cada 10, portanto resta apenas 1 carta. A primeira probabilidade de $1/10$ reduz as possibilidades a $1/10$, e o mesmo ocorre com a segunda probabilidade de $1/10$, o que faz com que o resultado final seja de $1/100$. É por isso que multiplicamos. E se você tiver mais exigências além da sinceridade e da beleza, terá que continuar multiplicando, portanto... bem, boa sorte.

Antes de seguirmos em frente, vale a pena atentarmos para um detalhe importante: a condição que diz que "*se dois eventos possíveis, A e B, forem independentes*". Suponha que uma companhia aérea tenha 1 lugar restante num voo, e ainda restem 2 passageiros por chegar. Suponha que, a partir da experiência, a companhia saiba que existe uma chance de $2/3$ de que um passageiro que reservou um voo se apresente para viajar. Utilizando a regra da multiplicação, a funcionária da companhia poderá concluir que existe uma chance de $2/3 \times 2/3$, ou cerca de 44%, de que ela tenha que lidar com um cliente insatisfeito. A chance de que nenhum cliente apareça e de que o avião tenha que voar com um lugar vago, por outro lado, é de $1/3 \times 1/3$, ou apenas 11%, aproximadamente. Mas isso só ocorre se presumirmos que os passageiros são independentes. Se, por exemplo, eles estiverem viajando juntos, a análise acima estará errada. A chance de que ambos queiram viajar é de $2/3$, igual à de um passageiro independente. É importante lembrar que só calculamos a probabilidade combinada a partir das probabilidades simples por meio da multiplicação quando os eventos não têm nenhuma relação entre si.

A regra que acabamos de utilizar poderia ser aplicada à regra romana das meias provas: a chance de que duas meias provas independentes estejam erradas é de ¼, portanto duas meias provas constituem ¾ de uma prova, e não uma prova inteira. Os romanos somaram quando deveriam ter multiplicado.

No entanto, há situações nas quais as probabilidades *devem* ser somadas, e essa é a nossa próxima lei. Ela surge quando queremos conhecer a chance de ocorrência de um dentre dois acontecimentos, diferentemente da situação anterior, na qual queríamos descobrir a chance de que ambos os acontecimentos ocorram. A lei é a seguinte: *se um evento pode ter diferentes resultados possíveis, A, B, C e assim por diante, a possibilidade de que A ou B ocorram é igual à soma das probabilidades individuais de A e B, e a soma das probabilidades de todos os resultados possíveis (A, B, C e assim por diante) é igual a 1 (ou seja, 100%).* Quando queremos descobrir a probabilidade de que dois eventos independentes, A e B, ocorram, multiplicamos; se quisermos descobrir a probabilidade de que um dentre dois eventos mutuamente excludentes, A ou B, ocorra, somamos. De volta à companhia aérea: em que momento a funcionária deveria somar as probabilidades em vez de multiplicá-las? Suponha que ela quisesse descobrir a probabilidade de que os dois passageiros se apresentem para viajar ou de que nenhum deles o faça. Nesse caso, ela deve somar as probabilidades individuais dos dois eventos, o que, segundo o que calculamos acima, geraria uma probabilidade de 55%.

Essas três leis, apesar da simplicidade, formam boa parte da base da teoria da probabilidade. Quando aplicadas adequadamente, podem nos ajudar a compreender o funcionamento da natureza e do mundo cotidiano. Nós as utilizamos o tempo todo ao tomarmos decisões no dia a dia. Porém, como os juristas romanos, nem sempre as usamos corretamente.

É FÁCIL OLHARMOS PARA TRÁS, balançarmos a cabeça e escrevermos livros com títulos como *Terríveis romanos*.* No entanto, para evitar autocongratulações injustificáveis, vou terminar o capítulo examinando ligeiramente algumas maneiras pelas quais podemos aplicar ao nosso próprio sistema jurídico as leis básicas que discuti. Como veremos, isso basta para desembriagar qualquer pessoa intoxicada por sentimentos de superioridade cultural.

A boa notícia é que, hoje em dia, não temos meias provas. No entanto, temos uma espécie de $^{990\text{ mil}}/_{1\text{ milhão}}$ de prova. Por exemplo, não é raro que especialistas em análise de DNA testemunhem em julgamentos nos quais uma amostra de DNA retirada da cena de um crime corresponde ao DNA extraído de um suspeito. Quanta certeza podemos ter quanto ao resultado de tais testes? Quando os exames de DNA passaram a ser usados em tribunais, diversos especialistas afirmaram que estes jamais poderiam gerar resultados falsos positivos. Hoje, tais especialistas afirmam regularmente que a chance de que uma pessoa aleatória tenha DNA semelhante ao de uma amostra retirada da cena de um crime é menor que 1 em 1 milhão ou 1 em 1 bilhão. Com essa probabilidade, seria difícil culparmos um jurado por pensar: "Prendam e joguem a chave fora." Mas existe outra estatística, pouco apresentada ao júri, ligada ao fato de que os laboratórios cometem erros, por exemplo, ao obterem e manusearem amostras, misturando-as ou trocando-as acidentalmente, ou então interpretando e relatando os resultados de maneira incorreta. Todos esses erros são raros, mas não tão raros quanto o caso da pessoa aleatória que possui DNA semelhante ao da cena do crime. O Laboratório de

* Obra infantojuvenil de Terry Deary e Martin Brown (ilustrador), faz parte de uma coleção intitulada "Saber horrível", sobre as práticas "horrendas" de várias sociedades antigas, como os egípcios ou os gregos. (N.T.)

Criminologia da Cidade da Filadélfia, por exemplo, admitiu ter trocado a amostra de referência do réu e da vítima num caso de estupro, e uma companhia de exames chamada Cellmark Diagnostics confessou ter cometido erro semelhante.[20] Infelizmente, a força das estatísticas ligadas ao DNA apresentado na corte é tal que um tribunal de Oklahoma condenou um homem chamado Timothy Durham a mais de 3.100 anos de prisão, muito embora 11 testemunhas afirmassem que ele estava em outro estado no momento do crime. No fim das contas, verificou-se que a análise inicial do laboratório não fora capaz de separar completamente o DNA do estuprador e o da vítima no líquido que testaram, e a combinação do DNA da vítima e do estuprador gerou um resultado positivo quando comparado com o de Durham. Um novo teste realizado posteriormente revelou o erro, e Durham foi libertado depois de passar quatro anos na prisão.[21]

As estimativas da taxa de erros por falhas humanas variam, mas muitos especialistas consideram que seja algo em torno de 1%. No entanto, como as taxas de erro de muitos laboratórios nunca foram medidas, as cortes muitas vezes não permitem o testemunho quanto a essa estatística geral. E, mesmo que as cortes permitissem o testemunho relacionado aos falsos positivos, de que maneira os jurados o avaliariam? A maioria dos jurados presume que, dados dois tipos de erro – a semelhança acidental de 1 em 1 bilhão e o erro humano no laboratório, de 1 em 100 –, a taxa de erro geral deve se situar em algum lugar no meio do caminho, digamos, 1 em 500 milhões, o que, para a maior parte dos jurados, ainda não constitui uma dúvida razoável. Porém, empregando as leis da probabilidade, encontramos uma resposta muito diferente.

A maneira de pensar é a seguinte: como ambos os erros são muito improváveis, podemos ignorar a possibilidade de que existam ao mesmo tempo uma semelhança acidental entre as amostras *e* um erro laboratorial. Portanto, buscamos a probabilidade de que tenha acontecido um erro *ou* o outro. O resultado é dado por nossa regra da soma: é a probabilidade de um erro laboratorial (1/100) + a probabilidade de uma semelhança acidental (1/1 bilhão). Como o segundo caso é 10 milhões de vezes menor que o primeiro, uma excelente aproximação da chance de que ocorra um dos dois erros é igual à chance do erro mais provável – ou seja, a probabilidade é de 1/100. Dadas as duas causas possíveis, portanto, deveríamos ignorar o testemunho mirabolante do especialista sobre a probabilidade de semelhanças acidentais entre os DNAs e nos concentrar na taxa de erros laboratoriais, que é muito mais elevada – justamente a informação que os advogados são impedidos de apresentar nas cortes! Assim, as alegações de infalibilidade do DNA, tantas vezes repetidas, continuam a ser exageradas.

Não se trata de um caso isolado. O uso da matemática no sistema jurídico moderno sofre de problemas não menos graves que os surgidos em Roma há tantos séculos. Um dos exemplos mais famosos do uso impróprio da probabilidade no direito foi o caso de Janet Collins, julgado pela Suprema Corte da Califórnia em 1968.[22] Eis os fatos do caso, do modo como foram apresentados na decisão da corte:

> Em 18 de junho de 1964, ao redor das 11h30 da manhã, a sra. Juanita Brooks, que fizera compras, voltava para casa por uma travessa na região de San Pedro, na cidade de Los Angeles. Carregava nas costas uma cesta de palha contendo mercadorias, e deixara sua bolsa em cima das embalagens. Ela usava uma bengala. Quando se abaixou para apanhar uma caixa de papelão vazia, foi subitamente empurrada ao chão por uma pessoa que não chegou a ver, e cuja aproximação não notou. Ficou atônita pela queda e sentiu alguma dor. Conseguiu erguer os olhos e viu uma mulher jovem que fugia da cena.

Segundo a sra. Brooks, a mulher parecia pesar cerca de 70kg, vestia "uma roupa escura" e tinha cabelo "entre loiro escuro e loiro claro", porém mais claro que a cor do cabelo da ré, Janet Collins, quando esta se apresentou ao julgamento. Imediatamente após o incidente, a sra. Brooks percebeu que sua bolsa, contendo entre US$35 e US$40, havia desaparecido.

Aproximadamente no mesmo momento do roubo, John Bass, que vivia na rua ao fim da travessa, estava em frente à sua casa, regando a grama. Sua atenção foi atraída por "muitos gritos e choro" que vinham da travessa. Ao olhar naquela direção, viu uma mulher, que fugiu correndo e entrou num automóvel amarelo estacionado do outro lado da rua. Não conseguiu distinguir a marca do carro. O motor foi ligado imediatamente, e o carro teve que contornar outro veículo estacionado, de modo que, na rua estreita, passou a menos de dois metros do sr. Bass. Este viu então que o motorista do carro era um homem negro, que tinha barba e bigode. ... Outras testemunhas apresentam descrições variadas do carro, dizendo que era amarelo, amarelo com teto acinzentado e amarelo com teto branco. Segundo a descrição, o carro tinha tamanho entre médio e grande.

Alguns dias depois do incidente, um policial de Los Angeles vislumbrou um Lincoln amarelo com teto acinzentado em frente à casa dos réus e falou com eles, explicando que estava investigando um assalto. O policial notou que os suspeitos se encaixavam na descrição do homem e da mulher que haviam cometido o crime, a não ser pelo fato de que o homem não usava barba, embora admitisse que às vezes a deixava crescer. Mais tarde, nesse mesmo dia, a polícia de Los Angeles prendeu os dois suspeitos, Malcolm Ricardo Collins e sua mulher, Janet.

As provas contra os dois eram escassas, e o caso se baseava fortemente na identificação dos suspeitos pela vítima e pela testemunha, John Bass. Infelizmente para o advogado de acusação, nenhum dos dois demonstrou muito talento no banco das testemunhas. A vítima não foi capaz de identificar Janet como a perpetradora do crime, e não chegou a ver o motorista em nenhum momento. John Bass não havia visto a perpetradora, e disse, no momento da identificação dos suspeitos, que não poderia determinar com segurança se Malcolm Collins era o motorista. Assim, o caso parecia estar se despedaçando.

Entra a testemunha principal, descrita pela Suprema Corte da Califórnia simplesmente como "um professor assistente de matemática numa faculdade estadual". Essa testemunha afirmou que o fato de que os réus fossem "uma mulher caucasiana com rabo de cavalo loiro … [e] um negro com barba e bigode" que dirigia um automóvel parcialmente amarelo era suficiente para condenar o casal. Para ilustrar essa ideia, a acusação apresentou a seguinte tabela, citada aqui exatamente como apresentada na decisão da Suprema Corte:

CARACTERÍSTICA	PROBABILIDADE INDIVIDUAL
Automóvel parcialmente amarelo	1/10
Homem com bigode	1/4
Homem negro com barba	1/10
Garota com rabo de cavalo	1/10
Garota loira	1/3
Casal inter-racial num carro	1/1 mil

O professor assistente de matemática chamado pela acusação disse que a regra do produto se aplica a esses dados. Multiplicando todas as probabilidades, concluímos que a chance de que um casal se encaixe em todas essas características distintivas é de 1/12 milhões. Da mesma forma, falou, podíamos inferir que a chance de que o casal fosse inocente era de 1/12 milhões. O advogado de acusação ressaltou que tais probabilidades individuais eram estimativas, e convidou os jurados a apresentar seus próprios palpites e fazer as contas. Pessoalmente, afirmou, acreditava que fossem estimativas conservadoras, e a probabilidade que encontrou ao utilizar os fatores estimados por ele próprio era mais próxima de 1/1 bilhão. O júri caiu na história e condenou o casal.

O que há de errado nessa situação? Em primeiro lugar, como vimos, para determinarmos uma probabilidade combinada pela multiplicação das probabilidades individuais, as categorias devem ser independentes, e, nesse caso, está claro que não são. Por exemplo, a tabela afirma que a probabilidade de vermos um "homem negro com barba" é de 1/10, e a de um "homem com bigode" é de 1/4. Porém, a maior parte dos homens com barba também tem bigode, e assim, se virmos um "homem negro com barba", a probabilidade de que ele tenha bigode não é mais de 1/4 – é muito maior. Essa questão pode ser sanada se eliminarmos a categoria "homem negro com barba". Nesse caso, o produto das probabilidades cai para cerca de 1/1 milhão.

Existe outro erro na análise: a probabilidade relevante não é a citada acima – a de que um casal escolhido ao acaso se encaixe na descrição dos suspeitos. Na verdade, a probabilidade relevante é a de que um casal que se encaixe em todas essas características seja o casal culpado. A primeira pode ser de 1/1 milhão. Mas quanto à segunda, como a população da região próxima ao local do crime era de muitos milhões, seria razoável considerarmos que haveria 2 ou 3 casais na região que se encaixavam na descrição. Nesse caso, a probabilidade de que um casal que se encaixava na descrição fosse o culpado, com base apenas nesses indícios (que eram basicamente tudo o que a acusação possuía), é de apenas 1/2 ou 1/3. Muito além de uma dúvida razoável. Por esses motivos, a Suprema Corte revogou a condenação de Collins.

O uso da probabilidade e da estatística nas cortes modernas ainda é um tema controverso. No caso de Collins, a Suprema Corte da Califórnia ridicularizou o que chamou de "julgamento pela matemática", mas deixou espaço para "aplicações mais adequadas de técnicas matemáticas". Nos anos seguintes, as cortes raramente consideraram argumentos matemáticos, porém, mesmo quando advogados e juízes não citam probabilidades explícitas ou teoremas matemáticos, frequentemente empregam esse tipo de raciocínio, assim como os jurados ao avaliarem as provas. Além disso, os argumentos estatísticos estão se tornando cada vez mais importantes em virtude da necessidade de avaliarmos provas por exames de DNA. Infelizmente, essa maior importância não foi acompanhada de um maior entendimento por parte dos advogados, juízes e jurados. Como explicou Thomas Lyon, que dá aulas de probabilidade no direito na Universidade do Sul da Califórnia, "poucos alunos fazem um curso de probabilidade no direito, e poucos advogados acreditam que tal curso mereça ter seu lugar".[23] Nessa e em outras áreas, a compreensão da aleatoriedade pode revelar camadas ocultas da verdade, mas apenas para os que possuírem as ferramentas para desvendá-las. No próximo capítulo, vamos examinar a história do primeiro homem a estudar sistematicamente essas ferramentas.

3. Encontrando o caminho em meio a um espaço de possibilidades

Nos anos que precederam 1576, via-se nas ruas de Roma um homem de vestes estranhas, perambulando num passo irregular, às vezes gritando para ninguém em particular e ignorado por todos. Ele já fora um dia celebrado em toda a Europa por ter sido um famoso astrólogo, médico dos nobres da corte e professor de medicina na Universidade de Pavia. Criara invenções duradouras, entre elas um precursor do cadeado com código e da junta universal, que é usada hoje nos automóveis. Havia publicado 131 livros sobre uma ampla gama de assuntos em filosofia, medicina, matemática e ciências. Em 1576, no entanto, tornara-se um homem com um grande passado mas sem nenhum futuro, vivendo no esquecimento e em terrível pobreza. Ao final do verão daquele ano, sentou-se à sua mesa e escreveu suas palavras finais, uma ode a seu filho preferido, o mais velho, que havia sido executado 16 anos antes, aos 26. O velho morreu em 20 de setembro, poucos dias antes de seu aniversário de 75 anos. Viveu por mais tempo que dois de seus três filhos; no momento de sua morte, seu rebento sobrevivente estava empregado pela Inquisição como torturador profissional. Recebeu esse ótimo emprego como recompensa por apresentar provas contra o próprio pai.

Antes de morrer, Gerolamo Cardano queimou 170 manuscritos não publicados.[1] As pessoas que vasculharam suas posses encontraram 111 textos sobreviventes. Um deles, escrito décadas antes e aparentemente revisado muitas vezes, era um tratado em 32 capítulos curtos. Intitulado *O livro dos jogos de azar*, foi o primeiro na história a tratar da teoria da aleatoriedade. As pessoas já apostavam e lidavam com outras incertezas havia milhares de anos. Conseguirei atravessar o deserto antes de morrer de sede? Será perigoso ficar sob o penhasco quando a terra está tremendo desse jeito? O sorriso daquela menina das cavernas que gosta de pintar búfalos nas pedras significará que ela gosta de mim? Ainda assim, até a chegada de Cardano, ninguém jamais realizara uma análise racional do curso seguido pelos jogos ou outros processos incertos. O discernimento de Cardano sobre o funcionamento do acaso incorporava um princípio que chamaremos de Lei do Espaço Amostral. Essa lei representava uma nova ideia e uma nova metodologia e formou a base da descrição matemática da incerteza pelos séculos que se seguiram. É um método simples, análogo à ideia de fazer o balanço das contas da casa, mas aplicado às leis do acaso. Porém, com esse método simples, adquirimos a capacidade de lidar sistematicamente com muitos problemas que, de outra forma, pareceriam quase inevitavelmente confusos. Para ilustrar tanto o uso como a força da lei, vamos considerar um problema de formulação simples, cuja solução não exige uma matemática avançada, mas que provavelmente intrigou mais pessoas que qualquer outro problema na história da aleatoriedade.

NO QUE DIZ RESPEITO a colunas de jornais, "Ask Marilyn", da revista *Parade*, tem que ser considerada um grande sucesso. Distribuída em 350 periódicos que apresentam a invejável circulação combinada de quase 36 milhões de exemplares, essa seção de perguntas e respostas foi lançada em 1986 e continua firme. As perguntas podem ser tão esclarecedoras quanto as respostas, uma espécie de pesquisa (não científica) do Instituto Gallup do que se passa nas mentes da população americana. Por exemplo:

Quando a bolsa de valores fecha ao final do dia, por que todos continuam por lá, sorrindo e batendo palmas, independentemente de as ações terem subido ou descido?

Uma amiga está grávida de gêmeos, que sabe serem fraternos. Qual é a chance de que ao menos um dos bebês seja menina?

Quando passamos de carro perto de um gambá morto na estrada, por que leva cerca de 10 segundos até sentirmos o cheiro? Presumindo que não passemos exatamente por cima do gambá.

Aparentemente, a população americana é formada por pessoas muito ligadas às questões práticas. O que devemos notar aqui é que cada uma das perguntas tem um certo componente científico ou matemático, característica apresentada por muitas das perguntas respondidas na coluna.

Poderíamos nos perguntar, especialmente se soubermos pouco sobre matemática e ciências: quem é essa guru chamada Marilyn? Pois bem, é Marilyn vos Savant, famosa por ser citada há muitos anos no Hall da Fama do *Livro Guinness dos recordes* como a pessoa com o maior QI já registrado no planeta (228). Ela também é famosa por ter se casado com Robert Jarvik, inventor do coração artificial Jarvik. Porém, às vezes as pessoas famosas, apesar de suas outras realizações, são lembradas por algo que, se dependesse delas, desejariam que nunca tivesse acontecido – "Eu não tive relações sexuais com essa mulher". Esse talvez seja o caso de Marilyn, famosa pela resposta à seguinte pergunta, surgida em sua coluna num domingo de setembro de 1990 (alterei ligeiramente as palavras utilizadas):

Suponha que os participantes de um programa de auditório recebam a opção de escolher uma dentre três portas: atrás de uma delas há um carro; atrás das outras, há cabras. Depois que um dos participantes escolhe uma porta, o apresentador, que sabe o que há atrás de cada porta,

> abre uma das portas não escolhidas, revelando uma cabra. Ele diz então ao participante: "Você gostaria de mudar sua escolha para a outra porta fechada?" Para o participante, é vantajoso trocar sua escolha?[2]

A pergunta foi inspirada nas regras do programa de televisão *Let's Make a Deal*, transmitido de 1963 a 1976 e relançado diversas vezes entre 1980 e 1991. O principal atrativo do programa era o belo e simpático apresentador, Monty Hall, e sua assistente de roupas provocativas, Carol Merril, Miss Azusa (Califórnia) de 1957.

Para surpresa dos idealizadores, mesmo após a transmissão de 4.500 episódios ao longo de 27 anos, essa questão sobre probabilidade matemática acabou sendo seu principal legado. A pergunta imortalizou tanto Marilyn como o programa em virtude da veemência com que os leitores de Marilyn vos Savant reagiram à coluna. Afinal de contas, parece ser uma pergunta bastante tola. Há duas portas possíveis – se abrirmos uma, ganhamos; se abrirmos a outra, perdemos –, portanto, parece evidente que, quer mudemos a escolha, quer não, nossa chance de ganhar é de 50%. O que poderia ser mais simples? A questão é que Marilyn afirmou em sua coluna que é vantajoso mudar a escolha.

Apesar da conhecida letargia popular no que diz respeito aos temas matemáticos, os leitores de Marilyn reagiram como se ela tivesse defendido a devolução da Califórnia ao México. Por negar o óbvio, Marilyn recebeu uma avalanche de correspondências, 10 mil cartas, pelo que estimou.[3] Se perguntarmos à população dos Estados Unidos se concorda com as ideias de que as plantas criam o oxigênio que existe no ar, de que a luz viaja mais rápido que o som ou de que leite radioativo não se torna seguro para o consumo depois de fervido, receberemos respostas negativas na casa das dezenas (13, 24 e 35%, respectivamente).[4] Porém, nessa questão, os americanos estavam unidos: 92% achavam que Marilyn estava errada.

Muitos leitores pareceram desapontados. Como era possível que uma pessoa em quem confiaram numa gama tão ampla de assuntos se confundisse com uma pergunta tão simples? Seu equívoco seria um símbolo da deplorável ignorância do povo americano? Quase mil PhDs escreveram cartas; muitos deles eram professores de matemática e pareciam especialmente irados.[5] "Você errou feio", escreveu um matemático da Universidade George Mason:

> Deixe-me explicar: se mostrarmos que uma das portas não contém o prêmio, essa informação altera a probabilidade das duas escolhas remanescentes para ½ – e nenhuma das duas apresenta motivos para ter probabilidade maior que a outra. Como matemático profissional, estou muito preocupado com a falta de conhecimentos matemáticos do público em geral. Por favor, ajude a melhorar essa situação confessando o seu erro e sendo mais cuidadosa no futuro.

Da Universidade Estadual de Dickinson veio o seguinte: "Estou chocado ao ver que, depois de ser corrigida por ao menos três matemáticos, a senhora ainda não tenha percebido o erro." De Georgetown: "Quantos matemáticos enfurecidos são necessários para que a senhora mude de ideia?" E alguém do Instituto de Pesquisa do Exército dos Estados Unidos afirmou: "Se todos esses PhDs estiverem errados, o país está passando por graves problemas." As cartas continuaram a chegar, em números tão elevados e por tanto tempo, que, depois de dedicar algum espaço à questão na coluna, Marilyn decidiu que não mais tocaria no assunto.

O PhD do Exército que escreveu talvez estivesse certo ao afirmar que se todos aqueles PhDs estivessem errados, seria um mau sinal. Mas o fato é que Marilyn *estava* certa. Ao ser informado disso, Paul Erdös, um dos maiores matemáticos do século XX, afirmou: "Impossível." A seguir, quando apresentado a uma prova matemática formal da resposta correta, ainda assim não acreditou nela, e ficou irritado. Somente depois que um colega preparou uma simulação computadorizada na qual Erdös assistiu a centenas de testes que geraram um resultado de 2 para 1 a favor da mudança na escolha da porta, ele admitiu estar errado.[6]

Como é possível que algo aparentemente tão óbvio esteja errado? Nas palavras de um professor de Harvard especializado em probabilidade e estatística: "Nosso cérebro não foi muito bem projetado para resolver problemas de probabilidade."[7] O grande físico americano Richard Feynman me disse uma vez que eu jamais deveria pensar que compreendi um trabalho de física se tudo o que fiz foi ler a prova de outra pessoa. A única maneira de realmente entender uma teoria, afirmou, é refazer a prova por conta própria – quem sabe você não acaba refutando a teoria? Para nós, que não somos Feynman, ficar provando novamente os trabalhos de outras pessoas pode ser uma boa maneira de perder o emprego e acabar aplicando nossas habilidades matemáticas como caixa de supermercado. Mas o problema de Monty Hall é um dos que podem ser resolvidos sem nenhum conhecimento matemático especializado. Não precisamos de cálculo, geometria, álgebra, nem mesmo anfetaminas, que, pelo que se diz, Erdös gostava de tomar (reza a lenda que, certa vez, depois de parar de tomá-las por um mês, ele disse: "Antes, quando eu olhava para uma folha em branco, minha mente estava cheia de ideias. Agora, tudo o que vejo é uma folha em branco.")[8] Tudo o que precisamos é de uma compreensão básica sobre o funcionamento das probabilidades e da Lei do Espaço Amostral – o arcabouço para a análise de situações que envolvem o acaso, posto no papel pela primeira vez no século XVI, por Gerolamo Cardano.

Gerolamo Cardano não era nenhuma espécie de rebelde liberto do ambiente intelectual europeu do século XVI. Para ele, o uivo de um cão prenunciava a morte de uma pessoa amada, e uns poucos corvos no telhado significavam que uma grave doença estava a caminho. Ele acreditava, como tantos outros, no destino, na sorte e em vislumbrar o futuro no alinhamento de planetas e estrelas. Ainda assim, tivesse ele jogado pôquer, não o veríamos trocando cartas para tentar completar a faltante no meio de uma sequência. Cardano trazia no sangue a habilidade para os jogos de azar. Era uma questão intuitiva, e não racional; assim, sua compreensão das relações matemáticas existentes dentro dos possíveis resultados aleatórios de um jogo transcendia sua crença de que, em virtude do destino, seria inútil tentarmos compreender tais relações. O trabalho de Cardano também transcendia o estado primitivo da matemática de seu tempo, pois a álgebra, e até mesmo a aritmética, ainda estava na idade da pedra no começo do século XVI – nem mesmo o sinal de igual havia sido inventado ainda.

A história tem muito a dizer sobre Cardano, com base em sua autobiografia e nos escritos de alguns de seus contemporâneos. Alguns deles são contraditórios, mas uma coisa é certa: nascido em 1501, Gerolamo Cardano não era uma criança muito promissora. Sua mãe, Chiara, detestava crianças, embora – ou talvez *porque* – já tivesse três filhos homens. Baixa, atarracada, mal-humorada e promíscua, ela preparou uma espécie de pílula do dia seguinte do século XVI ao ficar grávida de Gerolamo um chá de losna, grão de cevada queimado e raiz de tamarisco. Tomou essa bebida numa tentativa de abortar o feto. O chá a fez vomitar, mas Gerolamo se manteve inabalável, perfeitamente satisfeito com quaisquer metabólitos deixados pela mistura na corrente sanguínea da mãe. As outras tentativas de Chiara falharam da mesma forma.

Chiara e o pai de Gerolamo, Fazio Cardano, não eram casados, mas muitas vezes pareciam ser – eram conhecidos por suas brigas barulhentas e frequentes. Um mês após o nascimento do menino, Chiara deixou a casa que ocupavam em Milão e foi morar com a irmã em Pavia, 30km ao sul. Gerolamo nasceu depois de um doloroso trabalho de parto que durou três dias. Ao olhar para o bebê, Chiara deve ter pensado que acabaria por se ver livre dele. Era frágil e, pior, se manteve silencioso. A parteira previu que ele morreria em menos de uma hora. Mas se Chiara estava pensando "já vai tarde", decepcionou-se outra vez, pois a ama de leite do bebê o submergiu em um banho de vinho quente e Gerolamo reviveu. Ainda assim, sua saúde só continuou boa por uns poucos meses. Depois disso, ele, sua enfermeira e seus três meios-irmãos adoeceram, tomados pela peste. A Peste Negra, como às vezes é chamada, na verdade se trata de três doenças diferentes: peste bubônica, pneumônica e septicêmica. Cardano contraiu a peste bubônica, a mais comum, chamada assim em virtude dos bubões, os dolorosos inchaços nos gânglios linfáticos, do tamanho de um ovo, que constituem um dos sintomas mais característicos da doença. A expectativa de vida após o aparecimento dessas formações era de aproximadamente uma semana.

A Peste Negra entrou na Europa em 1347, a partir de um porto em Messina, no nordeste da Sicília, trazida por uma frota genovesa que voltava do Oriente.[9] A frota foi rapidamente mantida em quarentena e toda a tripulação morreu a bordo – mas os ratos sobreviveram e rastejaram para a costa, carregando tanto as bactérias como as pulgas que as disseminavam. A epidemia resultante matou metade da cidade em dois meses e, por fim, algo entre 25% e 50% da população europeia. Continuaram a surgir epidemias sucessivas, reduzindo a população da Europa durante séculos. Na Itália, o ano de 1501 trouxe um surto particularmente ruim. A enfermeira e os irmãos de Gerolamo morreram. Num lance de sorte, o bebê sobreviveu sem maiores sequelas além da desfiguração: verrugas no nariz, testa, bochechas e queixo. Seu destino seria viver quase 75 anos. Nesse meio tempo houve bastante discórdia e, durante a infância, ele levou umas boas surras.

O pai de Gerolamo era uma espécie de empresário. Amigo de Leonardo da Vinci por algum tempo, era geômetra por profissão – algo que nunca rendeu muito dinheiro. Fazio muitas vezes tinha dificuldades em pagar o aluguel, portanto abriu um negócio de consultoria, oferecendo conselhos sobre direito e medicina aos bem-nascidos. O empreendimento acabou por prosperar, auxiliado por suas alegações de que descendia do irmão de um sujeito chamado Goffredo Castiglioni de Milão, mais conhecido como o papa Celestino IV. Quando Gerolamo alcançou cinco anos de idade, seu pai o levou para participar do negócio – de certa maneira. Na verdade, ele amarrou uma mochila nas costas do filho, encheu-a de pesados livros de medicina e direito e passou a arrastá-lo às reuniões com os clientes por toda a cidade. Gerolamo escreveria posteriormente que "de tempos em tempos, quando caminhávamos pelas ruas, meu pai me mandava parar, abria um livro e, usando minha cabeça como apoio, lia uma longa passagem, cutucando-me o tempo todo com o pé para que eu ficasse imóvel, caso não suportasse aquele grande peso".[10]

Em 1516, Gerolamo decidiu que suas melhores oportunidades se encontravam na área médica e anunciou que desejava deixar a casa da família em Milão e viajar de volta a Pavia, para estudar. Fazio, no entanto, queria que o rapaz estudasse direito, pois assim teria a chance de receber um estipêndio anual de 100 coroas. Depois de uma grande briga familiar, Fazio cedeu, mas a questão se manteve: sem o estipêndio, como Gerolamo se manteria em Pavia? Ele começou a economizar o dinheiro que ganhava escrevendo horóscopos e dando aulas de geometria, alquimia e astronomia. Em algum momento, deu-se conta de que tinha talento para os jogos de apostas, o que lhe daria dinheiro com muito mais rapidez que qualquer outro meio.

Para qualquer pessoa interessada em apostas nos tempos de Cardano, todas as cidades eram Las Vegas. Em toda parte eram feitas apostas – jogos de cartas, dados, gamão e até mesmo xadrez. Cardano classificava esses jogos em dois tipos: os que envolviam alguma estratégia ou habilidade e os que eram governados pelo puro acaso. Em jogos como o xadrez, Cardano corria o risco de perder para algum Bobby Fischer do século XVI. Mas quando apostava no resultado de dois cubinhos, tinha tanta chance de ganhar como qualquer outra pessoa. Ainda assim, ele tinha uma vantagem sobre seus oponentes nesses jogos, pois havia adquirido uma compreensão mais apurada da possibilidade de vencer em diversas situações. Assim, fazendo sua entrada no mundo das apostas, Cardano passou a jogar os jogos governados pelo puro acaso. Em pouco tempo, já tinha economizado mais de mil coroas para pagar seus estudos – mais do que ganharia em uma década com o estipêndio desejado por seu pai. Em 1520, matriculou-se como estudante em Pavia. Pouco depois, começou a escrever sua teoria das apostas.

NA ÉPOCA EM QUE VIVEU, Cardano teve a vantagem de compreender muitas coisas que teriam sido grego para os gregos, e também para os romanos, pois foram os hindus que deram os primeiros grandes passos no emprego da aritmética como uma ferramenta poderosa. Foi nesse âmbito que surgiu a notação posicional na base dez, tornando-se a notação padrão ao redor do ano 700 d.C.[11] Os hindus também fizeram um grande progresso na aritmética das frações – um conhecimento crucial para a análise das probabilidades, pois a chance de que algo ocorra é sempre menor que 1. O conhecimento hindu foi absorvido pelos árabes e, por fim, levado à Europa. Ali, as primeiras abreviações, *p* de "*plus*" e *m* de "*minus*", foram usadas no século XV. Os símbolos + e – foram introduzidos pelos alemães aproximadamente na mesma época, mas apenas para indicar excesso e deficiência de peso em caixotes. Para que tenhamos uma ideia dos desafios com que Cardano se deparou, vale observar que o sinal de igual ainda não existia, sendo inventado em 1557 por Robert Recorde, um acadêmico de Oxford e Cambridge, que, inspirado pela geometria, observou que não poderia haver duas coisas mais semelhantes que duas retas paralelas, e assim decidiu que tais linhas deveriam denotar a igualdade. E o símbolo × para a multiplicação, atribuído a um pastor anglicano, não apareceu em cena até o século XVII.

O livro dos jogos de azar, de Cardano, tratava de cartas, dados, gamão e astrágalos. Não é perfeito. Suas páginas refletem a personalidade do autor, suas ideias desvairadas, seu temperamento instável, a paixão com que enfrentava cada empreendimento – e a turbulência de sua vida e sua época. O livro considera apenas os processos – como o lançamento de um dado ou a escolha de uma carta – nos quais um resultado é tão provável quanto outro. E Cardano se equivoca em alguns pontos. Ainda assim, a obra representa um primeiro avanço, o primeiro êxito na tentativa humana de compreender a natureza da incerteza. E o método de Cardano para investir contra as questões ligadas ao acaso é surpreendente, tanto por sua eficácia como por sua simplicidade.

Nem todos os capítulos do livro de Cardano tratam de questões técnicas. Por exemplo, o capítulo 26 é chamado "Os que sabem ensinar também sabem jogar?" (ele chega à conclusão de que, "aparentemente, saber e executar são coisas distintas"). O capítulo 29 é chamado "Da personalidade dos jogadores" – "Existem aqueles que, com muitas palavras, são capazes de desvairar a si mesmos e aos outros." Esses capítulos estão mais para a coluna de amenidades domésticas "Dear Abby" que para "Ask Marilyn". Mas também temos o capítulo 14, "Dos pontos combinados" (das possibilidades). Nele, Cardano apresenta o que chama de "regra geral" – a nossa Lei do Espaço Amostral.

O termo *espaço amostral* se refere à ideia de que os possíveis resultados de um processo aleatório podem ser compreendidos como pontos num espaço. Nos casos simples, o espaço pode consistir em apenas uns poucos pontos, mas em situações mais complexas pode se tratar de um *continuum*, exatamente como o espaço em que vivemos. Cardano, no entanto, não o chamou de espaço: a noção de que um conjunto de números poderia formar um espaço só viria um século depois, com a genialidade de Descartes, sua invenção das coordenadas e a unificação da álgebra e da geometria.

Na linguagem moderna, a regra de Cardano é expressa da seguinte maneira: *suponha que um processo aleatório tenha muitos resultados igualmente prováveis, alguns favoráveis (ou seja, ganhar), outros desfavoráveis (perder). A probabilidade de obtermos um resultado favorável é igual à proporção entre os resultados favoráveis e o total de resultados. O conjunto de todos os resultados possíveis é chamado espaço amostral.* Em outras palavras, se um dado pode cair em cada um de seus seis lados, esses seis resultados formam o espaço amostral, e se apostarmos em, digamos, dois deles, nossa chance de ganhar será de 2⁄6.

Um comentário sobre o pressuposto de que todos os resultados são igualmente prováveis: obviamente, isso nem sempre é verdade. O espaço amostral para a observação do peso adulto de Oprah Winfrey varia (historicamente) de 65kg a 107kg, e, ao longo do tempo, nem todos os intervalos de peso apresentaram a mesma probabilidade.[12] Podemos levar em consideração a complicação causada pelo fato de diferentes possibilidades terem diferentes probabilidades associando a probabilidade adequada a cada resultado possível. Por agora, no entanto, vamos observar exemplos nos quais todos os resultados são igualmente prováveis, como os que Cardano analisou.

A força da regra de Cardano caminha lado a lado com certas sutilezas. Uma delas se encontra no sentido do termo *resultados*. Não muito tempo atrás, no século XVIII, o famoso matemático francês Jean Le Rond d'Alembert, autor de vários trabalhos sobre probabilidades, usou erroneamente o conceito ao analisar o lançamento de duas moedas.[13] O número de caras obtido nos dois lançamentos pode ser 0, 1 ou 2. Como existem três resultados, raciocinou D'Alembert, a chance de cada um deve ser de ⅓. Mas D'Alembert se enganou.

Uma das maiores deficiências do trabalho de Cardano foi o fato de não ter feito uma análise sistemática dos diferentes desenlaces possíveis de uma série de eventos, como o lançamento de moedas. Como veremos no próximo capítulo, isso só foi feito no século seguinte. Ainda assim, uma série de lançamentos de duas moedas é suficientemente simples, permitindo a aplicação dos métodos de Cardano. O fundamental é percebermos que os possíveis resultados do lançamento de duas moedas são os dados que descrevem como podem cair as duas moedas, e não o número total de caras calculado *a partir* desses dados, como na análise de D'Alembert. Em outras palavras, não devemos considerar 0, 1 ou 2 caras como os resultados possíveis, e sim as sequências (cara, cara), (cara, coroa), (coroa, cara) e (coroa, coroa). Essas são as 4 possibilidades que formam o espaço amostral.

A etapa seguinte, segundo Cardano, é examinar os resultados, catalogando o número de caras que podemos obter em cada um. Somente 1 dos 4 resultados – (cara, cara) – gera 2 caras. Da mesma forma, somente (coroa, coroa) gera 0 caras. Mas se desejarmos 1 cara, então 2 dos resultados serão favoráveis (cara, coroa) e (coroa, cara). Assim, o método de Cardano mostra que D'Alembert estava errado: a chance é de 25% para 0 ou 2 caras, mas de 50% para 1 cara. Cardano teria feito uma aposta de 2 para 1 no resultado de 1 cara: assim, perderia somente na metade das vezes, mas triplicaria seu dinheiro na outra metade. Era uma grande oportunidade para um garoto do século XVI que estivesse tentando economizar dinheiro para a faculdade – e ainda é uma grande oportunidade hoje, se você encontrar alguém disposto a aceitar a aposta.

Um problema relacionado, muitas vezes ensinado em cursos elementares de probabilidade, é o problema das duas filhas, que é semelhante a uma das perguntas que citei da coluna "Ask Marilyn". Suponha que uma mãe está grávida de gêmeos fraternos e quer saber qual é a probabilidade de que nasçam duas meninas, um menino e uma menina e assim por diante. Nesse caso, o espaço amostral é formado por todas as listas possíveis dos sexos dos bebês, na ordem em que nascerem: (menina, menina), (menina, menino), (menino, menina) e (menino, menino). Trata-se do mesmo espaço que vimos no problema das duas moedas, a não ser pelos nomes que damos aos pontos: *cara* se torna *menina* e *coroa* se torna *menino*. Os matemáticos dão um nome pomposo à situação em que dois problemas são iguais, embora pareçam diferentes: isomorfismo. Quando encontramos um isomorfismo, isso muitas vezes significa que acabamos de poupar bastante trabalho. Nesse caso, significa que podemos descobrir a chance de que os dois bebês sejam meninas exatamente da mesma forma pela qual descobrimos a chance de que as duas moedas caíssem em cara no problema anterior. E assim, sem nem mesmo fazer a análise, sabemos que a resposta é a mesma: 25%. Agora podemos responder à pergunta feita na coluna de Marilyn: a chance de que ao menos um dos bebês seja menina é a chance de que ambas sejam meninas somada à chance de que apenas um deles seja menina – ou seja, 25% mais 50%, que é 75%.

No problema das duas filhas, geralmente é feita uma pergunta adicional: qual é a chance, *dado que um dos bebês seja uma menina*, de que ambas sejam meninas? Poderíamos raciocinar da seguinte maneira: como já sabemos que um dos bebês é uma menina, só nos resta observar o segundo bebê. A chance de que seja menina é de 50%, portanto a probabilidade de que ambas sejam meninas é de 50%.

Esse raciocínio não está correto. Por quê? Embora o enunciado do problema diga que um dos bebês é menina, não diz *qual dos dois* é menina, e isso muda a situação. Se isso parece confuso, tudo bem, pois serve como uma boa ilustração da eficácia do método de Cardano, que esclarece o raciocínio.

A nova informação – um dos bebês é uma menina – significa que estamos deixando de considerar a possibilidade de que ambos sejam meninos. E assim, empregando a abordagem de Cardano, eliminamos o possível resultado (menino, menino) do espaço amostral. Isso deixa apenas 3 resultados no espaço amostral: (menina, menino), (menino, menina) e (menina, menina). Desses, apenas (menina, menina) é o resultado favorável – duas filhas –, portanto a chance de que ambos os bebês sejam meninas é de ⅓, ou 33%. Agora podemos perceber a importância de, no enunciado do problema, não existir a especificação sobre qual dos bebês era a filha. Por exemplo, se o problema pedisse a chance de que ambos os bebês fossem meninas *dado que o primeiro é menina*, teríamos eliminado tanto (menino, menino) como (menino, menina) do espaço amostral, e assim a probabilidade seria de ½, ou 50%.

Temos que elogiar Marilyn vos Savant, não só por tentar aprimorar a compreensão pública sobre a probabilidade elementar, mas também por ter a coragem de continuar a publicar tais perguntas mesmo após a frustrante experiência com o problema de Monty Hall. Vamos terminar esta discussão com outra pergunta tirada de sua coluna, esta publicada em março de 1996:

Meu pai ouviu esta história no rádio. Na Universidade Duke, dois alunos receberam notas máximas em química ao longo de todo o semestre. Mas na véspera da prova final, os dois foram a uma festa em outro estado e não voltaram à universidade a tempo para a prova. Disseram ao professor que um pneu do carro havia furado e perguntaram se poderiam fazer uma prova de segunda chamada. O professor concordou, escreveu uma segunda prova e mandou os dois a salas separadas. A primeira pergunta (na primeira página) valia meio ponto. Eles viraram então a página e encontraram a segunda pergunta, que valia 9,5 pontos: "Qual era o pneu?" Qual é a probabilidade de que os dois alunos deem a mesma resposta? Meu pai acha que é de $1/16$. Ele está certo?[14]

Não, não está: se os alunos estavam mentindo, a probabilidade correta de que escolham a mesma resposta é de $1/4$ (se você precisa de ajuda para entender por quê, pode consultar as notas ao final do livro).[15] E agora que nos acostumamos a decompor problemas em listas de possibilidades, estamos prontos para empregar a Lei do Espaço Amostral na resolução do problema de Monty Hall.

COMO DISSE ANTES, a compreensão do problema de Monty Hall não requer educação matemática. Porém, requer um pensamento lógico cuidadoso; portanto, se você estiver lendo este livro enquanto assiste a uma reprise de *Os Simpsons*, talvez queira postergar uma atividade ou a outra. A boa notícia é que vamos precisar de poucas páginas para resolvê-lo.

No problema, estamos de frente para três portas: atrás de uma delas existe algo valioso, digamos um Maserati vermelho brilhante; atrás das outras duas, um item menos interessante, digamos, a obra completa de Shakespeare em sérvio. Escolhemos a porta de número 1. O espaço amostral, nesse caso, é a lista dos três resultados possíveis:

O Maserati está atrás da porta 1.
O Maserati está atrás da porta 2.
O Maserati está atrás da porta 3.

Cada uma dessas possibilidades tem probabilidade de ⅓. Como estamos pressupondo que a maior parte das pessoas preferiria o Maserati, a primeira possibilidade é a vencedora, e nossa chance de ter feito a escolha certa é de ⅓.

A seguir, segundo o problema, o apresentador, que sabe o que está atrás de cada porta, abre uma das que não escolhemos, revelando uma das obras completas de Shakespeare. Ao abrir essa porta, o apresentador usou seu conhecimento para evitar revelar o Maserati, portanto *não* se trata de um processo completamente aleatório. Temos dois casos a considerar.

O primeiro é aquele em que nossa escolha inicial foi correta. Vamos chamar esse cenário de Chute Certo. O apresentador vai agora abrir aleatoriamente a porta 2 ou a porta 3, e, se decidirmos mudar nossa escolha, em vez de nos deliciarmos com arrancadas rápidas e sensuais, seremos os donos de *Trólio e Créssida* no dialeto *torlak*. No caso do Chute Certo, é melhor não mudarmos nossa escolha – mas a probabilidade de que caiamos no caso do Chute Certo é de apenas ⅓.

O outro caso que devemos considerar é aquele em que nossa escolha inicial estava errada. Vamos chamar esse cenário de Chute Errado. A chance de que tenhamos errado nosso palpite é de ⅔, portanto o caso do Chute Errado é duas vezes mais provável que o do Chute Certo. Qual é a diferença entre o caso do Chute Errado e o do Chute Certo? No caso do Chute Errado, o Maserati está atrás de uma das portas que não escolhemos, e o

Shakespeare em sérvio está atrás da outra porta não escolhida. Ao contrário do que ocorria no caso do Chute Certo, nesse caso o apresentador não abre aleatoriamente uma das portas não escolhidas. Como ele não quer revelar o Maserati, ele *escolhe* abrir justamente a porta que *não* tem o Maserati. Em outras palavras, no caso do Chute Errado o apresentador intervém no que, até agora, foi um processo aleatório. Assim, o processo não é mais aleatório: o apresentador usa seu conhecimento para influenciar o resultado, violando a aleatoriedade ao *garantir* que, se mudarmos nossa escolha, ganharemos o luxuoso carro vermelho. Em virtude dessa intervenção, se estivermos no caso do Chute Errado, ganharemos se mudarmos nossa escolha e perderemos se não a mudarmos.

Resumindo: se estivermos no caso do Chute Certo (probabilidade de ⅓), ganharemos se mantivermos nossa escolha. Se estivermos no caso do Chute Errado (probabilidade de ⅔), devido à ação do apresentador, ganharemos se mudarmos nossa escolha. E assim, nossa decisão se resume a um palpite: em qual dos casos nos encontramos? Se pensarmos que alguma percepção paranormal ou o destino guiaram nossa escolha inicial, talvez não devamos mudar nossa escolha. Porém, a menos que tenhamos a capacidade de entortar colheres de prata com nossas ondas cerebrais, a chance de que estejamos no caso do Chute Errado é duas vezes maior que a do Chute Certo, portanto é mais sábio mudarmos a escolha. As estatísticas feitas a partir do programa de televisão demonstram esse fato: houve duas vezes mais vencedores entre as pessoas que, ao se verem na situação descrita pelo problema, mudaram sua escolha do que entre as que persistiram na escolha inicial.

O problema de Monty Hall é difícil de entender porque, a menos que pensemos nele com muito cuidado, o papel do apresentador acaba não sendo notado. Mas o apresentador está interferindo no jogo. Essa interferência fica mais evidente se supusermos que, em vez de 3 portas, temos 100. Ainda escolhemos a porta 1, mas agora temos uma probabilidade de 1⁄100 de estar certos. Por outro lado, a chance de que o Maserati esteja atrás de uma das outras portas é de 99⁄100. Como antes, o apresentador abre as portas que não escolhemos, deixando apenas uma e se assegurando de não abrir a porta que esconde o Maserati. Quando ele termina, a chance de que o Maserati esteja atrás da porta que escolhemos inicialmente ainda é de 1⁄100, e a de que esteja atrás de uma das outras portas ainda é de 99⁄100. Mas agora, graças à intervenção do apresentador, resta apenas uma porta, que representa todas as outras 99, e assim, a probabilidade de que o Maserati esteja atrás dela é de 99⁄100!

Se o problema de Monty Hall já existisse nos tempos de Cardano, este teria sido uma Marilyn vos Savant ou um Paul Erdös? A Lei do Espaço Amostral lida muito bem com o problema, mas não temos como saber com certeza a resposta a essa pergunta, pois a primeira enunciação conhecida do problema (sob um nome diferente) só ocorreu em 1959, num artigo de Martin Gardner na revista *Scientific American*.[16] Gardner o chamou de "um probleminha maravilhosamente confuso" e observou que "em nenhum outro ramo da matemática é tão fácil para um especialista cometer erros como na teoria da probabilidade". Naturalmente, para um matemático, um erro traz apenas um certo embaraço, mas para um apostador é uma questão vital. Assim, é compreensível que, quando estamos falando da primeira teoria sistemática da probabilidade, o primeiro a desvendar a coisa tenha sido Cardano, o apostador.

Certo dia, quando Cardano era adolescente, um de seus amigos morreu subitamente. Depois de uns poucos meses, notou ele, o nome do amigo já não era citado por ninguém. Isso o entristeceu, marcando-o profundamente. Como superar o fato de que a vida é transitória? Ele decidiu que a única maneira de fazê-lo seria deixar algum legado – herdeiros, ou um trabalho duradouro de alguma espécie, ou ambos. Em sua autobiografia, Cardano afirma ter adquirido "a ambição inabalável" de deixar sua marca no mundo.[17]

Depois de se formar como médico, Cardano voltou a Milão em busca de trabalho. Durante a faculdade, havia escrito um artigo, "Das opiniões divergentes dos médicos", que dizia, essencialmente, que a elite médica da época não passava de um bando de charlatães. O Colégio de Médicos de Milão lhe devolvia então o favor, recusando-se a aceitá-lo como membro. Isso significava que ele não poderia praticar medicina em Milão. Então, usando o dinheiro que havia economizado com suas aulas e apostas, Cardano comprou uma casinha minúscula mais ao leste, no povoado de Piove di Sacco. Ele esperava fazer bons negócios por lá, pois o povoado estava tomado por doenças e não havia nenhum médico no lugar. No entanto, sua pesquisa de mercado tinha uma falha crucial: o povoado não tinha nenhum médico porque a população preferia se tratar com curandeiros e padres. Depois de anos de trabalho e estudos intensos, Cardano se viu com pouco dinheiro, mas com muito tempo livre nas mãos. Isso demonstrou ser um lance de sorte, pois ele aproveitou a oportunidade e se pôs a escrever livros. Um deles foi *O livro dos jogos de azar.*

Em 1532, depois de cinco anos em Sacco, Cardano voltou a Milão, na esperança de ter seu trabalho publicado e de tentar se inscrever mais uma vez no Colégio de Médicos. Foi redondamente rejeitado nas duas frentes. "Naqueles dias", escreveu, "eu carregava um desgosto tão profundo que procurei magos e adivinhos em busca de alguma solução aos meus tantos problemas."[18] Um dos magos sugeriu que ele se protegesse dos raios lunares.

Outro o instruiu a espirrar três vezes e bater na madeira quando acordasse. Cardano seguiu todas as prescrições, mas nenhuma delas modificou seu azar. Assim, coberto por uma capa, passou a caminhar sorrateiramente à noite, de casa em casa, tratando pacientes que não tinham como pagar os honorários dos médicos sancionados ou que não melhoravam com seus cuidados. Para complementar o soldo que ganhava com esse trabalho, como escreveu em sua biografia, foi "forçado a apostar novamente nos dados para poder sustentar minha esposa; e com isso, meu conhecimento venceu o azar, e conseguimos comprar comida e viver, embora nossa habitação fosse deplorável".[19] Quanto a *O livro dos jogos de azar*, apesar de ter revisado e aprimorado repetidamente o manuscrito nos anos seguintes, nunca mais tentou publicá-lo, talvez por perceber que não era uma boa ideia tentar ensinar às pessoas os conhecimentos que o faziam vencer nos jogos.

Por fim, Cardano acabou atingindo seus objetivos na vida, obtendo herdeiros e fama – e uma boa fortuna também. Suas posses começaram a crescer quando publicou um livro baseado em seu velho artigo da faculdade, alterando o título do mais acadêmico "Das opiniões divergentes dos médicos" para o provocador *Da má prática médica no uso comum*. O livro foi um sucesso. E em seguida, quando a saúde de um de seus pacientes secretos, um famoso prior da ordem dos monges agostinianos, subitamente (e provavelmente por mero acaso) melhorou e o prior atribuiu sua recuperação ao tratamento ministrado por Cardano, a fama deste decolou, chegando a alturas tais que o Colégio de Médicos se viu impelido não apenas a admiti-lo como membro, mas também a elegê-lo reitor. Enquanto isso, ele continuou a publicar livros que foram bem recebidos, especialmente uma obra para o público geral chamada *A prática da aritmética*. Alguns anos depois, publicou um livro mais técnico, chamado *Ars magna*, ou *A grande arte*, um tratado de álgebra no qual apresentou a primeira descrição clara dos números negativos e uma famosa análise de certas equações algébricas. Ao redor dos 50 anos de idade, na década de 1550, Cardano estava em seu auge, sendo diretor da faculdade de medicina da Universidade de Pavia e possuindo muito dinheiro.

Sua boa sorte, porém, não durou muito. Em grande medida, a queda de Cardano se deu por conta da outra parte de seu legado – seus filhos. Aos 16 anos, sua filha Chiara (que recebeu o nome da avó) seduziu o irmão mais velho, Giovanni, e ficou grávida. Ela conseguiu fazer um aborto, mas ficou infértil. Isso lhe caiu bastante bem, pois a moça era ousadamente promíscua e, mesmo depois de casada, contraiu sífilis. Giovanni acabou se tornando médico, mas logo ficou mais famoso como um criminoso barato, tão famoso que foi chantageado a se casar com a filha de uma família de trabalhadores das minas de ouro, que tinham provas de que ele havia assassinado, por envenenamento, uma autoridade da cidade. Enquanto isso, Aldo, o filho mais novo de Cardano, que, quando criança, gostava de torturar animais, transformou essa paixão num trabalho, tornando-se torturador freelancer para a Inquisição. E, como Giovanni, fazia bicos como trambiqueiro.

Alguns anos depois de se casar, Giovanni deu a um de seus serventes uma poção misteriosa que deveria ser misturada à receita de um bolo para sua esposa. Quando ela estrebuchou depois de aproveitar a sobremesa, as autoridades da cidade juntaram os pontos. Apesar da grande fortuna que Gerolamo gastou em advogados, de suas tentativas de mexer os pauzinhos junto às autoridades e de seu testemunho em defesa do filho, o jovem Giovanni foi executado na prisão, pouco tempo depois. O rombo nos fundos e na reputação de Cardano o deixou vulnerável a velhos inimigos. O senado de Milão eliminou seu nome da lista dos que tinham permissão para lecionar e, acusando-o de sodomia e incesto, exilou-o da província. Quando Cardano deixou Milão, ao final de 1563, como escreveu em sua autobiografia, estava "reduzido mais uma vez a farrapos, não tinha mais renda, minha fortuna desaparecera, meus aluguéis foram suspensos, meus livros, confiscados".[20] Nessa época ele também começou a perder a cabeça, passando por períodos de incoerência. Num golpe final, um matemático autodidata chamado Niccolo Tartaglia, enfurecido ao ver que, em *Ars magna*, seu método secreto para resolver certas equações fora revelado por Cardano, convenceu Aldo a fornecer provas contra o próprio pai em troca de uma indicação oficial como torturador e carrasco público da cidade de Bolonha. Cardano foi encarcerado por algum tempo; depois, passou seus últimos anos em Roma, no esquecimento. *O livro dos jogos de azar* foi finalmente publicado em 1663, mais de cem anos depois do dia em que o jovem Cardano terminou de colocar as palavras no papel. Nessa época, seus métodos de análise já haviam sido reproduzidos e superados.

4. Rastreando os caminhos do sucesso

Se um apostador dos tempos de Cardano houvesse compreendido o seu trabalho sobre o acaso, poderia ter obtido um bom lucro ao apostar contra jogadores menos ilustrados. Hoje em dia, com o que tinha a oferecer, Cardano só teria obtido fama e fortuna se escrevesse livros do tipo *Como ganhar dinheiro jogando dados com palermas*. Porém, na época em que foi lançado, o trabalho de Cardano não fez nenhum estardalhaço, e *O livro dos jogos de azar* só foi publicado muito depois de sua morte. Por que tão pouco impacto? Como dissemos, um dos obstáculos enfrentados pelos que precederam Cardano foi a ausência de um bom sistema de notação algébrica. Na época, o sistema começava a melhorar, mas ainda estava em seus primeiros passos. Além disso, também faltava remover outra barreira: Cardano trabalhou num tempo em que encantos místicos eram tidos como mais valiosos que cálculos matemáticos. Se as pessoas não procuravam por ordem na natureza e não desenvolviam descrições numéricas de eventos, então uma teoria sobre o efeito da aleatoriedade em tais eventos estaria fadada a passar despercebida. De fato, se Cardano houvesse vivido umas poucas décadas mais adiante, o trabalho que escreveu, assim como sua recepção pelo público, teria sido muito diferente, pois as décadas após sua morte viram o desenrolar de mudanças históricas no pensamento e nas crenças europeias, uma transformação que, tradicionalmente, é chamada de revolução científica.

A revolução científica foi uma revolta contra o modo de pensar dominante na época em que a Europa emergiu da Idade Média, uma era na qual as crenças a respeito do funcionamento do mundo não eram examinadas de maneira sistemática. Os mercadores de uma cidade roubavam as roupas de homens enforcados porque acreditavam que isso ampliaria suas vendas de cerveja. Os paroquianos de outra cidade acreditavam que poderiam curar doenças entoando sacrilégios enquanto marchavam nus ao redor do altar da igreja.[1] Um mercador chegava a acreditar que fazer suas necessidades no banheiro "errado" lhe traria azar. Na verdade, esse último era um corretor de ações que confessou seu segredo a um repórter do canal CNN, em 2003.[2]

Sim, atualmente algumas pessoas ainda aderem a superstições; no entanto, hoje ao menos já temos, para os que se interessam por isso, ferramentas intelectuais para provar ou refutar a eficácia de tais atitudes. Já os contemporâneos de Cardano, quando, por exemplo, ganhavam nos dados, em vez de analisarem a experiência sistematicamente, rezavam uma prece de agradecimento ou se recusavam a lavar suas meias da sorte. O próprio Cardano acreditava que sequências de derrotas ocorriam porque a "sorte estava adversa", e que uma das maneiras de melhorar os resultados seria jogar os dados com bastante força. Se um 7 da sorte depende apenas do modo de jogar os dados, por que fazer tantas concessões à matemática?

O momento geralmente tido como o ponto crítico para a revolução científica veio em 1583, apenas sete anos após a morte de Cardano. Foi naquele ano que um jovem estudante da Universidade de Pisa se sentou numa catedral e, segundo a lenda, em vez de prestar atenção na missa, notou algo que lhe pareceu muito mais intrigante: a oscilação de um grande lustre suspenso. Usando o próprio pulso como cronômetro, Galileu Galilei notou que o lustre parecia levar o mesmo tempo para percorrer um grande arco que para percorrer um arco menor. Essa observação lhe sugeriu uma lei: o tempo necessário para que um pêndulo realize uma oscilação independe da amplitude da oscilação. A observação de

Galileu foi precisa e prática e, apesar de simples, representou uma nova abordagem para a descrição de fenômenos físicos: a ideia de que a ciência deve dar ênfase à experiência e à experimentação – o modo como a natureza funciona –, e não ao que afirma nossa intuição ou ao que nos parece mentalmente interessante. E, acima de tudo, a ciência deve utilizar a matemática.

Galileu utilizou seus conhecimentos científicos para escrever um breve artigo sobre os jogos de azar, "Ideias sobre os jogos de dados". O trabalho foi produzido a pedido de seu patrono, o grão-duque da Toscana. O problema que perturbava o nobre era o seguinte: quando jogamos três dados, por que o número 10 aparece com mais frequência que o número 9? A frequência de aparições do número 10 é apenas cerca de 8% maior, e nem o número 10 nem o 9 aparecem com muita frequência; assim, o fato de que o grão-duque tenha jogado o bastante para notar essa pequena diferença mostra que sua real necessidade não eram os conhecimentos de Galileu, e sim uma terapia de grupo para se livrar do vício no jogo. Sabe-se lá por que motivo, Galileu não gostou de trabalhar nesse problema e reclamou do pedido. Porém, como qualquer conselheiro que quer manter o emprego, ele apenas resmungou em voz baixa e fez o trabalho.

Se jogarmos um único dado, a probabilidade de que caia em qualquer número específico é de $1/6$. Mas se jogarmos dois dados, as probabilidades dos diferentes totais não são mais iguais. Por exemplo, existe uma probabilidade de $1/36$ de que a soma dos dados seja igual a 2; já a probabilidade de que a soma seja igual a 3 é duas vezes maior. Isso ocorre porque só podemos ter um total de 2 de uma única maneira, obtendo 1 nos dois dados, mas podemos ter um total de 3 de duas maneiras distintas, obtendo um 1 e depois um 2 ou um 2 e depois um 1. Isso nos leva ao próximo grande passo na compreensão dos processos aleatórios, que é o tema deste capítulo: o desenvolvimento de métodos sistemáticos para analisar o número de maneiras pelas quais os eventos podem se desenrolar.

A CHAVE PARA ENTENDER a confusão do grão-duque é abordar o problema como se fôssemos estudiosos do Talmude: em vez de tentar explicar por que o 10 aparece com mais frequência que o 9, perguntamos, *por que o 10 não deveria aparecer com mais frequência que o 9?* De fato, há uma razão tentadora para acreditarmos que os dados deveriam totalizar 10 ou 9 com a mesma frequência: ambos os números podem ser construídos de 6 maneiras diferentes ao jogarmos três dados. O número 9 pode ser escrito nas formas (621), (531), (522), (441), (432) e (333). Para o número 10, temos as formas (631), (622), (541), (532), (442) e (433). Segundo a Lei do Espaço Amostral de Cardano, a probabilidade de obtermos um resultado favorável é igual à proporção de resultados favoráveis. Há um mesmo número de maneiras para a obtenção dos totais 9 e 10. Portanto, por que um dos resultados é mais provável que o outro?

O motivo é que, como já disse, a Lei do Espaço Amostral, em sua forma original, se aplica apenas a resultados igualmente prováveis, e as combinações citadas acima têm probabilidades distintas. Por exemplo, o resultado (631) – isto é, jogar um 6, um 3 e um 1 – é seis vezes mais provável que o resultado (333), porque enquanto só há 1 maneira de obter três vezes o 3, há 6 maneiras de jogar um 6, um 3 e um 1: podemos jogar primeiro um 6, depois um 3 e depois um 1, ou podemos jogar primeiro um 1, depois um 3 e depois um 6, e assim por diante. Vamos representar um resultado no qual registramos a ordem das jogadas por meio de três números separados por vírgulas. Dessa forma, a maneira abreviada de dizer o que afirmamos acima é que o resultado (631) é formado pelas possibilidades (1,3,6), (1,6,3), (3,1,6),

(3,6,1), (6,1,3) e (6,3,1), enquanto o resultado (333) é formado apenas por (3,3,3). Uma vez feita essa decomposição, podemos ver que os resultados são igualmente prováveis, e agora podemos aplicar a lei. Como existem 27 maneiras de totalizar 10 com três dados, mas apenas 25 maneiras de totalizar 9, Galileu concluiu que, com três dados, obter 10 era 27/25 vezes mais provável – ou aproximadamente 1,08.

Para resolver o problema, ele utilizou implicitamente o nosso próximo princípio importante: *a probabilidade de um evento depende do número de maneiras pelas quais pode ocorrer.* Não se trata de uma afirmação surpreendente. A surpresa está no tamanho do efeito – e em como pode ser difícil calculá-lo. Por exemplo, suponha que apliquemos uma prova com 10 questões de verdadeiro ou falso a uma classe de 25 alunos do sexto ano. Façamos um registro dos resultados que uma aluna em particular poderia obter: ela poderia responder corretamente a todas as perguntas; poderia errar só uma – o que pode acontecer de 10 maneiras, pois ela poderia errar qualquer uma das 10 perguntas –, poderia errar duas perguntas – o que pode acontecer de 45 maneiras, pois existem 45 pares distintos de perguntas – e assim por diante. O resultado é que, em média, em um grupo de estudantes que estão dando chutes ao acaso, para cada aluno que acertar 100% das perguntas encontraremos cerca de 10 acertando 90% e 45 acertando 80%. Naturalmente, a chance de que um aluno obtenha uma nota próxima a 50% é ainda mais alta, mas numa classe de 25 alunos, a probabilidade de que ao menos um deles acerte 80% ou mais, se todos os alunos estiverem apenas chutando as respostas, encontra-se ao redor de 75%. Assim, se você for um professor experiente, é provável que, ao longo dos anos, dentre todos os alunos que fizeram suas provas sem estudar e apenas arriscaram as respostas, alguns deles tenham sido recompensados com notas altas.

Alguns anos atrás, os administradores da loteria canadense aprenderam, da pior maneira possível, a importância de se fazer uma contagem cuidadosa, quando tiveram que devolver um prêmio em dinheiro não reclamado que ficara acumulado.[3] Compraram 500 automóveis como prêmios especiais e programaram um computador para determinar os vencedores, selecionando aleatoriamente 500 números de uma lista de 2,4 milhões de participantes. A loteria publicou a lista dos 500 números vencedores, prometendo um automóvel para cada número listado. Para seu embaraço, uma pessoa alegou (corretamente) que havia ganhado dois carros. Os administradores da loteria ficaram embasbacados – sorteando números de uma lista de mais de 2 milhões de participantes, como o computador poderia ter sorteado duas vezes o mesmo número? Haveria uma falha no programa?

O problema encontrado pela loteria é equivalente a outro, chamado problema do aniversário: quantas pessoas deve ter um grupo para que haja uma probabilidade maior que 50% de que dois integrantes façam anos no mesmo dia (presumindo que todas as datas de aniversário sejam igualmente prováveis)? A maior parte das pessoas acha que a resposta é igual à metade do número de dias no ano, ou cerca de 183. Mas essa é a resposta correta para uma pergunta diferente: quantas pessoas que façam anos em dias diferentes deve haver numa festa para que exista uma probabilidade maior que 50% de que uma delas faça anos no mesmo dia que o aniversariante? Se não houver nenhuma restrição quanto a *quais* pessoas devem fazer anos no mesmo dia, a existência de muitos pares de pessoas que poderiam fazê-lo altera drasticamente o resultado. De fato, a resposta é surpreendentemente baixa: apenas 23. Quando o sorteio se dá dentre um total de 2,4 milhões, como no caso da loteria canadense, seriam necessários muito mais de 500 números para que houvesse uma probabilidade de repetição maior que 50%. Ainda assim, essa possibilidade não deveria ter sido ignorada. A chance de repetição, de fato, é de aproximadamente 5%. Não é enorme, mas deveria ter sido levada em consideração, fazendo-se com que o computador eliminasse da lista qualquer número já sorteado anteriormente. A loteria canadense pediu ao felizardo que abrisse mão do segundo carro, mas ele se recusou.

Outro mistério das loterias, que deixou muita gente surpresa, ocorreu na Alemanha, em 21 de junho de 1995.[4] O evento bizarro aconteceu na Lotto 6/49, na qual os seis números vencedores são sorteados a partir de números de 1 a 49. No dia em questão, os números vencedores foram 15-25-27-30-42-48. Acontece que exatamente a mesma sequência já havia sido sorteada anteriormente, em 20 de dezembro de 1986. Foi a primeira vez em 3.016 sorteios que uma sequência vencedora se repetiu. Qual é a probabilidade de que isso ocorra? Não tão baixa quanto você poderia pensar. Fazendo os cálculos, vemos que a probabilidade de uma repetição em algum momento ao longo dos anos se aproxima de 28%.

Já que, num processo aleatório, o número de maneiras pelas quais um resultado pode ocorrer é fundamental para determinar sua probabilidade, a questão fundamental é: como calcular o número de maneiras pelas quais algo pode ocorrer? Galileu parece não ter se dado conta do significado dessa questão. Ele não levou seu trabalho sobre a aleatoriedade além do problema dos dados, e afirmou, no primeiro parágrafo do trabalho, que estava escrevendo sobre esse jogo somente porque havia recebido "a ordem de fazê-lo".[5] Em 1663, como recompensa por promover uma nova abordagem científica, Galileu foi condenado pela Inquisição. No entanto, os caminhos da ciência e da teologia já se haviam separado para sempre: os cientistas agora analisavam o *como*, não mais preocupados com o *por que* dos teólogos. Em pouco tempo, um acadêmico de uma nova geração, exposto desde pequeno à filosofia da ciência de Galileu, levaria a análise da contagem de incertezas a novas alturas, atingindo um nível de entendimento sem o qual a maior parte da ciência atual não seria possível.

Com o florescer da revolução científica, as fronteiras da aleatoriedade se moveram da Itália para a França, onde uma nova safra de cientistas, rebelados contra Aristóteles e seguindo Galileu, desenvolveu ainda mais profundamente os conceitos introduzidos por ele e por Cardano. Dessa vez, a importância do novo trabalho seria reconhecida, espalhando-se em ondas por toda a Europa. Embora as novas ideias tenham surgido novamente no contexto dos jogos de azar, o primeiro cientista dessa nova leva era mais um matemático transformado em apostador que, como Cardano, um apostador transformado em matemático. Seu nome era Blaise Pascal.

Pascal nasceu em junho de 1623 em Clermont-Ferrand, pouco mais de 400km ao sul de Paris. Reconhecendo as virtudes do filho, e tendo se mudado para Paris, o pai de Blaise o levou, aos 13 anos, a um grupo de discussão recém-fundado na cidade, chamado por seus integrantes de Académie Mersenne, em homenagem ao monge de túnicas negras que o fundara.* Na sociedade de Mersenne estavam o filósofo-matemático René Descartes e o gênio matemático amador Pierre de Fermat. A estranha mistura de pensadores brilhantes e grandes egos, com a presença de Mersenne para mexer o caldeirão, deve ter influenciado fortemente

* Marin Mersenne (1588-1648) foi um monge da Ordem dos Mínimos (fundada por são Francisco de Paula) que demonstrou forte interesse pelo estudo das notas musicais e da matemática e contribuiu, entre outros temas, para o estudo dos números primos. (N.T.)

o adolescente Pascal, que formou laços pessoais com Fermat e Descartes e ganhou bastante familiaridade com o novo método científico. "Que todos os discípulos de Aristóteles", ele teria escrito, "reconheçam que o experimento é o verdadeiro mestre a ser seguido na física."[6]

De que maneira, porém, um sujeito livresco e maçante, de crenças pias, envolveu-se em questões ligadas ao mundo urbano das apostas? Pascal tinha ataques intermitentes de dores de barriga, com dificuldades para engolir e manter a comida no estômago; além disso, sofria de uma fraqueza debilitante, fortes dores de cabeça, surtos de suor intenso e paralisia parcial nas pernas. Seguiu estoicamente as prescrições dos médicos, que incluíam sangrias, laxantes, o consumo de leite de mula e outras poções "asquerosas" que ele acabava por vomitar – uma "verdadeira tortura", segundo sua irmã Gilberte.[7] Nessa época, ele deixara Paris, mas no verão de 1647, aos 24 anos e à beira do desespero, voltou para a cidade, acompanhado da irmã Jacqueline, em busca de melhores cuidados médicos. Em Paris, sua nova junta médica lhe prescreveu o tratamento mais moderno da época: Pascal "deveria evitar todo o trabalho mental continuado, devendo buscar ao máximo qualquer oportunidade de se distrair".[8] E assim, ele aprendeu a descansar e relaxar, passando tempo na companhia de outros jovens abastados que viviam de renda. Então, em 1651, seu pai morreu e Pascal se viu subitamente com vinte e poucos anos e uma herança. Ele fez bom uso do dinheiro, ao menos no que diz respeito às prescrições dos médicos. Segundo seus biógrafos, os anos de 1651 a 1654 foram seu "período mundano". Segundo sua irmã Gilberte, foi "a época mais mal empregada de sua vida".[9] Embora ele tenha dedicado algum esforço à autopromoção, suas pesquisas científicas não fizeram praticamente nenhum avanço – embora, para constar, sua saúde tenha ficado melhor que nunca.

Ao longo da história, o estudo da aleatoriedade foi muitas vezes auxiliado por um acontecimento também aleatório. O trabalho de Pascal representa um desses casos, pois foi o abandono dos estudos que o levou ao estudo do acaso. Tudo começou quando um de seus companheiros de festa o apresentou a um esnobe de 45 anos chamado Antoine Gombaud. Gombaud, um nobre cujo título era Chevalier de Méré, considerava-se um mestre do flerte, e, a julgar por seu catálogo de enlaces românticos, de fato o era. Porém, De Méré também era um apostador experiente, que gostava de grandes riscos e ganhava com uma frequência suficiente para despertar suspeitas de que estaria trapaceando. Ao se deparar com um pequeno problema com as apostas, o nobre pediu ajuda a Pascal. Com isso, iniciou uma pesquisa que acabaria com a improdutividade científica do rapaz, consolidaria o espaço do próprio De Méré na história das ideias e resolveria o problema deixado em aberto pelo trabalho de Galileu, sobre a questão do jogo de dados levantada pelo grão-duque.

Era o ano de 1654. A questão que De Méré levou a Pascal era conhecida como o problema dos pontos: suponha que você e outro jogador estão participando de um jogo no qual ambos têm a mesma chance de vencer, e o vencedor será o primeiro que atingir um certo número de pontos. Em determinado momento, o jogo é interrompido quando um dos jogadores está na liderança. Qual é a maneira mais justa de dividir o dinheiro apostado? A solução, observou De Méré, deveria refletir a chance de vitória de cada jogador com base na pontuação existente no momento em que o jogo é interrompido. Mas como calcular essa probabilidade?

Pascal percebeu que, independentemente da resposta, os métodos necessários para calculá-la ainda eram desconhecidos, e tais métodos, quaisquer que fossem, teriam importantes implicações para todos os tipos de situação competitiva. Ainda assim, como tantas vezes ocorre na pesquisa teórica, ele se viu inseguro, ou mesmo confuso, quanto ao plano de ataque. Decidiu que precisava de um colaborador, ou ao menos de outro matemático com quem pudesse discutir suas ideias. Marin Mersenne, o grande formador de comunidade, havia morrido poucos anos antes, mas Pascal ainda estava ligado à rede da Académie Mersenne. Então, em 1654, iniciou-se uma das grandes correspondências da história da matemática: entre Pascal e Pierre de Fermat.

Em 1654, Fermat ocupava um alto cargo na Tournelle, a corte criminal de Toulouse. Quando a corte estava reunida, via-se um Fermat muito bem togado condenando funcionários ímpios a serem queimados na fogueira. Ao final das sessões, porém, ele voltava suas habilidades analíticas a uma atividade mais nobre – a pesquisa da matemática. Ainda que não fosse um profissional ou especialista, Pierre de Fermat é geralmente considerado o maior matemático amador de todos os tempos.

Fermat não chegou a seu alto cargo em virtude de alguma ambição ou realização pessoal. Recebeu-o à moda antiga, avançando continuamente à medida que seus superiores caíam mortos pela peste. De fato, quando recebeu a carta de Pascal, Fermat estava se recuperando de um surto da doença. Já havia até mesmo sido declarado morto pelo amigo Bernard Medon. Como Fermat não morreu, Medon, envergonhado, mas supostamente feliz, desdisse seu anúncio, mas não restam dúvidas de que Fermat esteve à beira da morte. No fim das contas, embora fosse 20 anos mais velho que Pascal, Fermat acabaria por viver muitos anos a mais que seu novo correspondente.

Como veremos, o problema dos pontos surge em qualquer área da vida na qual exista uma competição entre duas entidades. Em suas cartas, Pascal e Fermat desenvolveram abordagens próprias, resolvendo diversas versões do problema. Mas o método de Pascal demonstrou ser mais simples – mais bonito, até –, sendo ainda suficientemente geral para poder ser aplicado a muitas das questões que encontramos cotidianamente. Como o problema dos pontos surgiu numa situação de apostas, vou ilustrá-lo com um exemplo retirado do mundo dos esportes. Em 1996, o Atlanta Braves venceu o New York Yankees nos dois primeiros jogos da final do campeonato de beisebol dos Estados Unidos, no qual o primeiro time a vencer quatro jogos seria coroado campeão. O fato de que o Braves houvesse ganhado os dois primeiros jogos não significava necessariamente que fosse o melhor time. Ainda assim, isso poderia ser tomado como um sinal de que realmente o era. Porém, em virtude de nossos objetivos, vamos nos ater ao pressuposto de que os dois times tinham a mesma probabilidade de vencer cada jogo, e de que o Braves apenas calhou de vencer os dois primeiros.

Dado esse pressuposto, qual teria sido uma proporção justa no pagamento de uma aposta no Yankees – em outras palavras, qual era a probabilidade de uma virada desse time? Para calculá-la, contamos todas as maneiras pelas quais o Yankees poderia ter vencido e as comparamos ao número de maneiras pelas quais poderia ter perdido. Já haviam sido jogados 2 jogos da final, portanto ainda restavam 5 jogos possíveis por jogar. E como cada um desses jogos tinha 2 resultados possíveis – vitória do Yankees (Y) ou vitória do Braves (B) –, existiam 2^5, ou 32, resultados possíveis. Por exemplo, o Yankees poderia vencer 3 e depois perder 2: YYYBB; ou então, os times poderiam alternar vitórias: YBYBY – nesse último caso, como o Braves teria obtido sua quarta vitória no sexto jogo, a última partida sequer teria sido disputada, mas já vamos voltar a esse ponto. A probabilidade de que o Yankees conseguisse virar a disputa era igual ao número de sequências nas quais venceria ao menos 4 jogos dividido pelo número total de sequências, 32; a chance de que o Braves vencesse era igual ao número de sequências no qual venceria ao menos mais 2 jogos, também dividido por 32.

Esse cálculo pode parecer estranho, pois, como mencionei, inclui situações (tais como YBYBY) nas quais os times continuam jogando mesmo depois que o Braves já obteve as 4 vitórias necessárias. Os times certamente não jogariam uma sétima partida depois que o Braves houvesse vencido 4 delas. Mas a matemática não depende dos caprichos humanos, e tais sequências continuariam a existir mesmo que as equipes não chegassem a disputá-las. Por exemplo, suponha que estamos participando de um jogo em que lançamos uma moeda duas vezes e vencemos a qualquer momento em que surja uma cara. Existem 2^2, ou 4, sequências possíveis de resultados: (cara, coroa), (cara, cara), (coroa, cara) e (coroa, coroa). Nos primeiros dois casos, não nos preocuparíamos em jogar a moeda novamente, pois já vencemos. Ainda assim, nossa chance de vencer é de ¾, porque 3 das 4 sequências completas trazem uma cara.

Assim, para calcular as probabilidades de vitória do Yankees e do Braves, basta considerarmos as possíveis sequências de resultados dos 5 jogos que restam na disputa. Em primeiro lugar, o Yankees seria vitorioso se ganhasse 4 dos 5 jogos restantes. Isso poderia acontecer de 5 maneiras diferentes: BYYYY, YBYYY, YYBYY, YYYBY ou YYYYB. E o Yankees também triunfaria se vencesse todos os 5 jogos restantes, o que só poderia acontecer de 1 maneira: YYYYY. Agora passemos ao Braves: seria campeão se o Yankees ganhasse apenas 3 jogos, o que poderia acontecer de 10 maneiras diferentes (BBYYY, BYBYY e assim por diante), se o Yankees ganhasse apenas 2 jogos (o que, novamente, poderia acontecer de 10 maneiras), se o Yankees ganhasse apenas 1 jogo (o que poderia acontecer de 5 maneiras) ou se não ganhasse nenhum (o que só poderia acontecer de 1 maneira). Somando esses resultados possíveis, descobrimos que a probabilidade de uma vitória do Yankees era de $^6/_{32}$, ou cerca de 19%, contra $^{26}/_{32}$, ou cerca de 81% para o Braves. Segundo Pascal e Fermat, se a disputa fosse interrompida abruptamente, o dinheiro apostado deveria ser dividido dessa maneira, e os pagamentos das apostas deveriam ser feitos nessa proporção após os 2 primeiros jogos. (Para constar, o Yankees de fato virou a disputa, vencendo os 4 jogos seguintes e sendo coroado campeão.)

O mesmo raciocínio poderia ser aplicado no início da final – isto é, antes de disputado o primeiro jogo. Se os dois times tivessem chances iguais de vencer cada jogo, chegaríamos evidentemente ao resultado de que têm a mesma probabilidade de vencer a final. Um raciocínio semelhante também funciona se os times não tiverem chances iguais; porém, os cálculos simples que empreguei teriam de ser ligeiramente alterados: cada resultado deveria ser ponderado por um fator que descreveria sua probabilidade relativa. Se fizermos isso e analisarmos a situação no início da disputa, descobriremos que, numa melhor de 7 jogos, há uma probabilidade considerável de que o time inferior vença a competição. Por exemplo, se um dos times for melhor que o outro a ponto de vencê-lo em 55% dos jogos, ainda assim o time mais fraco vencerá uma melhor de 7 jogos cerca de 4 vezes em cada 10. E se o time superior for capaz de vencer seu oponente em 2 de cada 3 partidas, em média, o time inferior ainda vencerá uma melhor de 7 cerca de uma vez a cada 5 disputas. Realmente, as ligas esportivas não têm como alterar esse fato. No caso das probabilidades desiguais em proporção de ⅔, por exemplo, precisaríamos de uma final de no mínimo 23 jogos para determinar o vencedor da maneira considerada estatisticamente significativa, o que quer dizer que o time mais fraco seria coroado campeão em menos de 5% das vezes (ver capítulo 4). No caso em que um dos times tem apenas uma vantagem de 55% contra 45%, a menor final estatisticamente significativa deveria ser uma melhor de 269 jogos – certamente uma disputa bem entediante! Assim, as finais dos campeonatos esportivos podem ser divertidas e empolgantes, mas o fato de que um time leve o troféu não serve como indicação confiável de que realmente é o melhor time do campeonato.

Como eu disse antes, o mesmo raciocínio se aplica não apenas a jogos, apostas e esportes. Por exemplo, ele nos mostra que se duas empresas competirem diretamente, ou se dois funcionários competirem dentro da mesma empresa, embora possa haver um vencedor e um perdedor a cada trimestre ou ano, precisaríamos manter a comparação ao longo de décadas ou séculos para obter uma resposta confiável quanto a qual empresa ou empregado é de fato melhor. Se, por exemplo, o empregado A for realmente melhor – acabando por vencer, no longo prazo, 60 de cada 100 comparações de desempenho com o empregado B –, numa série mais simples com apenas 5 comparações, o empregado pior ainda vencerá cerca de ⅓ das vezes. É perigoso julgar a capacidade de alguém com base em resultados de curto prazo.

Os problemas até agora tiveram valores bastante simples, que permitem sua solução sem muito esforço. Porém, quando os números são mais elevados, os cálculos se tornam mais difíceis. Considere, por exemplo, o seguinte problema: você está organizando uma recepção de casamento para 100 convidados, e cada mesa comporta 10 pessoas. Você não pode colocar o seu primo Rod com sua amiga Amy porque, há oito anos, os dois tiveram um caso e Amy acabou largando Rod. Por outro lado, tanto Amy como Leticia querem ficar sentadas perto do seu musculoso primo Bobby, e é melhor deixar a tia Ruth numa mesa distante, caso contrário o duelo de flertes será motivo de fofocas nos jantares familiares dos próximos cinco anos. Considere cuidadosamente as possibilidades. Pense apenas na primeira mesa. Quantas maneiras existem de selecionar 10 pessoas de um grupo de 100? Uma pergunta semelhante seria, de quantas maneiras podemos alocar 10 investimentos entre 100 fundos de ações, ou 10 átomos de germânio entre 100 alocações de um cristal de silício? É o tipo de problema que surge repetidamente na teoria da aleatoriedade, não apenas no problema dos pontos. Porém, com números mais elevados, contar as possibilidades, citando-as explicitamente, é maçante ou impossível. Essa foi a verdadeira realização de Pascal: encontrar uma abordagem sistemática e generalizável que nos permite calcular a resposta a partir de uma fórmula, ou encontrá-la numa tabela. Baseia-se num curioso arranjo de números na forma de um triângulo.

O MÉTODO COMPUTACIONAL situado no centro do trabalho de Pascal foi, na verdade, descoberto ao redor do ano 1050 por um matemático chinês chamado Jia Xian; foi publicado em 1303 por outro matemático chinês, Zhu Shijie, discutido num trabalho de Cardano em 1570 e encaixado na grande lacuna da teoria da probabilidade por Pascal, que acabou ficando com a maior parte do crédito.[10] Mas Pascal não se preocupava com o trabalho anterior. "Que ninguém afirme que eu não disse nada de novo", defendeu Pascal em sua autobiografia. "A disposição do tema é nova. Quando jogamos tênis, os dois usamos a mesma bola, mas um dos dois a coloca melhor."[11] A invenção gráfica empregada por Pascal, ilustrada a seguir, é portanto chamada triângulo de Pascal. Na figura, cortei o triângulo de Pascal na décima linha, mas ele poderia se estender para baixo infinitamente. De fato, é bastante fácil continuar o triângulo, pois, a não ser pelo 1 no ápice, cada número é igual à soma dos dois números situados à sua esquerda e direita na linha acima (acrescenta-se um 0 caso não exista número à esquerda ou à direita na linha acima).

Linha											
0	1										
1	1	1									
2	1	2	1								
3	1	3	3	1							
4	1	4	6	4	1						
5	1	5	10	10	5	1					
6	1	6	15	20	15	6	1				
7	1	7	21	35	35	21	7	1			
8	1	8	28	56	70	56	28	8	1		
9	1	9	36	84	126	126	84	36	9	1	
10	1	10	45	120	210	252	210	120	45	10	1

Triângulo de Pascal

O triângulo de Pascal é útil sempre que quisermos saber o número de maneiras pelas quais podemos selecionar algum número de objetos a partir de uma coleção que tenha um número igual ou maior de objetos. Eis como funciona no caso dos convidados ao casamento: para encontrar o número de maneiras distintas pelas quais podemos escolher 10 pessoas de um grupo de 100 convidados, começamos a descer pelos números do lado esquerdo do triângulo até encontrarmos a linha de número 100. O triângulo da figura não chega tão longe, mas, por agora, vamos fingir que chega. O primeiro número da linha 100 nos diz o número de maneiras pelas quais podemos selecionar 0 convidados de um grupo de 100. Naturalmente, só existe uma maneira: simplesmente não selecionamos ninguém. Isso é verdadeiro independentemente do número total de convidados; por esse motivo, o primeiro número de cada linha é sempre 1. O segundo número da linha 100 nos mostra o número de maneiras pelas quais podemos selecionar 1 convidado de um grupo de 100. Existem 100 maneiras de fazê-lo: podemos escolher só o primeiro convidado, só o segundo e assim por diante. Esse raciocínio se aplica a todas as linhas, e desse modo, o segundo número de cada linha é simplesmente igual ao número da linha. O terceiro número de cada linha representa o número de grupos diferentes de 2 pessoas que podemos formar, e assim por diante. O número que buscamos – o número de possíveis combinações diferentes de 10 pessoas –, portanto, é o décimo primeiro número da centésima linha. Mesmo que eu houvesse estendido o triângulo para que contivesse 100 linhas, tal número seria grande demais para caber na página. De fato, quando algum convidado inevitavelmente se queixar de seu lugar na mesa, poderemos lembrá-lo do tempo que seria necessário para considerar todas as possibilidades: presumindo que passássemos um segundo considerando cada uma delas, precisaríamos de algo em torno de 10 trilhões de anos. O infeliz convidado irá presumir, é claro, que você está sendo histriônico.

Para que possamos usar o triângulo de Pascal, suponhamos agora que a lista de convidados tem apenas 10 pessoas. Nesse caso, a linha relevante é a última do triângulo ilustrado na figura, a de número 10. Os números nessa linha representam o número de mesas diferentes de 0, 1, 2 etc. pessoas que podemos formar a partir de um grupo com 10. Você talvez reconheça esses números: são os mesmos que vimos no exemplo sobre a prova aplicada aos alunos do sexto ano. O número de maneiras pelas quais um aluno pode errar um certo número de problemas numa prova com 10 questões de verdadeiro ou falso é igual ao número de maneiras pelas quais podemos selecionar convidados a partir de um grupo de 10 pessoas. Essa é uma das razões para a eficácia do triângulo de Pascal: a mesma matemática pode ser aplicada a muitas situações diferentes. Quanto ao exemplo sobre a final do campeonato de beisebol, no qual contamos maçantemente todas as possibilidades dos 5 jogos restantes, podemos agora descobrir o número de maneiras pelas quais o Yankees poderia vencer 0, 1, 2, 3, 4 ou 5 jogos, lendo-os diretamente da quinta linha do triângulo:

1 5 10 10 5 1

Vemos em seguida que a chance do Yankees de ganhar 2 jogos (10 maneiras) era duas vezes maior que a de ganhar 1 jogo (5 maneiras).

Uma vez aprendido o método, surgem aplicações do triângulo de Pascal por toda parte. Uma amiga minha trabalhava para uma companhia recém-fundada de jogos de computador. Ela muitas vezes contava que, embora a diretora de marketing aceitasse a ideia de que pequenos grupos de trabalho devessem chegar somente a "conclusões qualitativas", ainda assim citava decisões apoiadas pela "ampla maioria" – de 4 contra 2, ou 5 contra 1 – dos membros de um grupo, como se fosse um resultado significativo. No entanto, imaginemos que um grupo de trabalho com 6 pessoas tenha que examinar e tecer comentários sobre um novo produto. Suponhamos que, na prática, metade da população geral considere o produto interessante. Com que precisão essa preferência se refletirá dentro do grupo de trabalho? Nesse caso, a linha relevante do triângulo é a sexta; ela representa o número de possíveis subgrupos de 0, 1, 2, 3, 4, 5 ou 6 integrantes que poderiam gostar (ou não) do produto:

1 6 15 20 15 6 1

Com esses números, vemos que há 20 maneiras pelas quais os integrantes do grupo poderiam se dividir meio a meio, refletindo precisamente a visão da população em geral. Porém, também existem 1 + 6 + 15 + 15 + 6 + 1 = 44 maneiras pelas quais encontraríamos um consenso não representativo da realidade, seja a favor ou contra o produto. Portanto, se não formos cuidadosos, a chance de nos enganarmos é de $44/64$, ou cerca de $2/3$. Esse exemplo não prova que se o grupo chegar a um acordo terá sido por mero acaso. Porém, tampouco devemos presumir que se trata de um resultado significativo.

A análise de Pascal e Fermat mostrou-se um grande primeiro passo na busca de uma teoria matemática coerente da aleatoriedade. A carta final de sua famosa correspondência data de 27 de outubro de 1654. Algumas semanas depois, Pascal ficou sentado, em transe, durante duas horas. Para alguns, esse transe foi uma experiência mística. Outros lamentam que ele tenha finalmente dado adeus ao planeta Sanidade. Qualquer que seja a descrição, Pascal emergiu do evento como um homem transformado – transformação que o levaria a fazer uma das contribuições mais fundamentais ao conceito de aleatoriedade.

Em 1662, poucos dias após a morte de Pascal, uma criada notou uma saliência curiosa num de seus casacos. Ela abriu o forro da vestimenta e encontrou, escondidas em seu interior, folhas dobradas de pergaminho e papel. Pascal aparentemente as carregara consigo diariamente, pelos últimos oito anos de sua vida. Havia ali uma série de palavras e frases rabiscadas com a caligrafia de Pascal, datada de 23 de novembro de 1654. Tratava-se de um relato emocional do transe, no qual descrevia que Deus descera sobre ele e, no espaço de duas horas, o libertara dos caminhos corrompidos.

Após essa revelação, Pascal se afastou da maior parte de seus amigos, chamando-os de "terríveis ligações".[12] Vendeu sua carruagem, cavalos, mobília, biblioteca – tudo, a não ser a Bíblia. Doou seu dinheiro aos pobres, ficando com tão pouco para si que muitas vezes precisava pedir esmolas ou empréstimos para conseguir comida. Passou a usar um cinto de ferro com pontas voltadas para o lado de dentro, mantendo-se em constante desconforto, e cravava os espinhos do cinto na carne sempre que corria algum risco de se sentir feliz. Denunciou os estudos de matemática e ciências. De seu fascínio infantil pela geometria, escreveu: "Mal consigo me lembrar de que existe algo como a geometria. Vejo-a como algo tão inútil… É bem possível que eu jamais pense nela novamente."[13]

Ainda assim, Pascal continuou produtivo. Nos anos que se seguiram ao transe, registrou suas ideias sobre Deus, a religião e a vida. Tais ideias foram posteriormente publicadas num livro chamado *Pensamentos*, um trabalho ainda editado hoje em dia. E, embora Pascal tenha denunciado a matemática, em meio à sua visão da futilidade da vida mundana está uma exposição matemática na qual ele aponta a arma da probabilidade matemática diretamente para uma questão teológica, criando uma contribuição tão importante quanto seu trabalho anterior sobre o problema dos pontos.

A matemática de *Pensamentos* está contida em duas folhas manuscritas, numa caligrafia que ocupa os dois lados do papel numa direção constante e cheia de correções. Nessas páginas, Pascal detalhou uma análise dos prós e contras de nossos deveres para com Deus como se estivesse calculando matematicamente a sabedoria de um apostador. Sua grande inovação foi o método de contrapesar esses prós e contras, um conceito chamado atualmente de esperança matemática.

O argumento de Pascal era o seguinte: partamos do pressuposto de que não sabemos se Deus existe ou não e, portanto, designemos uma probabilidade de 50% para cada proposição. Como devemos ponderar essas probabilidades ao decidirmos se devemos ou não levar uma vida pia? Se agirmos piamente e Deus existir, argumentou Pascal, nosso ganho – a felicidade eterna – será infinito. Se, por outro lado, Deus não existir, nossa perda, ou retorno negativo, será pequena – os sacrifícios da piedade. Para ponderar esses possíveis ganhos e perdas, propôs Pascal, multiplicamos a probabilidade de cada resultado possível por suas consequências e depois as somamos, formando uma espécie de consequência média ou esperada. Em outras palavras, a esperança matemática do retorno por nós obtido com a piedade é meio infinito (nosso ganho se Deus existir) menos a metade de um número pequeno (nossa perda se Deus não existir). Pascal entendia suficientemente o infinito para saber que a resposta a esse cálculo é infinita, e assim o retorno esperado sobre a piedade é infinitamente positivo. Toda pessoa razoável, concluiu Pascal, deveria portanto seguir as leis de Deus. Hoje, esse argumento é conhecido como Aposta de Pascal.

A esperança, ou expectativa, é um conceito importante não só nas apostas como em todo processo de tomada de decisão. De fato, a Aposta de Pascal é muitas vezes tida como a fundação da disciplina matemática conhecida como teoria dos jogos, o estudo quantitativo das estratégias decisórias ideais nos jogos. Confesso que sou viciado nesse tipo de raciocínio, e às vezes o levo um pouco longe demais. "Quanto custa estacionar aqui?", pergunto ao meu filho. A placa diz que são 25 centavos. Sim, mas aproximadamente 1 de cada 20 vezes que estaciono aqui, volto atrasado e encontro uma multa de US$40, portanto os 25 centavos anunciados na placa são só uma enganação cruel, explico, porque meu custo real é de US$2,25 (os US$2 a mais vêm da minha chance de 1/20 de ser multado, multiplicada pelo custo da multa, de US$40). "E quanto à entrada da nossa garagem", pergunto ao meu outro filho, "por acaso é uma via com pedágio?" Bem, já moramos nessa casa há cerca de cinco anos, portanto já dei marcha a ré para sair da garagem cerca de 2.400 vezes, e em 3 delas arrebentei o espelho retrovisor no poste da cerca, a um custo de US$400 por espelho. "Você poderia muito bem colocar uma cabine de pedágio ali e jogar 50 centavos cada vez que passar", diz meu filho. Ele entende a expectativa – e também recomenda que eu evite levá-los de carro para a escola de manhã antes de ter tomado uma boa xícara de café.

Vislumbrando o mundo através da lente da esperança matemática, muitas vezes encontramos resultados surpreendentes. Por exemplo, um sorteio anunciado recentemente pelo correio oferecia um prêmio máximo de US$55 milhões.[14] Bastava mandar uma carta com a inscrição. Não havia limite para o número de inscrições feitas por cada pessoa, mas cada uma delas tinha que ser enviada separadamente. Os patrocinadores aparentemente esperavam cerca de 200 milhões de inscrições, pois as letras miúdas diziam que a chance de ganhar era de 1/200 milhões. É vantajoso entrar nesse tipo de "sorteio gratuito"? Multiplicando a probabilidade de vencer pelo montante pago, descobrimos que cada inscrição valia 1/40 de dólar, ou 2,5 centavos – muito menos que o custo de enviá-la pelo correio. Na verdade, os grandes vencedores nesse sorteio foram os correios, que, se as projeções estiverem corretas, ganharam quase US$80 milhões com todas as inscrições postadas.

Eis outro jogo maluco. Suponha que o estado da Califórnia fizesse a seguinte oferta a seus cidadãos: de todos os que pagarem um dólar ou dois para entrar no concurso, a maior parte não receberá nada, uma pessoa receberá uma fortuna e uma pessoa sofrerá uma morte violenta. Alguém entraria no jogo? As pessoas entram, e com entusiasmo. O jogo se trata da loteria estadual. E, embora o estado não a anuncie dessa maneira, é assim que funciona na prática. Pois enquanto uma pessoa recebe o grande prêmio em cada sorteio, milhões de outros participantes dirigem seus carros para a casa lotérica mais próxima para comprar seus bilhetes, e alguns deles morrem em acidentes no caminho. Aplicando as estatísticas do departamento nacional de segurança no trânsito, e conforme certos pressupostos como a distância percorrida por cada apostador para comprar o bilhete, o número de bilhetes que comprou e quantas pessoas são envolvidas num acidente típico, descobrimos que uma estimativa razoável dessas fatalidades é de aproximadamente uma morte por sorteio.

Os governos estaduais tendem a ignorar argumentos sobre os possíveis efeitos negativos das loterias. Isso ocorre, em grande medida, porque o governo sabe o bastante sobre esperança matemática e faz com que, para cada bilhete comprado, o ganho esperado – o prêmio total dividido pelo número de bilhetes vendidos – seja menor que o custo do bilhete. Isso geralmente deixa uma boa diferença, que pode ser transferida para os cofres públicos. No entanto, em 1992, alguns investidores de Melbourne, na Austrália, notaram que a Loteria da Virgínia violava esse princípio.[15] A loteria consistia em escolher 6 números de 1 a 44. Se encontrarmos um triângulo de Pascal com esse número de linhas, veremos que existem 7.059.052 maneiras de selecionar 6 números de um grupo de 44 possíveis. O prêmio máximo da loteria era de US$27 milhões, e, incluindo o segundo, terceiro e quarto prêmios, o montante crescia para US$27.917.561. Os espertos investidores raciocinaram que, se comprassem um bilhete com cada uma das 7.059.052 combinações numéricas possíveis, o valor dos bilhetes seria igual ao do prêmio. Isso fazia com que cada bilhete valesse cerca de US$27,9 milhões divididos por 7.059.052, ou cerca de US$3,95. E o estado da Virgínia, do alto de sua sabedoria, estava vendendo os bilhetes por que preço? Um dólar, como de costume.

Os investidores australianos rapidamente encontraram 2.500 pequenos investidores na Austrália, Nova Zelândia, Europa e Estados Unidos dispostos a investir, em média, US$3 mil cada um. Se o sistema funcionasse, o retorno sobre esse investimento seria de aproximadamente US$10.800. O plano tinha alguns riscos. Em primeiro lugar, como não eram os únicos a comprar bilhetes, era possível que outro jogador, ou até mais de um jogador, também escolhesse o bilhete vencedor, o que os obrigaria a dividir o prêmio. Dos 170 sorteios que a loteria já promovera, não houve vencedor em 120, houve um único vencedor em 40 e dois vencedores em apenas 10 vezes. Se essas frequências refletiam precisamente as probabilidades, os dados sugeriam haver uma chance de $^{120}/_{170}$ de que eles ganhassem o prêmio sozinhos, de $^{40}/_{170}$ de que ficassem com a metade do prêmio e de $^{10}/_{170}$ de que ganhassem apenas um terço. Recalculando os ganhos esperados a partir do princípio da esperança matemática de Pascal, chegaram ao valor de ($^{120}/_{170}$ × US\$27,9 milhões) + ($^{40}/_{170}$ × US\$13,95 milhões) + ($^{10}/_{170}$ × US\$6,975 milhões) = US\$23,4 milhões. Ou seja, US\$3,31 por bilhete, um grande retorno sobre o custo de US\$1, mesmo após as despesas.

Havia porém outro perigo: o pesadelo logístico de completar a compra de todos os bilhetes antes do fechamento do sorteio. Isso poderia levar ao gasto de uma porção significativa dos fundos, sem grandes retornos.

Os integrantes do grupo de investimentos fizeram preparativos cuidadosos. Preencheram 1,4 milhão de bilhetes à mão, como exigiam as regras; cada bilhete valia por cinco jogos. Posicionaram grupos de compradores em 125 lojas e obtiveram a cooperação das casas lotéricas, que lucravam com cada bilhete vendido. O esquema foi iniciado apenas 72 horas antes do fechamento das apostas. Os empregados das casas lotéricas fizeram plantões extras para vender a maior quantidade possível de bilhetes. Uma loja vendeu sozinha 75 mil unidades nas últimas 48 horas. Uma rede de lojas aceitou cheques pelo valor de venda de 2,4 milhões de bilhetes, distribuiu entre suas filiais o trabalho de imprimi-los e contratou serviços de entrega para reuni-los. Ainda assim, no final, o grupo não terminou a tempo: compraram apenas 5 milhões dos 7.059.052 bilhetes.

Passaram-se vários dias após o anúncio do número vencedor, e ninguém se apresentou para reclamá-lo. O consórcio havia ganhado, mas precisaram de muitos dias para encontrar o bilhete vencedor. Posteriormente, quando os organizadores da loteria pública descobriram o que havia sido feito, recusaram-se a pagar. Seguiu-se um mês de discussões jurídicas até que a loteria concluísse não ter motivos válidos para se negar a pagar. Por fim, concederam o prêmio ao grupo.

Pascal contribuiu para o estudo da aleatoriedade com suas ideias sobre a contagem e com o conceito de esperança matemática. Quem sabe o que mais ele teria descoberto, apesar de sua renúncia à matemática, se sua saúde houvesse se mantido boa? Mas não se manteve. Em julho de 1662, ele ficou gravemente doente. Seus médicos lhe prescreveram os remédios habituais: submeteram-no a sangrias e administraram laxantes, enemas e eméticos violentos. Ele melhorou um pouco, mas depois a doença retornou, acompanhada de dores de cabeça, vertigem e convulsões. Pascal jurou que, se sobrevivesse, dedicaria sua vida a auxiliar os pobres. Pediu para ser transferido a um hospital para os incuráveis, de modo que, se morresse, seria na companhia deles. De fato, morreu poucos dias depois, em agosto de 1662. Tinha 39 anos. Uma autópsia determinou que a causa da morte foi uma hemorragia cerebral, mas também revelou lesões no fígado, estômago e intestinos que explicavam a doença que o perseguiu a vida toda.

5. As conflitantes leis dos grandes e pequenos números

Em seus trabalhos, Cardano, Galileu e Pascal presumiram conhecer as probabilidades ligadas aos problemas com os quais lidaram. Galileu, por exemplo, presumiu que um dado tem probabilidade igual de cair em qualquer dos seis lados. Mas que certeza temos desse "conhecimento"? Os dados do grão-duque provavelmente haviam sido feitos com a intenção de não favorecer nenhum dos lados, mas isso não significa que de fato se tenha conseguido tal resultado. Galileu poderia ter testado seu pressuposto observando diversas jogadas e registrando a frequência com que o dado caía em cada lado. No entanto, se ele repetisse o teste muitas vezes, provavelmente teria encontrado uma distribuição ligeiramente diferente a cada vez, e até os pequenos desvios poderiam importar, dada a pequena diferença entre as probabilidades que ele estava tentando explicar. Para que os trabalhos iniciais sobre a aleatoriedade pudessem ser aplicados ao mundo real, era preciso resolver esta questão: qual é a conexão entre as probabilidades subjacentes e os resultados observados? O que significa, do ponto de vista prático, dizer que há uma chance de $1/6$ de que um dado caia no número 2? Se isso não significa que em qualquer série de jogadas o dado cairá no número 2 exatamente 1 vez a cada 6 jogadas, no que baseamos nossa crença de que a chance de jogarmos um 2 é realmente de $1/6$? E quando um médico diz que um remédio tem 70% de eficácia, ou que provoca graves efeitos colaterais em 1% dos casos, e quando uma pesquisa descobre que um candidato tem 36% das intenções de voto, o que isso significa? São questões profundas, ligadas ao próprio significado do conceito de aleatoriedade, um conceito que os matemáticos ainda gostam de debater.

Há pouco tempo, num dia quente de primavera, entrei numa discussão como essa com um estatístico que estava visitando a Universidade Hebraica, chamado Moshe, sentado à minha frente durante um almoço no Instituto Caltech. Em meio a grandes colheres de iogurte desnatado, Moshe defendeu a ideia de que não há números realmente aleatórios. "Não existe uma coisa dessas", afirmou. "Ah, eles publicam gráficos e escrevem programas de computador, mas estão só se enganando. Ninguém jamais encontrou um método melhor que jogar um dado para produzir aleatoriedade, e jogar um dado não resolve a questão."

Moshe sacudiu a colher de plástico na minha cara. Agora ele estava agitado. Senti uma conexão entre os sentimentos de Moshe sobre a aleatoriedade e suas convicções religiosas. Moshe é um judeu ortodoxo, e sei que muitos religiosos têm problemas com a ideia de que Deus permitiria a existência da aleatoriedade. "Suponha que você queira obter uma sequência de *N* números aleatórios entre 1 e 6", disse Moshe. "Você joga um dado *N* vezes e registra a sequência de *N* números que surgirem. É uma sequência aleatória?"

Não, defendeu Moshe, porque ninguém consegue fazer um dado perfeito. Alguns lados sempre serão favorecidos, e outros, desfavorecidos. Talvez sejam necessárias mil jogadas para que notemos a diferença, ou 1 bilhão, mas no fim das contas vamos notá-la. Veremos mais vezes o número 4 que o 6, ou talvez menos. Qualquer dispositivo artificial está fadado a possuir essa falha, disse Moshe, porque os seres humanos não têm acesso à perfeição. Talvez seja verdade, mas a Natureza tem acesso à perfeição, e realmente ocorrem eventos aleatórios no nível atômico. De fato, essa é a própria base da teoria quântica; assim, passamos o resto do nosso almoço numa discussão sobre óptica quântica.

Os mais modernos geradores quânticos produzem hoje números verdadeiramente aleatórios, jogando o dado quântico perfeito da Natureza. No passado, a perfeição necessária para a aleatoriedade era realmente um objetivo evasivo. Uma das tentativas mais criativas veio do crime organizado do Harlem, em Nova York, por volta de 1920.[1] Como precisavam de um suprimento diário de números aleatórios de cinco algarismos para uma loteria ilegal, os mafiosos, não dando a mínima para o governo, passaram a utilizar os últimos cinco algarismos do balanço do Tesouro Federal – enquanto escrevo estas palavras, o governo dos Estados Unidos tem uma dívida de US$8.995.800.513.946,50, ou US$29.679,02 por americano, portanto os mafiosos de hoje poderiam obter seus cinco algarismos a partir da dívida per capita! Essa loteria, conhecida como Loteria do Tesouro, violava não apenas as leis criminais como também as científicas, pois, segundo uma regra chamada Lei de Benford, números surgidos dessa maneira cumulativa não são aleatórios – na verdade, têm um viés que tende a favorecer os algarismos mais baixos.

A Lei de Benford não foi descoberta por um sujeito chamado Benford, e sim pelo astrônomo americano Simon Newcomb. Em torno de 1881, Newcomb notou que as páginas dos livros de logaritmos que traziam números iniciados pelo algarismo 1 ficavam mais sujas e danificadas que as páginas correspondentes aos números iniciados por 2, e assim por diante até o algarismo 9, cujas páginas pareciam mais limpas e novas. Presumindo que, a longo prazo, o desgaste do livro seria proporcional à frequência de uso, Newcomb concluiu a partir de suas observações que os cientistas com os quais ele compartilhava o livro trabalhariam com dados que refletiam a distribuição dos algarismos. O nome atual da lei surgiu depois que Frank

Benford notou o mesmo fato, em 1938, ao examinar as tabelas de logaritmos do Laboratório de Pesquisa da General Electric, em Schenectady, Nova York. Porém, nenhum dos dois provou a lei. Isso só aconteceu em 1995, num trabalho de Ted Hill, matemático do Instituto de Tecnologia da Geórgia.

Segundo a Lei de Benford, os nove algarismos não aparecem com a mesma frequência: na verdade, o número 1 deve ser o primeiro algarismo nos dados em cerca de 30% das vezes; o algarismo 2, em cerca de 18%, e assim por diante até o algarismo 9, que só aparece na primeira posição em cerca de 5% das vezes. Uma lei semelhante, ainda que menos pronunciada, se aplica aos últimos algarismos. Muitos tipos de dados obedecem à Lei de Benford, especialmente dados financeiros. Na verdade, a lei parece ter sido feita sob medida para examinar grandes quantidades de dados financeiros em busca de fraudes.

Uma famosa aplicação da lei foi usada no caso de um jovem empresário chamado Kevin Lawrence, que levantou US$91 milhões para criar uma cadeia de academias de ginástica de alta tecnologia.[2] Nadando em dinheiro, Lawrence partiu para a ação, contratando um grupo de executivos e gastando o dinheiro dos investidores com a mesma rapidez com que o havia juntado. Estaria tudo bem, não fosse por um detalhe: ele e seus camaradas estavam gastando a maior parte do dinheiro não nos negócios, e sim em itens pessoais. E como não seria fácil explicar que várias casas, 20 embarcações pessoais, 47 carros (entre eles cinco Hummers, quatro Ferraris, três Dodge Vipers, dois DeTomaso Panteras e um Lamborghini Diablo), dois relógios Rolex, um bracelete de diamantes de 21 quilates, uma espada samurai no valor de US$200 mil e uma máquina de algodão-doce de tamanho comercial constituíam gastos necessários aos negócios, Lawrence e seus amigos tentaram encobrir suas pegadas transferindo o dinheiro dos investidores por uma rede complexa de contas bancárias e companhias *shell*,* para passar a impressão de que se tratava de um empreendimento crescente e muito ativo. Infelizmente para o grupo, um desconfiado contador forense chamado Darrell Dorrell compilou uma lista de mais de 70 mil números que representavam seus diversos cheques e transferências eletrônicas e a comparou com a distribuição de algarismos segundo a Lei de Benford. Os números não passaram no teste.[3] Isso, naturalmente, foi apenas o começo da investigação, mas a partir daí a saga se desenrolou de modo previsível, terminando na véspera do dia de Ação de Graças de 2003, quando, acompanhado de seus advogados e vestindo roupas azul-claro de presidiário, Kevin Lawrence foi sentenciado a 20 anos de prisão, sem possibilidade de liberdade condicional. A Receita Federal americana também estudou a Lei de Benford como uma forma de identificar fraudes tributárias. Um pesquisador chegou a aplicar a lei às declarações de impostos de Bill Clinton ao longo de 13 anos. Elas passaram no teste.[4]

Presume-se que nem os mafiosos do Harlem nem seus clientes tenham notado essas regularidades nos números de sua loteria. No entanto, se pessoas como Newcomb, Benford ou Hill tivessem jogado nela, em princípio teriam usado a Lei de Benford para fazer apostas mais favoráveis, conseguindo um bom suplemento para seus salários como acadêmicos.

Em 1947, os cientistas da Rand Corporation precisavam de uma grande tabela de números aleatórios, com um propósito mais admirável: encontrar soluções aproximadas para certas equações matemáticas, utilizando uma técnica apropriadamente

* Empresa sem ativos ou atividades relevantes que serve como veículo para negócios de outras empresas. É uma atividade legal, diferentemente das operações de empresas-fantasma. Entretanto, muitas vezes são usadas em operações para burlar impostos. (N.T.)

denominada Método de Monte Carlo. Para gerar os algarismos, utilizaram um ruído gerado eletronicamente, uma espécie de roleta eletrônica. O ruído eletrônico é aleatório? Essa questão é tão sutil quanto a própria definição de aleatoriedade.

Em 1896, o filósofo americano Charles Sanders Peirce escreveu que uma amostra seria aleatória se "coletada a partir de um pressuposto ou método que, sendo aplicado muitas e muitas vezes indefinidamente, faça com que, a longo prazo, o sorteio de qualquer conjunto de números ocorra com frequência igual à de qualquer outro conjunto de mesmo tamanho".[5] Isso é conhecido como probabilidade determinística. A principal alternativa a ela é conhecida como a probabilidade subjetiva. Na probabilidade determinística, julgamos uma amostra pelo modo como ela se apresenta; já na probabilidade subjetiva, julgamos uma amostra pelo modo como é produzida. De acordo com esta segunda forma, um número ou conjunto de números é considerado aleatório se não soubermos ou não pudermos prever que resultados serão gerados pelo processo.

A diferença entre as duas interpretações tem mais nuances do que parece. Por exemplo, num mundo perfeito, o lançamento de um dado seria sempre aleatório pela primeira definição, mas não pela segunda, já que todos os lados teriam probabilidade igual, mas poderíamos (num mundo perfeito) utilizar nossos conhecimentos exatos das condições físicas do objeto e das leis da física para determinar exatamente, antes de cada jogada, como cairá o dado. No mundo real e imperfeito, porém, o lançamento de um dado é aleatório de acordo com a segunda definição, mas não com a primeira. Isso ocorre porque, como ressaltou Moshe, devido a suas imperfeições, um dado não cairá com a mesma frequência em cada lado; ainda assim, devido às nossas limitações, não temos nenhum conhecimento prévio sobre o favorecimento de um dos lados em detrimento de outros.

Para determinar se a tabela que obtiveram era aleatória, os cientistas da Rand a submeteram a vários testes. Quando mais bem examinado, seu sistema mostrou ser tendencioso, exatamente como o dado de Moshe, arquetipicamente imperfeito.[6] Os cientistas ainda refinaram o sistema, mas não conseguiram banir completamente as regularidades. Como disse Moshe, o caos completo é, ironicamente, um tipo de perfeição. Ainda assim, os números da Rand eram aleatórios o suficiente para terem sua utilidade, e a companhia os publicou em 1955 sob o cativante título *A Million Random Digits*.*

Em suas pesquisas, os cientistas da Rand se depararam com um problema relacionado à roleta, que havia sido descoberto de maneira abstrata quase um século antes, por um inglês chamado Joseph Jagger.[7] Jagger era engenheiro e mecânico numa fábrica de algodão em Yorkshire, e, assim, tinha uma certa intuição quanto à capacidade – e aos defeitos – das máquinas. Em um dia de 1873, ele desviou sua intuição e sua mente fértil do algodão e voltou-as para o dinheiro. Com que perfeição, perguntou-se, pode realmente funcionar uma roleta em Monte Carlo?

A roleta – inventada, ao menos segundo a lenda, por Blaise Pascal ao brincar com a ideia de uma máquina de movimento perpétuo – é basicamente uma grande tigela com partições (chamadas calhas) com a forma de finas fatias de torta. Quando é girada, uma bolinha de gude inicialmente gira pela borda, mas acaba por cair em um dos compartimentos, numerados de 1 a 36, além do 0 (e do 00, em roletas americanas). O trabalho do

---

* Rand Corporation. *A Million Random Digits with 100,000 Normal Deviates*. Nova York, The Free Press, 1955. O livro trazia duas longas tabelas com uma lista de "um milhão de dígitos aleatórios"; é considerado praticamente o último e monumental esforço de tabulação de números aleatórios. A partir dali, os algoritmos numéricos gerados por computadores passaram a ser a ferramenta padrão para esse tipo de prática. (N.T.)

apostador é simples: adivinhar em qual compartimento cairá a bolinha. A existência de roletas é uma demonstração bastante boa de que não existem médiuns legítimos, pois em Monte Carlo, se apostarmos US$1 em um compartimento e a bolinha cair ali, a casa nos pagará US$35 (além do US$1 que apostamos). Se os médiuns realmente existissem, nós os veríamos em lugares assim, rindo, dançando e descendo a rua com carrinhos de mão cheios de dinheiro, e não na internet, com nomes do tipo Zelda que Tudo Sabe e Tudo Vê, oferecendo conselhos amorosos 24 horas por dia, competindo com os outros 1,2 milhão de médiuns da internet (segundo o Google). Para mim, o futuro, e cada vez mais o passado, parece infelizmente obscurecido por uma grande névoa. Mas sei de uma coisa: minha chance de perder na roleta europeia é de $^{36}/_{37}$; minha chance de ganhar, de $^{1}/_{37}$. Isso significa que, para cada US$1 que eu apostar, o cassino recebe ($^{36}/_{37}$ × $1) – ($^{1}/_{37}$ × $35). Isso é algo em torno de $^{1}/_{37}$ de dólar, ou cerca de 2,7 centavos. Conforme o meu estado de espírito, esse pode ser o preço que pago pelo prazer de observar uma bolinha saltitando numa roleta grande e brilhante ou o preço que pago pela chance de tirar a sorte grande. Ao menos é assim que deveria funcionar.

Mas será que funciona? Só se as roletas forem perfeitamente bem construídas, pensou Jagger, e ele já havia trabalhado com bastantes máquinas, portanto partilhava do ponto de vista de Moshe. Ele poderia apostar que as roletas não eram perfeitas. Assim, juntou suas economias, viajou a Monte Carlo e contratou seis assistentes, um para cada uma das seis roletas do cassino. Seus assistentes observaram as roletas todos os dias, anotando todos os números sorteados durante as 12 horas em que o cassino ficava aberto. Todas as noites, em seu quarto de hotel, Jagger analisava os números. Depois de seis dias, não detectou nenhum viés em cinco das roletas, mas na sexta havia seis números que surgiam com frequências evidentemente maiores que os demais.

Assim, no sétimo dia, ele se dirigiu ao cassino e começou a apostar pesado nos nove números mais frequentes: 7, 8, 9, 17, 18, 19, 22, 28 e 29.

Quando o cassino fechou naquela noite, Jagger já havia ganhado US$70 mil. Seus ganhos não passaram despercebidos. Outros clientes se amontoaram ao redor da mesa de Jagger, gastando ali seu dinheiro na esperança de ter a mesma sorte. E os fiscais do cassino passaram a marcá-lo de perto, tentando decifrar seu sistema ou, melhor, pegá-lo roubando. No quarto dia de apostas, Jagger já havia juntado US$300 mil, e os diretores do cassino estavam desesperados para se livrarem do cliente misterioso, ou ao menos para frustrar seu esquema. Poderíamos imaginar que isso seria realizado por meio de um brutamontes do Brooklyn. Na verdade, os empregados do cassino fizeram algo muito mais inteligente.

No quinto dia, Jagger começou a perder. Suas perdas, como seus ganhos, não eram fáceis de perceber imediatamente. Tanto antes como depois do truque empregado pelo cassino, ele ganhava um pouco e perdia um pouco, mas agora estava perdendo mais do que ganhava, e não ao contrário. Devido à pequena margem do cassino, Jagger teria que apostar seus fundos com bastante diligência para conseguir perdê-los; porém, depois de sugar o dinheiro do cassino por quatro dias, não estava disposto a largar o osso. No momento em que a mudança de sorte finalmente o deteve, Jagger já havia perdido a metade de sua fortuna. Podemos imaginar que, a essa altura, seu humor – sem falar no humor de seus bajuladores – estava bastante azedo. Como era possível que seu esquema houvesse falhado subitamente?

Jagger por fim fez uma observação perspicaz. Nas 12 horas que passou ganhando, notou um minúsculo risco na roleta. O risco havia desaparecido. Será que o cassino a teria delicadamente consertado, para ir à falência em grande estilo? Jagger imaginou que não, e verificou as outras roletas. Uma delas tinha um risco. Os diretores do cassino imaginaram corretamente que os dias de sorte de Jagger estariam, de alguma forma, relacionados à roleta em que estava jogando, e trocaram as roletas de lugar durante a noite. Jagger mudou de roleta e voltou a ganhar. Em pouco tempo, seus ganhos já estavam maiores que antes, chegando a quase US$1 milhão.

Infelizmente para Jagger, os gerentes do cassino, desvendando finalmente seu esquema, encontraram uma nova maneira de detê-lo. Decidiram trocar os números da roleta a cada noite depois de fecharem o cassino, mudando-os de lugar de modo que, a cada dia, o viés da roleta favorecesse números diferentes, que Jagger não conheceria. Ele começou a perder novamente, e por fim desistiu. Terminando sua carreira como apostador, Jagger saiu de Monte Carlo com US$325 mil nas mãos, o que corresponderia atualmente a US$5 milhões. Ao voltar para casa, largou o emprego na fábrica de algodão e investiu seu dinheiro em imóveis.

O esquema de Jagger pode ter parecido uma estratégia segura, mas não foi. Mesmo numa roleta perfeitamente construída, os números não aparecerão com frequências exatamente iguais, como se os que estiverem na liderança fossem esperar educadamente até que os retardatários os alcançassem. Na verdade, inevitavelmente alguns números surgirão com mais frequência que a média, e outros com menos frequência. E assim, mesmo depois de seis dias de observação, existia a possibilidade de que Jagger estivesse errado. As frequências mais altas observadas em certos números poderiam ter surgido por mero acaso, sem refletir a existência de probabilidades mais elevadas. Isso significa que Jagger também se deparou com a questão levantada no início deste capítulo: dado um conjunto de probabilidades subjacentes, com que exatidão a nossa observação de um sistema corresponderá a essas probabilidades? Como no caso de Pascal, que realizou seu trabalho no novo ambiente da revolução científica, essa questão também seria respondida em meio a outra revolução, esta na matemática – a invenção do cálculo.

EM 1680, um grande cometa cruzou nossa vizinhança no Sistema Solar, passando perto o suficiente para que a fração de luz do Sol refletida pudesse ser vista com bastante destaque no céu noturno. O cometa foi vislumbrado pela primeira vez durante a parte da órbita terrestre chamada novembro, e nos meses seguintes foi um objeto muito estudado, tendo seu trajeto registrado de maneira muito detalhada. Em 1687, Isaac Newton usou esses dados como exemplo de sua Lei da Gravitação Universal, na qual a força gravitacional é proporcional ao inverso do quadrado da distância entre os corpos. E numa outra noite de céu limpo, na porção de terra chamada Basileia, na Suíça, outro homem destinado à grandeza também estava prestando atenção. Era um jovem teólogo que, fitando a cauda brilhante e nebulosa do cometa, deu-se conta de que queria dedicar sua vida à matemática, e não à Igreja.[8] Dessa decisão nasceu não apenas uma nova carreira para Jakob Bernoulli, como também o que se tornaria a maior árvore genealógica na história da matemática: nos 150 anos entre o nascimento de Jakob e o ano de 1800, a família Bernoulli gerou muitos filhos, dos quais aproximadamente a metade foi brilhante – entre eles, oito matemáticos notáveis, dos quais três (Jakob, seu irmão mais novo, Johann, e o filho de Johann, Daniel) são tidos atualmente como alguns dos maiores matemáticos de todos os tempos.

Na época, teólogos e o público em geral consideravam que os cometas eram sinais da ira divina; pelo visto, Deus estava bastante irritado ao criar aquele último, que ocupava mais da metade do céu visível. Um padre afirmou ser "um alerta celestial do Deus Santo Todo-Poderoso, escrito e colocado ante os impotentes e profanos filhos dos homens". Segundo ele, o cometa prenunciava "uma notável mudança no espírito ou nas questões mundanas" para seu país ou vilarejo.[9] Jakob Bernoulli via a coisa de outra forma. Em 1681, publicou um panfleto intitulado *Método recém-descoberto sobre a possibilidade de reduzir o trajeto de um cometa ou estrela caudada a certas leis fundamentais, e prever seu aparecimento.*

Bernoulli foi seis anos mais rápido que Newton na questão do cometa. Ou ao menos teria sido, se sua teoria estivesse correta. Não estava, mas afirmar publicamente que os cometas seguem uma lei natural e não os caprichos divinos era uma atitude destemida, especialmente se tivermos em conta que no ano anterior – quase 50 anos após a condenação de Galileu – Peter Megerlin, professor de matemática da Universidade de Basileia, havia sido severamente atacado por teólogos por aceitar o sistema copernicano, sendo então proibido de lecionar na universidade. Havia em Basileia um sombrio cisma entre os matemáticos cientistas e os teólogos, e Bernoulli acabava de se posicionar abertamente ao lado dos cientistas.

O talento de Bernoulli logo recebeu o apoio da comunidade matemática, e, quando Megerlin morreu, no fim de 1686, Bernoulli o sucedeu como professor de matemática. Nessa época, Bernoulli estava trabalhando com problemas ligados aos jogos de azar. Uma de suas maiores influências era o matemático e cientista holandês Christiaan Huygens, que, além de aperfeiçoar o telescópio, tornando-se a primeira pessoa a compreender os anéis de Saturno, criar o primeiro relógio de pêndulo (baseado nas ideias de Galileu) e ajudar a desenvolver a teoria ondulatória da luz, escrevera um livro de introdução à probabilidade inspirado nas ideias de Pascal e Fermat.

O livro de Huygens serviu de inspiração para Bernoulli. Ainda assim, ele viu diversas limitações na teoria apresentada por seu inspirador. Talvez fosse suficiente para os jogos de azar, mas e quanto aos aspectos mais subjetivos da vida? Como podemos designar uma probabilidade definida à credibilidade de um testemunho legal? Ou à escolha do melhor jogador de golfe, Charles I da Inglaterra ou Mary, rainha da Escócia? – ambos eram exímios golfistas. Bernoulli acreditava que, para podermos tomar decisões racionais, precisaríamos de um método matemático confiável para determinar probabilidades. Essa visão refletia a cultura da época, na qual a condução dos negócios pessoais de maneira condizente com a expectativa probabilística seria considerada a marca de uma pessoa razoável. Porém, na opinião de Bernoulli, a velha teoria da aleatoriedade não era limitada apenas pela subjetividade. Ele também reconheceu que a teoria não se adequava a situações de ignorância, nas quais as probabilidades dos diversos resultados poderiam ser definidas em princípio, mas na prática eram desconhecidas. É a questão que eu discuti com Moshe, e que Jagger teve que enfrentar: qual é a chance de que um dado imperfeito caia no número 6? Qual é a minha chance de contrair a peste? Qual é a probabilidade de que a sua armadura resista ao golpe da espada de um oponente? Tanto nas situações subjetivas como nas de incerteza, para Bernoulli seria "insano" imaginar que poderíamos ter alguma espécie de conhecimento prévio, ou *a priori*, sobre as probabilidades, como o apresentado no livro de Huygens.[10]

Bernoulli enxergou a resposta nos mesmos termos que Jagger utilizaria mais tarde: em vez de depender de probabilidades que nos foram dadas, devemos discerni-las por meio da observação. Por ser um matemático, ele tentou dar precisão à ideia. Dado que assistimos a um certo número de jogadas na roleta, com que precisão podemos determinar as probabilidades subjacentes, e com que nível de confiança? Voltaremos a essas questões no próximo capítulo, embora não sejam exatamente as perguntas que Bernoulli tenha conseguido responder. Na verdade, ele respondeu a uma pergunta bastante relacionada: com que precisão as probabilidades subjacentes se refletem nos resultados reais? Para Bernoulli, era perfeitamente justificado esperar que, com o aumento no número de testes, as frequências observadas refletissem – com cada vez mais precisão – as probabilidades subjacentes. Ele certamente não foi o primeiro a acreditar nisso. Mas foi o primeiro a dar um tratamento formal ao tema, a transformar a ideia numa prova e a quantificá-la, perguntando-se quantos testes seriam necessários e quanta certeza poderíamos ter. Além disso, foi um dos primeiros a compreender a importância da nova disciplina do cálculo na abordagem desses temas.

O ano em que Bernoulli foi aceito como professor em Basileia seria um marco na história da matemática: foi o ano em que Gottfried Leibniz publicou um artigo revolucionário no qual traçava os princípios do cálculo integral, complementando seu artigo de 1684 sobre o cálculo diferencial. Newton publicaria sua própria versão do tema em 1687, em seu *Philosophiae Naturalis Principia Mathematica*, ou *Princípios matemáticos da filosofia natural*, muitas vezes chamado apenas de *Principia*. Tais trabalhos seriam a chave para o de Bernoulli sobre a aleatoriedade.

À época em que foram publicados esses textos, tanto Leibniz quanto Newton haviam labutado sobre esses temas por anos isoladamente, mas suas publicações quase simultâneas despertaram controvérsias sobre quem teve o mérito pela ideia. O grande matemático Karl Pearson (que encontraremos novamente no capítulo 8) afirmou que a reputação dos matemáticos "se mantém para a posteridade, em grande parte, não pelo que fizeram, e sim pelo que seus contemporâneos lhes atribuíram".[11] Newton e Leibniz talvez concordassem com isso. De qualquer forma, nenhum dos dois fugia de uma boa briga, e a que se seguiu foi notoriamente amarga. Na época, o resultado foi misto. Os alemães e os suíços aprenderam cálculo a partir do trabalho de Leibniz; já os ingleses e muitos dos franceses, a partir do de Newton. Do ponto de vista moderno, há pouquíssimas diferenças entre os dois; porém, a longo prazo, a contribuição de Newton costuma ser mais enfatizada, pois ele parece ter realmente pensado na ideia primeiro, e porque, no *Principia*, utilizou sua invenção para criar a física moderna, o que faz dessa obra provavelmente o maior livro científico já escrito. Leibniz, porém, criara uma notação melhor, e seus símbolos costumam ser utilizados no cálculo atual.

Nenhuma das duas publicações era muito fácil de acompanhar. Além de ser um dos maiores livros da história da ciência, o *Principia* de Newton também foi chamado de "um dos livros mais inacessíveis já escritos".[12] E segundo um dos biógrafos de Jakob Bernoulli, "ninguém entendia" o trabalho de Leibniz; além de ser confuso, estava cheio de erros de impressão. O irmão de Jakob, Johann, chamou-o de "um enigma, mais que uma explicação".[13] De fato, as duas obras eram tão incompreensíveis que alguns acadêmicos chegaram a especular que os autores talvez houvessem tornado seus trabalhos intencionalmente difíceis de entender, de modo a evitar a intromissão de amadores. Essa qualidade enigmática, porém, era uma vantagem para Jakob Bernoulli, pois isso realmente separava o joio do trigo, e seu intelecto caía na segunda categoria. Assim, após decifrar as ideias de Leibniz, ele adquiriu uma arma só possuída por umas poucas pessoas no mundo inteiro, e com ela poderia facilmente resolver problemas excessivamente difíceis para os demais.

Os conceitos fundamentais para o cálculo e para o trabalho de Bernoulli eram os de sequência, série e limite. Para o matemático, o termo *sequência* significa essencialmente o mesmo que para todo mundo: uma sucessão ordenada de elementos, como pontos ou números. Uma série é simplesmente a soma de uma sequência de números. E, em termos gerais, se os elementos de uma sequência parecem estar se encaminhando a algum lugar – em direção a um ponto final, ou a um número específico –, isso é então chamado de limite da sequência.

Embora o cálculo represente uma maneira mais sofisticada de compreender as sequências, essa ideia, como muitas outras, já era conhecida pelos gregos. De fato, no século V a.C., o filósofo Zenão empregou uma sequência curiosa para formular um paradoxo debatido ainda hoje entre estudantes universitários de filosofia, especialmente depois de algumas cervejas. O paradoxo de Zenão é formulado da seguinte maneira: suponha que uma aluna deseja caminhar até a porta, que está a 1 metro de distância (escolhemos 1 metro por conveniência, mas o mesmo argumento se aplica a qualquer outra medida). Antes de chegar à porta, ela deve chegar ao meio do caminho. Mas para chegar ao meio do caminho, ela deve chegar ao meio do caminho do meio do caminho – ou seja, a um quarto do caminho. E assim por diante, *ad infinitum*. Em outras palavras, para chegar ao seu destino, ela deve viajar por esta sequência de distâncias: $\frac{1}{2}$ metro, $\frac{1}{4}$ metro, $\frac{1}{8}$ metro, $\frac{1}{16}$ metro e assim por diante. Zenão argumentou que, como a sequência continua para sempre, a aluna terá que cruzar um número *infinito* de distâncias *finitas*. Isso, afirmou Zenão, deve levar uma quantidade de tempo infinita. A conclusão de Zenão: nunca podemos chegar a parte alguma.

Ao longo dos séculos, muitos filósofos debateram esse dilema, de Aristóteles a Kant. Diógenes o Cínico adotou a abordagem empírica: simplesmente deu alguns passos e comentou que as pessoas de fato se moviam. Para os que, como eu, não são estudantes de filosofia, isso talvez soe como uma boa resposta. Mas não teria impressionado Zenão. Ele estava ciente do conflito entre sua prova lógica e as informações de seus sentidos; a questão é que, ao contrário de Diógenes, Zenão confiava essencialmente na lógica. E seu argumento era relevante. Mesmo Diógenes teria que admitir que sua resposta nos deixa com um problema intrigante (e, de fato, profundo): se o que nos chega pelos sentidos está correto, o que há de errado com a lógica de Zenão?

Considere a sequência de distâncias no paradoxo: $\frac{1}{2}$ metro, $\frac{1}{4}$ metro, $\frac{1}{8}$ metro, $\frac{1}{16}$ metro e assim por diante (os acréscimos se tornam cada vez menores). Essa sequência tem um número infinito de termos, portanto não podemos computar o resultado simplesmente somando todos os termos. Porém, podemos notar que, embora o número de termos seja infinito, tais termos se tornam sucessivamente menores. Poderia haver um equilíbrio entre a sequência infinita de termos e seu tamanho infinitamente menor? Esse é exatamente o tipo de pergunta que podemos enfrentar utilizando os conceitos de sequência, série e limite. Para ver como o processo funciona, em vez de tentarmos calcular a que distância a aluna chegará após cruzar toda a infinidade de intervalos de Zenão, vamos tomar um intervalo por vez. Eis as distâncias da aluna após os primeiros intervalos:

Após o primeiro intervalo: $\frac{1}{2}$ metro
Após o segundo intervalo: $\frac{1}{2}$ metro + $\frac{1}{4}$ metro = $\frac{3}{4}$ metro
Após o terceiro intervalo: $\frac{1}{2}$ metro +$\frac{1}{4}$ metro + $\frac{1}{8}$ metro = $\frac{7}{8}$ metro
Após o quarto intervalo: $\frac{1}{2}$ metro + $\frac{1}{4}$ metro + $\frac{1}{8}$ metro + $\frac{1}{16}$ metro = $\frac{15}{16}$ metro

Há um padrão nesses números: $\frac{1}{2}$ metro, $\frac{3}{4}$ metro, $\frac{7}{8}$ metro, $\frac{15}{16}$ metro... O denominador é uma potência de dois, e o numerador é uma unidade a menos que o denominador. A partir desse padrão, podemos adivinhar que, após 10 intervalos, a aluna teria caminhado $^{1.023}/_{1.024}$ metro, após 20 intervalos, $^{1.048.575}/_{1.048.576}$ metro e assim por diante. O padrão deixa claro que Zenão está correto na ideia de que, quanto mais intervalos incluímos, maior será a soma das distâncias obtida. Mas está errado ao dizer que a soma se encaminha ao infinito. Pelo contrário, os números parecem estar se aproximando de 1; ou, como diria um matemático, 1 metro é o limite dessa sequência de distâncias. Isso faz sentido, pois, embora Zenão tenha entrecortado a caminhada da aluna num número infinito de intervalos, ela tinha, afinal de contas, se disposto a caminhar apenas 1 metro.

O paradoxo de Zenão está ligado à quantidade de tempo necessária para completar a jornada, e não à distância percorrida. Se a aluna fosse forçada a dar um passo para cobrir cada um dos intervalos de Zenão, certamente teria algum problema com o tempo (sem falar na dificuldade de dar passos submilimétricos)! Porém, se ela puder avançar numa velocidade constante sem parar nos pontos de controle imaginários de Zenão – e por que não? –, então o tempo necessário para cobrir cada intervalo de Zenão será proporcional à distância percorrida nesse intervalo; portanto, como a distância total é finita, o tempo total também será. E felizmente para todos nós, o movimento é possível, afinal de contas.

Embora o conceito moderno de limite não tenha sido desvendado até muito depois da morte de Zenão, e até mesmo de Bernoulli – surgiu no século XIX –[14] esse é o conceito que alimenta o espírito do cálculo, e foi com esse espírito que Jakob Bernoulli atacou a relação entre as probabilidades e a observação. Bernoulli pesquisou em particular o que ocorre no limite de um número arbitrariamente grande de observações repetidas. Se jogarmos uma moeda (não viciada) 10 vezes, talvez observemos 7 caras, mas se a jogarmos 1 zilhão de vezes, é muito provável que as caras constituam cerca de 50% dos resultados. Nos anos 1940, um matemático sul-africano chamado John Kerrich decidiu testar esse conceito em um experimento prático, jogando uma moeda no que deve ter parecido 1 zilhão de vezes – na verdade, foram 10 mil – e registrando os resultados.[15] Poderíamos pensar que Kerrich talvez tivesse coisas melhores a fazer, mas ele foi um pioneiro de sua época, tendo tido o azar de estar visitando Copenhague no momento em que os alemães invadiram a Dinamarca, em abril de 1940. Segundo os dados de Kerrich, após 100 jogadas ele tinha apenas 44% de caras, mas ao chegar às 10 mil, o número já se aproximava bem mais da metade: 50,67%. Como quantificar esse fenômeno? A resposta a essa pergunta foi a grande realização de Bernoulli.

Segundo Ian Hacking, historiador e filósofo da ciência, o trabalho de Bernoulli "veio a público trazendo um presságio brilhante de tudo o que sabemos atualmente sobre ele: sua profundidade matemática, suas ilimitadas aplicações práticas, sua dualidade inquieta e seu constante convite à filosofia. A probabilidade desabrochava plenamente." Nas palavras mais modestas de Bernoulli, seu estudo demonstrou ser "inovador, além de ter … grande utilidade". Também foi um esforço, escreveu Bernoulli, de "grave dificuldade".[16] Ele trabalhou no tema por 20 anos.

JAKOB BERNOULLI CHAMOU o ponto alto de suas duas décadas de esforços de "Teorema Áureo". As versões mais modernas do teorema, que diferem em nuances técnicas, possuem nomes variados: Teorema de Bernoulli, Lei dos Grandes Números e Lei Fraca dos Grandes Números. A expressão *Lei dos Grandes Números* é empregada porque, como dissemos, o Teorema de Bernoulli trata de como os resultados refletem as probabilidades subjacentes quando fazemos um grande número de observações. Porém, vamos nos ater à terminologia de seu criador e chamá-lo de Teorema Áureo, pois iremos discuti-lo em sua forma original.[17]

Embora Bernoulli estivesse interessado em aplicações no mundo real, alguns de seus exemplos preferidos tratavam de um item não encontrado na maioria dos lares: uma urna cheia de pedrinhas coloridas. Numa situação, ele vislumbrou uma urna contendo 3 mil pedrinhas brancas e 2 mil pretas, uma razão de 60% de brancas contra 40% de pretas. Nesse exemplo, retiramos cegamente uma série de pedrinhas da urna, "com reposição" – isto é, repondo cada pedrinha antes de retirar a seguinte, para não alterar a proporção de 3:2. A probabilidade *a priori* de tirarmos uma pedrinha branca é de ³⁄₅, ou 60%, e assim, nesse exemplo, a pergunta central de Bernoulli é: com que precisão devemos esperar que a proporção de pedrinhas brancas retiradas se aproxime de 60%, e com qual probabilidade?

O exemplo da urna é muito bom, pois podemos empregar a mesma matemática que descreve o sorteio de pedrinhas para descrever qualquer série de testes na qual cada teste tenha dois resultados possíveis, desde que tais resultados sejam aleatórios e que os testes sejam independentes entre si. Hoje em dia, tais testes são chamados provas de Bernoulli, e uma série de provas de Bernoulli é um processo de Bernoulli. Quando um teste aleatório tem dois resultados possíveis, um deles é muitas vezes chamado arbitrariamente de "sucesso" e o outro de "fracasso". Os rótulos não precisam ser literais, e às vezes não têm nenhuma relação com o significado cotidiano das palavras – digamos, se você não consegue parar de ler este livro, ele é um sucesso, mas se você o estiver usando para se aquecer porque a lenha acabou, é um fracasso. Jogar uma moeda, votar no candidato A ou no candidato B, ter um filho ou uma filha, comprar ou não um produto, ser ou não curado, até mesmo morrer ou viver são exemplos de provas de Bernoulli. Ações que possuem múltiplos resultados também podem ser tratadas como provas de Bernoulli, se a pergunta que fizermos puder ser formulada de modo a ter um sim ou um não como resposta, do tipo "o dado caiu no número 4?" ou "resta algum gelo no Polo Norte?". Assim, embora Bernoulli tenha escrito sobre pedrinhas e urnas, todos os seus exemplos se aplicam igualmente a essas situações, e a muitas outras análogas a elas.

Com esse entendimento, voltemos à urna, na qual há 60% de pedrinhas brancas. Se retirarmos 100 pedrinhas da urna (com reposição), talvez vejamos que exatamente 60 delas são brancas, mas também poderíamos tirar apenas 50 pedrinhas brancas, ou 59. Qual é a chance de tirarmos entre 58 e 62% de pedrinhas brancas? Qual é a chance de tirarmos entre 59 e 61%? Que confiança adicional podemos adquirir se, em vez de tirar 100 pedrinhas, tirarmos mil, ou um milhão? Jamais poderemos ter 100% de certeza, mas será que podemos continuar tirando pedrinhas até termos 99,999% de certeza de que tiraremos, digamos, entre 59,9 e 60,1% de pedrinhas brancas? O Teorema Áureo trata de questões como essas.

Para aplicá-lo, devemos fazer duas escolhas. Em primeiro lugar, especificamos nossa tolerância ao erro. O quão próximo da proporção subjacente de 60% exigimos que nossa série de provas chegue? Precisamos escolher um intervalo, como mais ou menos 1%, ou 2%, ou 0,00001%. Em segundo lugar, especificamos nossa tolerância à incerteza. Jamais poderemos ter 100% de certeza de que uma prova gerará o resultado esperado, mas podemos nos assegurar de que obteremos um resultado satisfatório em 99 de cada 100 vezes, ou em 999 de cada mil.

O Teorema Áureo nos diz que é sempre possível tirar um número suficiente de pedrinhas a ponto de termos quase certeza de que a porcentagem de brancas retiradas será próxima de 60%, por mais exigentes que sejamos em nossa definição pessoal de *quase certeza* e *próxima*. Além disso, fornece uma fórmula numérica para calcularmos o número de provas "suficientes", dadas tais definições.

A primeira parte da lei foi um triunfo conceitual, e a única que sobreviveu nas versões modernas do teorema. Com relação à segunda parte – a fórmula de Bernoulli –, é importante entender que, embora o Teorema Áureo especifique um número de provas suficiente para encontrarmos nossos objetivos de confiança e precisão, ele não afirma que não poderíamos atingir os mesmos objetivos com menos provas. Isso não afeta a primeira parte do teorema, para a qual basta apenas sabermos que o número especificado de testes é finito. Porém, Bernoulli também queria dar uso prático ao número gerado por sua fórmula. Infelizmente, isso não é possível na maior parte das aplicações práticas. Eis um exemplo numérico resolvido pelo próprio Bernoulli, embora eu tenha alterado o contexto: suponhamos que 60% dos eleitores de Basileia apoiem o prefeito. Quantas pessoas devemos entrevistar para termos 99,9% de certeza de que encontraremos um apoio ao prefeito situado entre 58 e 62% – ou seja, para que a precisão do resultado se mantenha dentro de uma faixa de mais ou menos 2%? (Temos que presumir, para sermos coerentes com Bernoulli, que os entrevistados foram escolhidos ao acaso, mas com reposição. Em outras palavras, podemos entrevistar mais de uma vez a mesma pessoa.) A resposta é 25.550, o que, na época de Bernoulli, representava praticamente toda a população de Basileia. Bernoulli sabia que esse número apresentava pouca utilidade prática. Também sabia que apostadores experientes eram capazes de adivinhar intuitivamente sua chance de vencer num jogo com base numa amostragem muito menor que alguns milhares de provas.

Um dos motivos pelos quais a estimativa numérica de Bernoulli se afastou muito do ideal foi o fato de sua prova se basear em muitas aproximações. Outro motivo foi a escolha de 99,9% como o padrão de certeza – isto é, ele exigia obter a resposta errada (uma resposta que diferisse da verdadeira em mais de

2%) menos de 1 vez a cada mil. É um padrão muito exigente. Bernoulli o chamou de certeza moral, ou seja, era o grau de certeza que, para ele, uma pessoa razoável exigiria para poder tomar uma decisão racional. O fato de que tenhamos atualmente abandonado a noção de certeza moral em favor da que encontramos no capítulo passado, a relevância estatística, segundo a qual nossa resposta estará errada menos de 1 vez a cada 20, talvez seja um sinal de o quanto os tempos mudaram.

Com métodos matemáticos atuais, os estatísticos demonstraram que, numa pesquisa como a que descrevi, podemos atingir um resultado estatisticamente significativo com uma precisão de mais ou menos 5% se entrevistarmos apenas 370 pessoas. Se entrevistarmos mil, teremos uma probabilidade de 90% de nos aproximarmos a menos de 2% do resultado real (60% de aprovação para o prefeito de Basileia). Ainda assim, apesar de suas limitações, o Teorema Áureo foi um marco por haver demonstrado, ao menos em princípio, que uma amostra suficientemente grande refletiria quase com certeza a composição subjacente da população testada.

NA VIDA REAL, não costumamos observar o desempenho de alguém, ou de alguma coisa, ao longo de milhares de provas. Assim, enquanto Bernoulli exigia um padrão de certeza excessivamente estrito, nas situações da vida real costumamos cometer o erro oposto: presumimos que uma amostra ou série de provas é representativa da situação subjacente, quando, na verdade, a série é pequena demais para ser confiável. Por exemplo, se entrevistássemos exatamente 5 habitantes de Basileia no tempo de Bernoulli, um cálculo como os que discutimos no capítulo 4 nos mostra que só existe uma chance de ⅓ de que, segundo o resultado da pesquisa, 60% dos entrevistados (3 pessoas) apoiem o prefeito.

Apenas ⅓? A verdadeira porcentagem de pessoas que apoiam o prefeito não deveria ser o resultado *mais provável* quando entrevistamos uma amostra de eleitores? De fato, ⅓ *é* o resultado mais provável: as chances de encontrarmos 0, 1, 2, 4 ou 5 pessoas apoiando o prefeito são mais baixas que a de encontrarmos 3. Ainda assim, é pouco provável que encontremos 3: como existem tantas possibilidades não representativas, suas probabilidades combinadas totalizam o dobro da probabilidade de que a pesquisa realmente reflita a opinião da população. Portanto, numa pesquisa com 5 eleitores, em 2 de cada 3 vezes vamos observar a porcentagem "errada". De fato, em aproximadamente 1 de cada 10 vezes veremos que todos os eleitores entrevistados concordam quanto a gostar ou não do prefeito. E assim, se prestarmos atenção ao resultado de uma amostra de 5 entrevistados, provavelmente super ou subestimaremos a verdadeira popularidade do prefeito.

A concepção – ou intuição – equivocada de que uma amostra pequena reflete precisamente as probabilidades subjacentes é tão disseminada que Kahneman e Tversky lhe deram um nome: a Lei dos Pequenos Números.[18] Na verdade, não se trata realmente de uma lei. É um nome sarcástico para descrever a tentativa equivocada de aplicarmos a Lei dos Grandes Números quando os números não são grandes.

Se as pessoas aplicassem a (falsa) Lei dos Pequenos Números apenas a urnas, ela não teria muito impacto; porém, como dissemos, muitos acontecimentos da vida são processos de Bernoulli, e nossa intuição muitas vezes nos leva a interpretar erroneamente o que observamos. É por isso que, como descrevi no capítulo 1, quando as pessoas observam uns poucos anos bem ou malsucedidos dos Sherry Langsings e Mark Cantons do mundo, presumem que seu desempenho passado permitirá prever precisamente o desempenho futuro.

Vamos aplicar essas ideias a um exemplo que mencionei rapidamente no capítulo 4: a situação na qual duas empresas competem frente a frente, ou dois funcionários competem dentro de uma companhia. Pense agora nos diretores-gerais de empresas incluídos na Fortune 500, a lista das 500 pessoas mais ricas do mundo publicada pela revista *Fortune*. Vamos presumir que, com base em seus conhecimentos e habilidades, cada diretor-geral tenha uma certa probabilidade de sucesso a cada ano (seja lá como sua companhia defina isso). Para simplificar as coisas, partamos do pressuposto de que os anos de sucesso desses diretores-gerais ocorrem com frequências iguais às das pedrinhas brancas ou dos que apoiam o prefeito: 60% (o sentido do argumento não se altera se o número verdadeiro for um pouco mais alto ou mais baixo). Isso significa que devemos esperar, num certo período de 5 anos, que um diretor-geral tenha exatamente 3 anos de sucesso?

Não. Como demonstrado na análise anterior, mesmo que tais diretores tenham taxas de sucesso perfeitamente fixas em 60%, a probabilidade de que, num certo período de 5 anos, a performance de um deles reflita a taxa subjacente é de apenas ⅓! Traduzindo essa informação para a Fortune 500, isso significa que, nos últimos 5 anos, cerca de 333 dos diretores-gerais ali citados teriam apresentado um desempenho que não reflete sua verdadeira capacidade. Além disso, devemos esperar que cerca de 1 em cada 10 diretores tenha tido 5 anos consecutivos de sucesso ou fracasso em virtude exclusivamente do acaso. O que aprendemos com isso? Que é mais confiável julgarmos as pessoas analisando suas habilidades, em vez de apenas olhando para o placar. Ou, nas palavras de Bernoulli: "Não deveríamos avaliar as ações humanas com base nos resultados."[19]

É necessária uma grande personalidade para ir contra a Lei dos Pequenos Números. Afinal, qualquer um é capaz de apontar relaxadamente para o último da lista como forma de justificar suas críticas, mas precisamos ter confiança, inteligência, discernimento e, bem, coragem para avaliar o verdadeiro conhecimento e habilidade de uma pessoa. Não podemos simplesmente nos levantar no meio de uma reunião com colegas e dizer: "Não a demitam. Ela só estava no lado errado de uma série de Bernoulli." Também teremos pouca chance de convencer os outros se nos levantarmos e dissermos ao camarada arrogante que acabou de vender mais automóveis que qualquer outra pessoa na história da concessionária: "Foi só uma flutuação aleatória." De fato, isso raramente acontece. Os anos de sucesso dos executivos são atribuídos a seu talento, explicado retroativamente como um ato de perspicácia incisiva. E quando as pessoas não se saem bem, frequentemente presumimos que o fracasso reflete com precisão a proporção com a qual seus talentos e habilidades preenchem a urna.

Outra noção equivocada ligada à Lei dos Grandes Números é a ideia de que um evento tem mais ou menos probabilidade de ocorrer porque já aconteceu ou não recentemente. A ideia de que a chance de ocorrência de um evento com probabilidade fixa aumenta ou diminui dependendo de ocorrências recentes é chamada falácia do jogador. Por exemplo, se Kerrich tirasse, digamos, 44 caras nas primeiras 100 jogadas, a moeda não passaria a favorecer as coroas para desfazer a diferença! Isso não acontece. Uma boa sequência não traz azar, e uma sequência ruim, infelizmente, não significa que a sorte vai melhorar. Ainda assim, a falácia do jogador afeta mais pessoas do que poderíamos imaginar, ainda que num nível inconsciente. As pessoas esperam que o azar seja seguido pela sorte, ou se preocupam pensando que coisas boas serão seguidas por ruins.

Lembro-me de, num cruzeiro que fiz alguns anos atrás, observar um homem gorducho e suado que enfiava freneticamente seus dólares num caça-níqueis, o mais rápido que conseguia. Sua companheira, notando que eu os observava, afirmou, simplesmente: "Chegou a vez dele." Embora eu tenha sido tentado a comentar que *não, não chegou a vez dele*, apenas segui meu caminho. Depois de alguns passos tive que me deter, pois as luzes começaram a piscar, ouviu-se um alarme, os gritos do casal e, durante o que pareceram alguns minutos, o som de uma rápida correnteza de moedas saltando da máquina. Hoje sei que um caça-níqueis moderno é computadorizado, que seus prêmios são gerados por um gerador de números aleatórios que, por lei, deve gerar, como anunciado, números aleatórios, fazendo com que cada puxar da manivela seja completamente independente do histórico de tentativas anteriores. Ainda assim... Bem, digamos que a falácia do jogador é uma ilusão poderosa.

O MANUSCRITO NO QUAL Bernoulli apresentou seu Teorema Áureo termina abruptamente, embora ele prometa, mais ao início do trabalho, apresentar aplicações para várias questões ligadas às atividades civis e econômicas. É como se "Bernoulli houvesse literalmente desistido ao se deparar com o número 25.550", escreveu o historiador da estatística Stephen Stigler.[20] Na verdade, Bernoulli estava perto de publicar o manuscrito quando morreu "de uma febre lenta" em agosto de 1705, aos 50 anos. Seus editores pediram a Johann Bernoulli que o terminasse, mas ele se recusou a fazê-lo, dizendo estar muito ocupado. Isso pode parecer estranho, mas os Bernoulli eram uma família estranha. Se nos perguntassem qual foi o matemático mais desagradável que já viveu, um bom palpite seria Johann Bernoulli. Ele já foi descrito, em diferentes textos históricos, como invejoso, vaidoso, irritadiço, teimoso, mal-humorado, prepotente, desonesto e compulsivamente mentiroso. Teve muitas realizações na matemática, mas também é famoso por ter feito com que seu filho Daniel fosse expulso da Académie des Sciences depois de ganhar um prêmio ao qual ele próprio, Johann, havia competido; por tentar roubar as ideias de seu irmão e de Leibniz; e por plagiar o livro de Daniel sobre hidrodinâmica e depois falsificar a data de publicação, dando a impressão de que seu livro teria surgido primeiro.

Quando lhe pediram que terminasse o manuscrito do irmão falecido, Johann acabava de voltar a Basileia, vindo da Universidade de Groningen, na Holanda, obtendo um cargo não como matemático, e sim como professor de grego. Jakob considerou suspeita essa mudança de carreira, especialmente porque, em sua avaliação, Johann não sabia grego. Escreveu a Leibniz, dizendo suspeitar que o irmão havia voltado a Basileia para usurpar seu cargo. E realmente, após a morte de Jakob, Johann o obteve.

Johann e Jakob não se entenderam muito bem pela maior parte de suas vidas adultas. Trocavam insultos regularmente nas publicações matemáticas e em cartas que, como escreveu um matemático, "estão repletas de uma linguagem pesada, em geral reservada aos ladrões de cavalos".[21] Assim, quando surgiu a necessidade de editar o manuscrito póstumo de Jakob, a tarefa desceu pela cadeia alimentar, chegando a Nikolaus, sobrinho de Jakob, filho de um outro irmão Bernoulli, também chamado Nikolaus. O jovem Nikolaus tinha apenas 18 anos na época, mas fora um dos pupilos de Jakob. Infelizmente, não se sentiu preparado para enfrentar a tarefa. É possível que, em parte, por estar ciente da oposição de Leibniz às ideias do tio sobre as aplicações da teoria. O manuscrito continuou esquecido por oito anos. O livro foi finalmente publicado em 1713 sob o título *Ars conjectandi*, ou *A arte da conjectura*. Assim como *Pensées*, de Pascal, é editado ainda hoje.

Jakob Bernoulli mostrou que, por meio da análise matemática, poderíamos entender de que maneira as probabilidades internas ocultas, subjacentes aos sistemas naturais, se refletiam nos dados produzidos por tais sistemas. Quanto à pergunta que Bernoulli não respondeu – como inferir, a partir dos dados produzidos, a probabilidade subjacente dos acontecimentos –, a resposta só viria várias décadas depois.

6. Falsos positivos e verdadeiras falácias

Nos anos 1970, um professor de psicologia de Harvard tinha um estranho aluno de meia-idade em sua classe. Depois das primeiras aulas, ele se aproximou do professor para explicar por que se matriculara naquele curso.[1] Em minha experiência de ensino, embora eu tenha tido alguns alunos educados que se aproximaram para explicar por que estavam largando o meu curso, nunca vi alunos com necessidade de explicar por que se matricularam. Por isso me sinto à vontade para presumir que, se questionados, eles responderiam: "Porque somos fascinados pela disciplina, e o senhor é um ótimo professor." Mas o estudante em questão tinha outros motivos. Ele disse que precisava de ajuda, porque coisas estranhas estavam acontecendo com ele: sua mulher falava as palavras em que ele estava pensando logo antes que ele pudesse dizê-las, e ela agora havia pedido o divórcio; um colega fizera um comentário casual sobre cortes de pessoal, e dois dias depois ele perdera o emprego. Com o tempo, afirmou, passara por dezenas de situações de má sorte, que considerava serem coincidências perturbadoras.

A princípio, ficou confuso com a situação. Depois, como a maioria de nós faria, formou um modelo mental para reconciliar os fatos com suas crenças sobre o comportamento do mundo. A teoria que engendrou, no entanto, era muito diferente do que ditaria o senso comum: ele estava sendo usado como cobaia de um experimento científico complexo e secreto. Acreditava que o experimento era executado por um grande grupo de conspiradores, liderados pelo famoso psicólogo B.F. Skinner. Também acreditava que, quando o experimento estivesse concluído, ele ficaria famoso e talvez fosse eleito a um alto cargo público. Esse, afirmou, era o motivo pelo qual se matriculara. Queria aprender a testar sua hipótese tendo em vista a quantidade de indícios que já acumulara.

Alguns meses após o término do curso, o aluno pediu para falar novamente com o professor. O experimento ainda estava em curso, contou, e ele estava agora processando seu velho empregador, que dizia ter um psiquiatra disposto a testemunhar que o estudante sofria de paranoia.

Um dos delírios paranoicos citados pelo psiquiatra do ex-empregador foi o aluno ter inventado um pastor fictício do século XVIII. O psiquiatra ridicularizou particularmente a afirmação do estudante de que o pastor era um matemático amador que criara, nas horas vagas, uma bizarra teoria da probabilidade. O nome do pastor era Thomas Bayes, dizia o estudante. Segundo ele, a teoria de Bayes descrevia a forma de avaliar as probabilidades de ocorrência de um evento se algum outro evento também houvesse ocorrido. Qual é a probabilidade de que um aluno em particular seja usado como cobaia numa ampla conspiração secreta de psicólogos experimentais? Certamente não é muito grande. Mas e se a mulher do estudante houvesse lido seus pensamentos antes que ele conseguisse pronunciar as palavras *e* seus colegas houvessem previsto seu futuro profissional enquanto tomavam drinques numa conversa casual? Segundo o aluno, a teoria de Bayes mostrava que poderíamos alterar nossa estimativa inicial com base nas novas informações. E apresentou à corte uma parafernália de fórmulas e cálculos ligados à hipótese, concluindo que, com as informações adicionais, havia uma probabilidade de 999.999/1 milhão de que ele estivesse certo quanto à conspiração. O psiquiatra inimigo alegou que o pastor matemático e sua teoria eram frutos da imaginação esquizofrênica do aluno.

O estudante pediu então ao professor que o ajudasse a refutar a declaração do psiquiatra. O professor concordou. Teve bom motivo para isso, pois Thomas Bayes, nascido em Londres em 1701, realmente foi um pastor na paróquia de Tunbridge Wells. Morreu em 1761 e foi enterrado em um parque londrino chamado Bunhill Fields, no mesmo sepulcro de seu pai, Joshua, também pastor. E realmente inventou uma teoria de "probabilidade condicional" para mostrar como a teoria da probabilidade poderia lidar não só com eventos independentes, mas também com eventos cujos resultados estão conectados. Por exemplo, a probabilidade de que uma pessoa escolhida aleatoriamente tenha problemas psiquiátricos e a probabilidade de que uma pessoa aleatória acredite que sua esposa consegue ler sua mente são muito baixas, mas a probabilidade de que uma pessoa tenha problemas psiquiátricos *se* acreditar que a esposa consegue ler sua mente é muito mais alta, assim como a probabilidade de que uma pessoa acredite que a esposa consegue ler sua mente *se* tiver problemas psiquiátricos. Como se relacionam todas essas probabilidades? Essa pergunta é o tema da probabilidade condicional.

O professor deu um depoimento explicando a existência de Bayes e de sua teoria, embora não apoiasse os cálculos específicos e dúbios que, segundo o estudante, provavam sua sanidade. A parte triste da história não é apenas a pessoa esquizofrênica de meia-idade, como também a equipe médica e jurídica do outro lado. É uma pena que algumas pessoas sofram de esquizofrenia; o lamentável é que, embora certos medicamentos possam auxiliar no controle da doença, não podem deter a ignorância. E a ignorância em relação às ideias de Thomas Bayes, como veremos, se encontra no cerne de muitos erros graves nos diagnósticos médicos e nos processos judiciais. É uma ignorância raramente remediada durante os estudos de um médico ou advogado.

Todos nós fazemos julgamentos bayesianos. Um filme nos conta a história de um advogado que tem excelente emprego, uma mulher encantadora e uma família maravilhosa. Ele ama a mulher e a filha, mas ainda sente que falta algo em sua vida. Certa noite, ao voltar de trem para casa, vê uma mulher bonita parada ante a janela de uma escola de dança, olhando para fora com uma expressão pensativa. Ele a vê novamente na noite seguinte, e na outra também. O trem passa pela escola todas as noites, e ele se vê cada vez mais encantado pela moça. Numa noite, ele finalmente sai do trem, impulsivo, e se inscreve em aulas de dança, na esperança de conhecer a mulher. Ele descobre que, quando a imagem longínqua da mulher se transforma em encontros frente a frente, não se vê mais assolado pela atração que sentia por ela. Ainda assim, acaba por se apaixonar, não pela moça, e sim pela dança.

Ele esconde sua nova obsessão da família e dos colegas, inventando desculpas para passar cada vez mais noites longe de casa. A mulher acaba por descobrir que o marido não está trabalhando até tão tarde, como afirma. Ela calcula que a chance de que ele esteja mentindo em relação às atividades que realiza após o trabalho é muito maior se ele estiver tendo um caso com outra mulher do que se não estiver, e assim conclui que ele está tendo um caso. Mas a esposa se confundiu, não só em sua conclusão, mas também em seu raciocínio: confundiu a probabilidade de que o marido mentisse se estivesse tendo um caso com a probabilidade de que ele estivesse tendo um caso se mentisse.*

É um erro comum. Digamos que meu chefe está levando mais tempo que o habitual para responder a meus e-mails. Muitas pessoas veriam isso como um sinal de que minha reputação na empresa está caindo, porque, *se* minha reputação estiver caindo,

---

* O filme citado é o japonês *Shall We Dansu*, de Masayuki Suo (1996), ou sua refilmagem americana, *Dança comigo?* (2004), de Peter Chelsom. Os dois são feitos a partir do mesmo roteiro, do diretor do primeiro, e narram exatamente a mesma história. (N.T.)

há uma grande chance de que meu chefe passe a demorar mais a responder meus e-mails. Porém, meu chefe pode estar levando mais tempo para responder por estar excepcionalmente ocupado, ou porque a mãe dele está doente. E assim, a chance de que minha reputação esteja caindo *se* ele estiver levando mais tempo para responder é muito mais baixa que a chance de que ele responda mais devagar *se* minha reputação estiver caindo. A força de muitas teorias conspiratórias depende da incompreensão dessa lógica. Ou seja, depende da confusão entre a probabilidade de que uma série de eventos ocorra *se* forem o produto de uma grande conspiração e a probabilidade de que exista uma grande conspiração *se* ocorrer uma série de eventos.

A Teoria de Bayes trata essencialmente do que ocorre com a probabilidade de ocorrência de um evento *se* outros eventos ocorrerem, ou *dado que* ocorram. Para entender detalhadamente como isso funciona, vamos voltar nossa atenção a outro problema, relacionado ao das duas filhas, que encontramos no capítulo 3. Suponhamos que um primo distante tem dois filhos. Lembre-se de que, no problema das duas filhas, sabemos que um dos bebês, ou ambos, é menina, e estamos tentando lembrar qual das duas opções é válida – uma filha ou duas? Numa família com duas crianças, qual é a probabilidade de que, se uma delas for menina, ambas sejam meninas? No capítulo 3, não discutimos a questão nesses termos, mas o *se* faz com que esse seja um problema de probabilidade condicional. Se a conjunção condicional não estivesse presente, a probabilidade de que ambos os bebês fossem meninas seria de ¼, com as seguintes ordens possíveis de nascimento: (menino, menino), (menino, menina), (menina, menino), (menina, menina). Porém, dada a informação adicional de que a família tem uma menina, a probabilidade passa a ser de ⅓. Isso ocorre porque, se um dos bebês for menina, só restam 3 situações possíveis para a família – (menino, menina),

(menina, menino), (menina, menina) – e exatamente 1 das 3 opções corresponde ao resultado de que ambas são meninas. Esse é provavelmente o modo mais simples de enxergarmos as ideias de Bayes – é só uma questão de contagem. Em primeiro lugar, anotamos o espaço amostral – ou seja, uma lista com todas as possibilidades – juntamente com suas probabilidades individuais, se não forem todas iguais (essa é realmente uma boa ideia ao analisarmos qualquer questão confusa ligada à probabilidade). A seguir, riscamos as probabilidades eliminadas pela condição (neste caso, "ao menos uma menina"). O que resta são as possibilidades restantes e suas probabilidades relativas.

Tudo isso pode parecer óbvio. Você poderia pensar, presunçoso, que desvendou o problema sem precisar da ajuda do nosso querido reverendo Bayes, jurando na próxima vez levar consigo um outro livro para a banheira. Portanto, antes de seguirmos em frente, vamos tentar uma pequena variação do problema das duas filhas, cuja resolução pode ser um pouco mais chocante.[2]

A variante é a seguinte: numa família com duas crianças, qual é a probabilidade, se uma delas for uma menina chamada Flórida, de que ambas sejam meninas? Sim, eu disse uma menina chamada Flórida. O nome pode parecer aleatório, mas não é, pois, além de ser o nome de um estado americano famoso por imigrantes cubanos, plantações de laranjas e idosos que trocaram suas amplas casas ao norte pela alegria das palmeiras e das sessões de bingo, trata-se de um nome real. De fato, nos primeiros 30 anos do século passado, esteve entre os mil nomes femininos mais comuns nos Estados Unidos. Eu o escolhi cuidadosamente, pois parte do enigma é a pergunta: o que há no nome Flórida, se é que há alguma coisa, capaz de afetar a probabilidade? Porém, estou avançando com muita pressa. Antes de continuarmos, por favor considere a seguinte pergunta: no problema da menina chamada Flórida, a probabilidade de que a família tenha duas meninas ainda é de ⅓ (como no problema das duas filhas)?

Vou mostrar em breve que a resposta a essa pergunta é negativa. O fato de que uma das meninas se chame Flórida altera a probabilidade para ½: não se preocupe se isso for algo difícil de imaginar. A chave para compreender a aleatoriedade e toda a matemática não é ser capaz de intuir imediatamente a resposta para qualquer problema, e sim possuir as ferramentas para encontrar a solução.

Os QUE DUVIDARAM da existência de Bayes estavam certos sobre uma coisa: ele jamais publicou um único artigo científico. Sabemos pouco de sua vida, mas ele provavelmente realizou seu trabalho para satisfação própria, não sentindo muita necessidade de publicá-lo. Nesse aspecto, e em outros, Bayes era o oposto de Jakob Bernoulli. Bernoulli resistiu ao estudo da teologia, enquanto Bayes se dedicou a ele. E Bernoulli buscou a fama, enquanto Bayes não estava interessado nela. Por fim, o Teorema de Bernoulli trata de quantas caras devemos esperar se, digamos, planejarmos jogar muitas vezes uma moeda não viciada, enquanto Bayes investigou o objetivo original de Bernoulli, que era determinar quanta certeza podemos ter de que uma moeda não é viciada após observarmos um certo número de caras.

A teoria pela qual Bayes é famoso hoje em dia veio à luz em 23 de dezembro de 1763, quando outro clérigo e matemático, Richard Price, leu um artigo para a Royal Society, a academia nacional britânica de ciências. O artigo, escrito por Bayes, era intitulado "Um ensaio buscando resolver um problema na doutrina das probabilidades" e foi publicado em 1764 na revista *Philosophical Transactions*, da Royal Society. Bayes, em seu testamento, deixara o artigo para Price, acompanhado de £100. Referindo-se a Price como "alguém que suponho ser um pastor de Newington Green", Bayes morreu quatro meses depois de escrever o testamento.[3]

Apesar da referência casual de Bayes, Richard Price não era apenas um outro pastor obscuro. Era um conhecido defensor da liberdade de religião, amigo de Benjamin Franklin, e fora escolhido por Adam Smith para criticar um esboço de *A riqueza das nações*, além de ser um famoso matemático. Também tem o mérito de haver fundado as ciências atuariais, uma área que desenvolveu em 1765, quando três donos de uma companhia de seguros, a Equitable Society, pediram sua ajuda. Seis anos depois desse encontro, ele publicou seu trabalho num livro chamado *Observações sobre pagamentos reversíveis*. Embora o livro tenha sido a bíblia dos atuários até boa parte do século XIX, devido a uma carência de dados e de métodos estimativos, ele parece ter subestimado as expectativas de vida. Como resultado, os preços inflacionados dos seguros enriqueceram seus amigos da Equitable Society. O infeliz governo britânico, por outro lado, baseou os pagamentos de anuidades nas tabelas de Price, e perdeu bastante dinheiro quando os pensionistas não bateram as botas segundo a taxa prevista.

Como já disse, Bayes desenvolveu a probabilidade condicional em uma tentativa de resolver o mesmo problema que inspirou Bernoulli: como podemos inferir a probabilidade subjacente a partir da observação? *Se* um medicamento acabou de curar 45 dos 60 pacientes num estudo clínico, o que isso nos informa sobre a chance de que funcione no próximo paciente? *Se* funcionou para 600 mil dentre 1 milhão de pacientes, está bastante claro que sua chance de funcionar é próxima de 60%. Porém, que conclusões podemos tirar a partir de estudos menores? Bayes também levantou outra questão: se, antes do estudo, tivermos motivos para acreditar que o medicamento só tem 50% de eficácia, quanto peso devemos dar aos novos dados em avaliações futuras? A maior parte das nossas experiências de vida é assim:

observamos uma amostra relativamente pequena de resultados, a partir da qual inferimos informações e fazemos julgamentos sobre as qualidades que geraram tais resultados. Como devemos fazer tais inferências?

Bayes abordou o problema por meio de uma metáfora.[4] Imagine que tenhamos uma mesa quadrada e duas bolas. Fazemos rolar a primeira bola pela mesa de modo que ela tenha igual probabilidade de parar em qualquer ponto. Nossa tarefa é determinar, sem olhar, em que ponto do eixo direita-esquerda a bola parou. Nossa ferramenta é a segunda bola, que podemos jogar repetidamente pela mesa da mesma forma que a primeira. A cada jogada, um colaborador anota se a bola se deteve à direita ou à esquerda do lugar onde parou a primeira. Ao final, ele nos informa o número total de vezes que a segunda bola se deteve em cada uma das duas localizações gerais. A primeira bola representa o desconhecido sobre o qual tentamos juntar informações, e a segunda representa os dados que conseguimos obter. Se a segunda bola cair consistentemente à direita da primeira, podemos ter bastante certeza de que a primeira se situa bem perto da margem esquerda da mesa. Se cair à direita com menos frequência, podemos ter menos confiança nessa conclusão, ou talvez achemos que a primeira bola está situada mais à direita. Bayes demonstrou de que maneira podemos determinar, com base nos dados fornecidos pela segunda bola, a probabilidade precisa de que a primeira bola esteja em qualquer ponto do eixo direita-esquerda. E demonstrou de que maneira, com base em dados adicionais, devemos rever nossa estimativa inicial. Na terminologia bayesiana, as estimativas iniciais são chamadas probabilidades a priori, e os novos palpites, probabilidades a posteriori.

Bayes concebeu o jogo das duas bolas porque ele representa muitas das decisões que tomamos na vida. No exemplo do medicamento, a posição da primeira bola representa sua verdadeira efetividade, e as informações fornecidas pela segunda bola representam os dados obtidos nos estudos com pacientes. A posição da primeira bola também poderia representar a popularidade de um filme, a qualidade de um produto, a habilidade de um piloto, o esforço, a teimosia, o talento, a capacidade ou qualquer outra coisa que determine o sucesso ou o fracasso de um certo empreendimento. Os dados obtidos com a segunda bola, portanto, representam nossas observações ou os dados que coletamos. A Teoria de Bayes nos mostra como fazer avaliações e como ajustálas quando deparados com novos dados.

Hoje, a análise bayesiana é amplamente empregada na ciência e na indústria. Por exemplo, os modelos utilizados para determinar os preços de seguros de automóveis trazem uma função matemática que descreve, por unidade de tempo de uso do automóvel, a probabilidade individual de que uma pessoa tenha zero, um ou mais acidentes. Consideremos, para o nosso propósito, um modelo simplificado que coloca todas as pessoas em uma destas duas categorias: alto risco, que inclui motoristas com média de ao menos um acidente por ano; e baixo risco, com motoristas com menos de um acidente por ano, em média. Se, ao adquirir o seguro, uma pessoa tiver um histórico de direção no qual não se vê nenhum acidente nos últimos 20 anos, ou um histórico de 37 acidentes em 20 anos, a companhia de seguros saberá muito bem em que categoria incluir a pessoa. Porém, se for um novo motorista, deverá ser classificado como baixo risco (um rapaz que obedece o limite de velocidade e evita beber quando sai com o carro) ou alto risco (um rapaz que acelera pela avenida Central, tomando grandes goles de uma garrafa meio vazia de cidra barata)? Como a companhia não tem nenhum dado sobre a pessoa – nenhuma ideia quanto à "posição da primeira bola" –, talvez determine que a pessoa tem probabilidades a priori iguais de estar em qualquer grupo, ou então utilize o que já sabe sobre a população geral de novos motoristas, imaginando que a chance de que a pessoa se situe no grupo de alto risco seja de, digamos, ⅓. Nesse caso, a empresa consideraria a pessoa um híbrido – ⅓ de alto risco, ⅔ de baixo risco – e lhe cobraria ⅓ do preço cobrado a motoristas de alto risco somado a ⅔ do preço cobrado aos de baixo risco. Mais adiante, após um ano de observações – ou seja, depois que uma das segundas bolas de Bayes já tiver sido jogada –, a empresa poderá utilizar os novos dados para reavaliar seu modelo, ajustando as proporções de ⅓ e ⅔ determinadas anteriormente e recalculando o valor a ser cobrado. Se a pessoa não sofrer nenhum acidente, sua proporção de baixo risco e baixo preço aumentará; se sofrer dois acidentes, diminuirá. O tamanho preciso do ajuste é dado pela Teoria de Bayes. Da mesma maneira, a companhia de seguros pode ajustar periodicamente suas avaliações nos últimos anos, de modo a refletirem o fato de que a pessoa não sofreu acidentes, ou de que bateu 2 vezes ao dirigir na contramão, segurando um telefone celular na mão esquerda e uma rosquinha na direita. É por isso que as companhias de seguros podem dar descontos a "bons motoristas": a ausência de acidentes eleva a probabilidade posterior de que um motorista pertença ao grupo de baixo risco.

Obviamente, muitos dos detalhes da Teoria de Bayes são bastante complexos. Porém, como mencionei ao analisar o problema das duas filhas, a chave de sua abordagem é usar quaisquer novas informações para podar o espaço amostral, ajustando as probabilidades de maneira correspondente. No problema das duas filhas, o espaço amostral é inicialmente formado por (menino, menino), (menino, menina), (menina, menino) e (menina, menina), mas se reduz a (menino, menina), (menina, menino), (menina, menina) *se* soubermos que um dos bebês é menina, o que faz com que a probabilidade de que a família tenha duas meninas se torne igual a ⅓. Vamos aplicar a mesma estratégia simples para ver o que ocorre depois de descobrirmos que uma das crianças é uma menina chamada Flórida.

Nesse problema, a informação trata não apenas do sexo das crianças, mas também, no caso das meninas, do nome. Como nosso espaço amostral original deve ser uma lista de todas as possibilidades, nesse caso trata-se de uma lista de gêneros e nomes. Denotemos "menina chamada Flórida" por menina-F e "menina não chamada Flórida" por menina-NF, e representemos o espaço amostral desta maneira: (menino, menino), (menino, menina-F), (menino, menina-NF), (menina-F, menino), (menina-NF, menino), (menina-NF, menina-F), (menina-F, menina-NF), (menina-NF, menina-NF) e (menina-F, menina-F).

Agora, vamos podar o espaço amostral. Como sabemos que uma das crianças é uma menina chamada Flórida, podemos reduzir o espaço amostral a (menino, menina-F), (menina-F, menino), (menina-NF, menina-F), (menina-F, menina-NF) e (menina-F, menina-F). Isso nos mostra outra diferença entre este problema e o das duas filhas. Aqui, como não é igualmente provável que uma menina se chame ou não Flórida, nem todos os elementos do espaço amostral têm a mesma probabilidade.

Em 1935, o último ano em que a Administração da Seguridade Social dos Estados Unidos apresentou estatísticas sobre esse nome, cerca de 1 em cada 30 mil meninas era batizada de Flórida.[5] Como o nome tem sido cada vez menos utilizado, para avançar com a análise, digamos que atualmente a probabilidade de que uma menina se chame Flórida seja de 1/1 milhão. Isso significa que a informação de que uma certa menina não se chama Flórida não tem grande importância, mas a informação de que uma certa menina se chama Flórida, de certa maneira, é como ganhar na loteria. A chance de que as duas meninas se chamem Flórida (mesmo se ignorarmos o fato de que os pais normalmente evitam dar nomes iguais aos filhos), portanto, é tão pequena que podemos tranquilamente ignorar essa possibilidade. Isso nos deixa com apenas (menino, menina-F), (menina-F, menino), (menina-NF, menina-F) e (menina-F, menina-NF), que têm probabilidades extremamente próximas.

Como 2 dos 4 elementos do espaço amostral – a metade – constituem famílias com duas meninas, a resposta não é ⅓ – como era no problema das duas filhas –, e sim ½. A informação adicional – o conhecimento sobre o nome da menina – faz diferença.

Uma maneira de entender o problema, se ainda parecer intrigante, é imaginar que enchemos um quarto muito grande com 75 milhões de famílias de dois filhos, dos quais ao menos um é menina. Como nos ensinou o problema das duas filhas, nesse quarto haverá cerca de 25 milhões de famílias com duas meninas e 50 milhões de famílias com uma só menina (25 milhões nas quais a menina é a filha mais velha, e um número igual de famílias nas quais ela é a caçula). A seguir, podamos o espaço amostral: pedimos que só continuem no quarto as famílias que tiverem uma menina chamada Flórida. Como Flórida é um nome só encontrado em aproximadamente 1 de cada 1 milhão de famílias, permanecerão no quarto cerca de 50 dos 50 milhões de famílias com uma menina. E dentre os 25 milhões de famílias com duas meninas, 50 delas também ficarão: 25 porque sua filha mais velha se chama Flórida, e outros 25 porque a filha caçula tem esse nome. É como se as meninas fossem bilhetes da loteria, e as meninas chamadas Flórida fossem bilhetes premiados. Embora houvesse duas vezes mais famílias com uma menina que famílias com duas meninas, estas têm dois bilhetes cada uma, portanto os dois tipos de famílias estarão igualmente representados entre os vencedores.

Descrevi o problema da menina chamada Flórida num nível de detalhes potencialmente irritante, o tipo de detalhismo que às vezes me faz ficar na lista de "não convidar" das festas dos meus vizinhos. Não fui assim tão detalhista por esperar que alguém vai acabar se deparando com essa situação. Eu o fiz porque o contexto é simples, e o mesmo tipo de raciocínio esclarecerá muitas situações que realmente encontramos em nossas vidas. Vamos falar sobre algumas delas.

Meu encontro mais memorável com o reverendo Bayes ocorreu em 1989, em uma sexta-feira à tarde, quando meu médico me informou de que eu tinha uma chance de 999/1 mil de morrer em menos de uma década. Ele acrescentou: "Eu realmente sinto *muito*", como se ficasse sentido com a morte de outros pacientes, mas não tanto. Depois disso, respondeu a algumas perguntas sobre o curso da doença e desligou, supostamente para oferecer a algum outro paciente seu plantão de notícias de sexta à tarde. É difícil descrever, ou mesmo lembrar exatamente, como passei aquele fim de semana; digamos apenas que não fui à Disneylândia. Tendo recebido minha sentença de morte, por que ainda estou aqui, escrevendo sobre isso?

A aventura começou quando eu e minha mulher fizemos um seguro de vida. Entre os procedimentos necessários para a contratação, tive que fazer um exame de sangue. Uma ou duas semanas depois, nosso seguro foi recusado. A seguradora, sempre econômica, enviou-nos a notícia em duas breves cartas, idênticas, a não ser por um adendo naquela endereçada à minha mulher. A minha dizia que a companhia estava me negando o seguro em virtude do "resultado do seu exame de sangue". A carta da minha mulher dizia que o seguro havia sido negado em virtude do "resultado do exame de sangue do seu marido". Como a palavra *marido* demonstrou ser a melhor explicação que a bondosa companhia de seguros se mostrava disposta a fornecer sobre a recusa do contrato, fui impulsivamente ao médico e fiz um exame de HIV. O resultado foi positivo. Embora, a princípio, eu estivesse chocado demais para interrogar meu médico sobre a probabilidade que citara, soube mais tarde que ele havia derivado a minha chance de 1/1 mil de estar saudável a partir da seguinte estatística: o exame de HIV gera um resultado positivo quando o sangue não está infectado pelo vírus da Aids em apenas 1 de cada mil amostras de sangue. Isso pode soar exatamente como a informação que ele me passou, mas não é. Meu médico confundira a probabilidade de que o exame desse positivo *se* eu não fosse HIV-positivo com a probabilidade de que eu não fosse HIV-positivo *se* o exame desse positivo.

Para entender o erro do meu médico, vamos empregar o método de Bayes. O primeiro passo consiste em definirmos o espaço amostral. Poderíamos incluir todas as pessoas que já fizeram um exame de HIV, mas teremos maior precisão se utilizarmos mais algumas informações relevantes ao meu respeito, considerando apenas os homens brancos americanos, heterossexuais e não usuários de drogas intravenosas que já realizaram o exame (veremos mais adiante que diferença isso faz).

Agora que sabemos a quem incluir no espaço amostral, vamos classificar os integrantes do espaço. Em vez de menino e menina, as classes relevantes neste caso são pessoas infectadas que tiveram um exame positivo (verdadeiros positivos), pessoas não infectadas que tiveram um exame positivo (falsos positivos), pessoas não infectadas que tiveram um exame negativo (verdadeiros negativos) e pessoas infectadas que tiveram um exame negativo (falsos negativos).

Por fim, perguntamos: quantas pessoas existem em cada uma das classes? Consideremos uma população inicial de 10 mil. Podemos estimar, a partir das estatísticas dos Centros de Controle e Prevenção de Doenças dos Estados Unidos, que, em 1989, aproximadamente 1 de cada 10 mil homens brancos americanos, heterossexuais e não usuários de drogas testados estava infectado pelo HIV.[6] Presumindo que a taxa de falsos negativos fosse próxima de 0, isso significa que aproximadamente 1 pessoa de cada 10 mil apresentaria um exame positivo em virtude da presença da infecção. Além disso, como a taxa de falsos positivos é de, como citou meu médico, 1/1 mil, haverá aproximadamente 10 outros casos de exames positivos em pessoas que não estão infectadas pelo HIV. Os outros 9.989 dos 10 mil homens do espaço amostral apresentarão exames negativos.

Agora vamos podar o espaço amostral, de modo a incluir apenas os que tiveram exames positivos. Acabamos com 10 pessoas cujos exames foram falsos positivos e 1 cujo exame foi um verdadeiro positivo. Em outras palavras, apenas 1 de cada 11 pessoas que apresentam exames positivos está realmente infectada pelo HIV. Meu médico me informou que a probabilidade de que o exame estivesse errado – e eu, na verdade, estivesse saudável – era de 1/1 mil. Ele deveria ter dito: "Não se preocupe, existe uma chance de mais de 10/11 de que você não esteja infectado." No meu caso, o exame foi aparentemente afetado por certos marcadores presentes em meu sangue, ainda que o vírus procurado pelo exame não estivesse presente.

É importante conhecermos a taxa de falsos positivos ao avaliarmos qualquer exame diagnóstico. Por exemplo, um exame que identifica 99% de todos os tumores malignos parece formidável, mas eu consigo facilmente bolar um exame que identifica 100% dos tumores. Só o que tenho a fazer é declarar que todas as pessoas que examinei têm um tumor. A estatística fundamental para diferenciar meu exame de um exame útil é a alta taxa de falsos positivos gerada pelo meu exame. Mas o incidente acima ilustra que conhecer a taxa de falsos positivos não é suficiente para determinar a utilidade de um exame – devemos também saber comparar a taxa de falsos positivos com a prevalência real da doença na população. Se for uma doença rara, mesmo uma baixa taxa de falsos positivos não nos permite concluir que um resultado positivo determina a existência da doença. Se a doença for comum, um resultado positivo tem muito mais chance de ser significativo. Para entender de que modo a prevalência real afeta as implicações de um exame positivo, suponhamos agora que eu fosse homossexual e tivesse um exame negativo. Presumamos que, na comunidade gay masculina, a chance de infecção entre as pessoas testadas em 1989 fosse de aproximadamente 1%. Isso significa que, nos resultados de 10 mil exames, não encontraríamos apenas 1 (como antes), e sim 100 verdadeiros positivos ao lado dos 10 falsos positivos. Portanto, nesse caso, a probabilidade de que um exame positivo significasse que eu estava infectado teria sido de $^{10}/_{11}$. Por isso, ao avaliarmos resultados de exame, é bom sabermos se estamos ou não num grupo de alto risco.

A TEORIA DE BAYES NOS MOSTRA que a probabilidade de que A ocorra se B ocorrer geralmente difere da probabilidade de que B ocorra se A ocorrer.[7] Não levar esse fato em consideração é um erro comum na profissão médica. Por exemplo, em estudos feitos na Alemanha e nos Estados Unidos, pesquisadores pediram a médicos que estimassem a probabilidade de que uma mulher assintomática com idade entre 40 e 50 anos que apresentasse uma mamografia positiva realmente tivesse câncer, sabendo que 7% das mamografias mostram câncer quando ele não existe.[8] Além disso, os médicos receberam a informação de que a incidência real da doença era de aproximadamente 0,8%, e que a taxa de falsos negativos era de aproximadamente 10%. Juntando todas as informações, podemos usar o método de Bayes para determinar que uma mamografia positiva representa a presença de câncer em apenas cerca de 9%

dos casos. No grupo alemão, no entanto, um terço dos médicos concluiu que a probabilidade seria de 90%, e a mediana das estimativas foi de 70%. No grupo americano, 95 de cada 100 médicos estimaram que a probabilidade seria próxima de 75%.

Surgem questões semelhantes nos exames antidoping de atletas. Novamente, o número mais citado, apesar de não ter relevância direta, é a taxa de falsos positivos. Isso gera uma visão distorcida da probabilidade de que um atleta seja culpado. Por exemplo, Mary Decker Slaney, uma corredora de nível internacional, campeã do mundo em 1983 nas corridas de 1.500 e 3 mil metros, estava tentando voltar à velha forma quando, nas eliminatórias para as Olimpíadas de Atlanta, em 1996, foi acusada de doping por apresentar um exame compatível com o uso de testosterona. Depois de várias deliberações, a IAAF (conhecida oficialmente, desde 2001, como Associação Internacional de Federações de Atletismo) determinou que Slaney era "culpada de doping", o que efetivamente encerrou sua carreira. Segundo alguns dos testemunhos no caso, a taxa de falsos positivos do exame ao qual sua urina foi submetida era elevada, podendo chegar a 1%. Isso provavelmente fez com que muitas pessoas acreditassem que a chance de que Slaney fosse culpada era de 99%, mas, como vimos, isso não é verdade. Suponhamos, por exemplo, que mil atletas fossem testados, que 1 de cada 10 fosse culpado, e que o exame, quando feito num atleta culpado, tivesse 50% de chance de revelar a infração. Nesse caso, para cada mil atletas testados, 100 seriam culpados, e o exame acusaria 50 deles. Enquanto isso, dos 900 atletas inocentes, o exame teria acusado 9. Portanto, o exame positivo significaria, na verdade, que ela tinha uma probabilidade de culpa de $^{50}/_{59}$ = 84,7%, e não 99%. Em outras palavras, a certeza que teríamos quanto à culpa de Slaney com base nessas informações seria igual à certeza que temos de que, ao jogarmos um dado, ele não cairá no número 1. Isso certamente deixa espaço para dúvidas e, o que é mais importante, indica que, se fizermos exames em massa (90 mil atletas examinados anualmente) e conduzirmos julgamentos com base nesse procedimento, acabaremos por condenar um grande número de pessoas inocentes.[9]

Nos círculos jurídicos americanos, o erro da inversão costuma ser chamado de falácia da acusação, porque os advogados de acusação frequentemente utilizam esse tipo de argumento falacioso para levar o júri a condenar suspeitos com base em provas frágeis. Consideremos, por exemplo, o caso de Sally Clark, na Grã-Bretanha.[10] O primeiro filho de Clark morreu com 11 semanas de idade. A causa da morte foi declarada como síndrome da morte súbita infantil, ou SMSI, um diagnóstico feito quando um bebê morre inesperadamente e a autópsia não revela nenhuma causa de morte. Clark ficou grávida novamente, e o novo bebê morreu às 8 semanas de vida, novamente por SMSI. Quando isso aconteceu, a mãe foi presa e acusada de sufocar seus dois filhos. Durante o julgamento, a acusação apresentou um pediatra especialista, sir Roy Meadow, para testemunhar que, com base na raridade da SMSI, a probabilidade de que esta houvesse sido a causa da morte das duas crianças era de 1/73 milhões. A acusação não apresentou nenhuma outra prova substancial contra ela. Isso deveria ser suficiente para condená-la? O júri achou que sim e, em novembro de 1999, a sra. Clark foi mandada para a prisão.

Sir Meadow estimara que a probabilidade de que uma criança morresse de SMSI era de 1/8.543. Ele chegou à cifra de 1/73 milhões multiplicando esse fator por si mesmo, uma vez para cada bebê. No entanto, esse cálculo presume que as mortes sejam independentes – isto é, que não haja nenhum efeito ambiental ou genético envolvido, de modo a aumentar o risco do segundo bebê uma vez que seu irmão mais velho tenha morrido de SMSI. Na verdade, em um editorial publicado no *British Medical Journal* algumas semanas após o julgamento, estimou-se que a probabilidade de que dois irmãos morressem de SMSI seria de $1/2{,}75$ milhões.[11] Ainda era uma possibilidade remota.

Para entendermos por que Sally Clark foi condenada injustamente é fundamental considerar novamente o erro da inversão: o que buscamos não é a probabilidade de que duas crianças morram de SMSI, e sim a probabilidade de que as duas crianças que morreram tenham morrido de SMSI. Dois anos após a condenação de Clark, a Royal Statistical Society entrou na briga lançando um comunicado de imprensa no qual declarava que a decisão do júri se baseara em "um grave erro de lógica conhecido como a falácia da acusação. O júri precisa considerar duas explicações concorrentes para as mortes dos bebês: SMSI ou assassinato. Duas mortes por SMSI ou duas mortes por assassinato são ambas bastante improváveis, mas, neste caso, uma delas aparentemente aconteceu. O que importa é a probabilidade relativa das mortes ... não só o quanto é improvável ... [a explicação da morte por SMSI]."[12] Um matemático estimou posteriormente a probabilidade relativa de que uma família perdesse dois bebês por SMSI ou por assassinato. Ele concluiu, com base nos dados disponíveis, que a chance de que dois bebês morressem de SMSI era 9 vezes maior do que a de que houvessem sido assassinados.[13]

Os Clark recorreram da sentença e, na apelação, contrataram seus próprios estatísticos como testemunhas. A sentença foi mantida, mas eles continuaram a buscar explicações médicas para as mortes e, no processo, descobriram que o patologista que trabalhava para a acusação havia omitido a informação de que o segundo bebê tinha uma infecção bacteriana no momento da morte, uma infecção que poderia tê-la provocado. Com base nessa descoberta, um juiz revogou a sentença, e após quase três anos e meio Sally Clark foi libertada da prisão.

Alan Dershowitz, renomado advogado e professor da Faculdade de Direito de Harvard, também empregou com sucesso a falácia da acusação – para ajudar a defender O.J. Simpson em seu julgamento pelo assassinato da ex-mulher, Nicole Brown Simpson, e seu namorado. O julgamento de Simpson, antigo astro do futebol americano, foi um dos maiores acontecimentos na mídia entre 1994 e 1995. A polícia tinha uma enorme quantidade de provas contra ele. Encontraram em sua fazenda uma luva manchada de sangue que parecia corresponder ao sangue encontrado na cena do crime. Manchas de sangue que correspondiam ao de Nicole foram encontradas nas luvas de Simpson, em seu Ford Bronco branco, num par de meias em seu quarto, na casa e na entrada da garagem. Além disso, o DNA retirado das manchas de sangue na cena do crime correspondia ao de O.J. Simpson. A defesa não teve muito a fazer, além de acusar o Departamento de Polícia de Los Angeles de racismo – Simpson é negro – e criticar a integridade da polícia e a autenticidade das provas.

A acusação decidiu concentrar a abertura do caso na propensão de Simpson a se tornar violento com Nicole. Os advogados de acusação passaram os primeiros dez dias do julgamento apresentando provas de que ele havia sido violento com ela, alegando que isso já era um bom motivo para acreditarmos que seria suspeito do homicídio. Em suas palavras: "Um tapa é um prelúdio de um homicídio."[14] Os advogados de defesa usaram essa estratégia como base para suas acusações de falsidade, afirmando que a acusação havia passado duas semanas tentando enganar o júri e que as provas de que Simpson havia batido em Nicole em ocasiões prévias não tinham nenhum significado. Eis o raciocínio de Dershowitz: 4 milhões de mulheres são espancadas anualmente por maridos e namorados nos Estados Unidos; ainda assim, em 1992, segundo as estatísticas do FBI sobre crimes, um total de 1.432 dessas mulheres, ou $1/2.500$, foram assassinadas por seus maridos ou namorados.[15] Portanto, replicou a defesa, poucos homens que dão tapas ou espancam suas parceiras domésticas acabam assassinando-as. Verdade? Sim. Convincente? Sim. Relevante? Não. O número relevante não é a probabilidade de que um homem que bate na mulher acabe matando-a (1/2.500), e sim a probabilidade de que uma mulher espancada que foi assassinada tenha sido assassinada pelo espancador. Segundo as mesmas estatísticas do FBI em 1993, a probabilidade que Dershowitz (ou a acusação) deveria haver relatado era esta: de todas as mulheres que apanhavam dos maridos e morreram nos Estados Unidos em 1993, cerca de 90% foram mortas pelo espancador. Essa estatística não foi mencionada no julgamento.

À medida que se aproximava a hora do veredicto, o volume de ligações telefônicas de longa distância caiu pela metade, o volume de transações na Bolsa de Valores de Nova York caiu em 40%, e cerca de 100 milhões de pessoas ligaram suas televisões e rádios para ouvir a sentença: inocente. Dershowitz pode ter sentido que sua decisão de enganar o júri foi justificada, pois, em suas palavras: "O juramento feito no fórum – 'dizer a verdade, toda a verdade e nada mais que a verdade' – só se aplica às testemunhas. Advogados de defesa, de acusação e juízes não assumem esse compromisso ... De fato, podemos dizer que uma das fundações sobre as quais se apoia o sistema de justiça americano é *não* dizer toda a verdade."[16]

Embora a probabilidade condicional tenha representado uma revolução nas ideias sobre a aleatoriedade, Thomas Bayes não era nenhum revolucionário, e seu trabalho não recebeu grande atenção, apesar de ter sido publicado no renomado *Philosophical Transactions*, em 1764. Seria necessário outro homem, o cientista e matemático francês Pierre-Simon de Laplace, para chamar a atenção dos cientistas para as ideias de Bayes e alcançar o objetivo de revelar ao mundo a maneira pela qual poderíamos inferir as probabilidades subjacentes às situações do mundo real a partir dos resultados observados.

Você deve lembrar que o Teorema Áureo de Bernoulli nos informa, *antes* de jogarmos uma moeda uma série de vezes, quanta certeza podemos ter de que observaremos algum resultado predefinido (se não for uma moeda viciada). Também deve lembrar que o teorema não nos informa, *depois* de jogarmos a moeda uma série de vezes, a probabilidade de que ela não seja viciada. Da mesma forma, se soubermos que a probabilidade de que uma pessoa de 85 anos viva até os 90 é de 50%, o Teorema Áureo nos diz a probabilidade de que a metade das pessoas de 85 anos num grupo de mil morra dentro dos próximos 5 anos, mas se a metade das pessoas de um grupo morrer nos 5 anos após seu aniversário de 85 anos, o teorema não nos informa a probabilidade de que a chance subjacente de sobrevivência das pessoas desse grupo seja de 50%. Ou então, se a Ford souber que 1 de cada 100 automóveis tem um defeito na transmissão, o Teorema Áureo poderia informar à montadora da chance de que, numa leva de mil carros, 10 ou mais transmissões apresentem o defeito, mas se a Ford encontrar 10 transmissões defeituosas numa amostra de mil carros, o teorema não informa ao produtor de automóveis a probabilidade de que o número médio de transmissões defeituosas seja de 1/100. Nesses casos, a segunda situação é mais útil na vida real: em situações que não envolvem apostas, geralmente não possuímos um conhecimento teórico sobre as probabilidades; em vez disso, temos que estimá-las a partir de uma série de observações. Os cientistas também se encontram nessa posição: dado o valor de uma grandeza física, geralmente não tentam descobrir a probabilidade de que uma medição gere esse ou aquele resultado; o que fazem é tratar de discernir o verdadeiro valor de uma grandeza física, dado o conjunto de medições.

Ressaltei essa distinção em virtude de sua importância. Ela define a diferença fundamental entre a probabilidade e a estatística: a primeira trata de previsões baseadas em probabilidades fixas; a segunda, de como inferir essas probabilidades com base nos dados observados.

Laplace se dedicou ao segundo conjunto de questões. Ele não conhecia a Teoria de Bayes, portanto teve de reinventá-la. Seu modo de apresentar o problema era o seguinte: dada uma série de medições, qual é o melhor palpite que podemos dar sobre o verdadeiro valor da grandeza medida, e qual é a probabilidade de que esse palpite esteja "próximo" do valor real, por mais exigentes que sejamos em nossa definição de *próximo*?

A análise de Laplace começou num artigo publicado em 1774, mas se estendeu por quatro décadas. Laplace, que era um homem brilhante e às vezes generoso, por vezes também se utilizava dos trabalhos de outros autores sem citar a fonte e se dedicava incansavelmente à autopromoção. O mais importante, porém, é que ele era como um junco flexível, capaz de se dobrar na direção dos ventos, uma característica que lhe permitiu continuar seu trabalho revolucionário praticamente sem se preocupar com os eventos turbulentos que transcorriam ao seu redor. Antes da Revolução Francesa, Laplace obteve o lucrativo cargo de recrutador da artilharia real, no qual teve a sorte de examinar um promissor candidato de 16 anos de idade chamado Napoleão Bonaparte. Quando veio a revolução, em 1789, ele foi inicialmente considerado suspeito, mas, diferentemente de tantos outros, conseguiu sair ileso declarando seu "ódio inextinguível à realeza"; por fim, ganhou novas honras com a república. Então, quando Napoleão, seu conhecido, se coroou imperador em 1804, Laplace abandonou imediatamente seu republicanismo e, em 1806, recebeu o título de conde. Com a restauração dos Bourbon, Laplace atacou Napoleão na edição de 1814 de seu tratado *Théorie analytique des probabilités*, escrevendo que "a queda de impérios que aspiram ao domínio universal poderia ser prevista com probabilidade muito elevada por qualquer pessoa versada no cálculo do acaso".[17] A edição anterior, de 1812, havia sido dedicada a "Napoleão o Grande".

A destreza política de Laplace foi boa para a matemática, pois, no fim das contas, sua análise foi mais rica e completa que a de Bayes. Com as fundações geradas por seu trabalho, no próximo capítulo deixaremos o âmbito das probabilidades e entraremos no da estatística. O ponto de contato entre as duas disciplinas é uma das curvas mais importantes de toda a matemática e da ciência, a curva de Gauss, também chamada de distribuição normal. Essa curva, e a nova teoria das medições surgida com ela, será o tema do próximo capítulo.

7. A medição e a Lei dos Erros

Certo dia, não muito tempo atrás, meu filho Alexei chegou em casa e anunciou a nota que tinha tirado em seu último trabalho de língua inglesa. Era um 9,3. Em circunstâncias normais, eu o teria parabenizado e, como não era uma nota máxima e eu sabia que ele poderia fazer melhor, teria acrescentado que essa nota demonstrava que, se ele se esforçasse um pouco mais, poderia tirar uma nota ainda melhor na próxima vez. Mas não era uma circunstância normal, e naquele caso considerei que o 9,3 consistia numa chocante subestimação da qualidade do trabalho. Neste ponto, você poderia pensar que as últimas frases dizem mais sobre mim que sobre Alexei. Se pensou isso, acertou em cheio. De fato, o episódio acima diz exclusivamente a meu respeito, pois fui eu que escrevi o trabalho de meu filho.

Tudo bem, sei que não tenho do que me orgulhar. Em minha defesa, devo ressaltar que preferiria levar um chute no queixo na aula de kung fu de Alexei em seu lugar a escrever um de seus trabalhos. Mas ele pediu que eu lesse seu texto para ver como estava – e, como de costume, fez esse pedido tarde da noite, na véspera do dia de entrega. Disse a ele que logo o avaliaria e devolveria. Quando comecei a ler, fiz inicialmente umas poucas alterações pequenas, nada demais. Depois, sendo um revisor incansável, vi-me gradualmente mais compenetrado, rearrumando isso e reescrevendo aquilo; quando terminei, Alexei já tinha caído no sono, e eu havia reescrito todo o trabalho por conta própria. Na manhã seguinte, confessando timidamente que tinha esquecido de realizar um "salvar como" sobre o arquivo original, disse a Alexei que fosse em frente e entregasse a minha versão.

Ele me entregou o trabalho corrigido, acrescentando algumas palavras de estímulo. "Nada mal", disse. "Um 9,3 não chega a ser uma nota brilhante, mas era tarde e tenho certeza de que, se você estivesse mais desperto, poderia ter feito um trabalho ainda melhor." Não fiquei nada contente. Em primeiro lugar, não é agradável ouvir de um garoto de 15 anos as mesmas palavras que já lhe dissemos antes, e, ainda assim, acharmos que suas palavras parecem vazias. O problema, porém, não foi só esse: como era possível que o meu material – o trabalho de um homem visto, ao menos pela própria mãe, como um escritor profissional – não recebesse nota máxima numa aula de língua inglesa do ensino médio? Aparentemente, não sou o único. Desde então, já ouvi falar de outro escritor que teve uma experiência semelhante, a não ser pelo fato de que sua filha recebeu nota 8,0. Ao que parece, o escritor, que tem PhD em inglês, escreve bem o suficiente para a revista *Rolling Stone*, a *Esquire* e o *New York Times*, mas não para um curso básico de inglês. Alexei tentou me reconfortar com outra história: dois amigos dele apresentaram certa vez trabalhos idênticos. Ele achou que fosse uma atitude idiota e que ambos seriam suspensos. Porém, além de não ter notado a trapaça, a professora deu nota 9,0 a um dos trabalhos e 7,9 a outro – parece estranho, a menos que, como eu, você tenha tido a experiência de ficar acordado a noite inteira corrigindo uma grande pilha de trabalhos, com a televisão ao fundo passando reprises de *Jornada nas estrelas* para quebrar a monotonia.

Os números sempre parecem trazer o peso da autoridade. A ideia costuma ser a seguinte, ao menos de maneira subliminar: se uma professora dá notas numa escala de 0,0 a 10,0, essas mínimas distinções entre as notas devem realmente significar alguma coisa. Mas se dez editores puderam considerar que o manuscrito do primeiro *Harry Potter* não merecia ser publicado, como é possível que a pobre professora Finnegan (este não é seu nome verdadeiro) conseguisse distinguir os trabalhos com tanta precisão, dando nota 9,2 a um e 9,3 a outro? Se aceitarmos que é possível de alguma forma definir a qualidade de um trabalho, devemos ainda assim reconhecer que a nota não é uma descrição do seu grau de qualidade, e sim uma *medição* dessa qualidade; e uma das mais importantes maneiras pelas quais a aleatoriedade nos afeta é por meio de sua influência nas medições. Nesse caso, o aparelho de medição era a professora, e a avaliação de tal profissional, como qualquer medição, está sujeita a variações e erros aleatórios.

As votações também são formas de medição. Nesse caso,* não estamos medindo simplesmente quantas pessoas apoiam cada candidato no dia da eleição, mas também quantas delas se importam tanto com a questão a ponto de se darem o trabalho de comparecer para votar. Há muitas fontes de erros aleatórios nessa medição. Alguns eleitores legítimos podem descobrir que seu nome não está nas listas de eleitores registrados. Outros se equivocam e votam num candidato diferente do planejado. E, naturalmente, há erros na contagem de votos. Alguns deles são anulados por equívoco; algumas cédulas eleitorais simplesmente se perdem. Na maioria das eleições, a soma de todos esses fatores não chega a afetar o resultado. No entanto, isso pode ocorrer em algumas delas, e, nesses casos, geralmente são feitas uma ou mais recontagens, como se nossa segunda ou terceira contagem dos votos pudesse ser menos afetada por erros aleatórios que a primeira.

Em 2004, nas eleições para governador do estado de Washington, por exemplo, o candidato do Partido Democrata foi, no fim das contas, declarado vencedor, embora na contagem original o candidato republicano tivesse vencido por uma margem de

---

* O autor se refere nesse trecho às peculiaridades do sistema eleitoral americano. (N.T.)

261 votos de um total de 3 milhões.[1] Como o primeiro resultado foi muito próximo ao empate, a lei estadual exigia uma recontagem. Nesta, o candidato republicano ganhou novamente, mas por apenas 42 votos. Não se sabe ao certo se alguém viu como mau sinal o fato de que a diferença de 219 votos entre a primeira e a segunda contagem fosse muitas vezes maior que a nova margem de vitória, mas o resultado foi a realização de uma terceira contagem, esta feita inteiramente "à mão". A vitória por 42 votos representava uma vantagem de apenas 1 voto para cada 70 mil, portanto poderíamos comparar a tarefa de contar os votos dessa forma à de pedir a 42 pessoas que contassem de 1 a 70 mil, na esperança de que cometessem, em média, menos de 1 erro cada uma. Não é de surpreender que o resultado tenha mudado novamente. Desta vez, o candidato democrata venceu por 10 votos. Esse número foi posteriormente alterado para 129, quando 700 "votos perdidos", recém-descobertos, foram incluídos na contagem.

Nem o processo de votação nem o de contagem são perfeitos. Por exemplo, se um erro nas agências dos correios fizer com que 1 de cada 100 eleitores não receba a correspondência anunciando seu local de votação, e 1 de cada 100 desses eleitores não comparecer para votar em virtude disso, nas eleições de Washington isso teria correspondido a 300 eleitores que poderiam ter votado, mas que não o fizeram em virtude de um erro do governo. As eleições, como qualquer medição, são imprecisas, assim como as recontagens – portanto, quando o resultado é extremamente próximo, talvez devêssemos simplesmente aceitá-lo, ou jogar uma moeda para decidir o candidato vencedor, em vez de fazer uma recontagem atrás da outra.

A imprecisão das contagens se tornou uma importante questão em meados do século XVIII, quando uma das principais ocupações dos que trabalhavam com a física celestial e a matemática era o problema de reconciliar as leis de Newton com a observação dos movimentos da Lua e dos planetas. Uma das maneiras de gerar um número único a partir de uma série de medições discordantes é calcular a média. O jovem Isaac Newton parece ter sido o primeiro a empregá-la para esse propósito em suas investigações ópticas.[2] Porém, como em tantas outras coisas, ele era uma exceção. A maior parte dos cientistas nos tempos de Newton, e no século seguinte, não calculava a média. Em vez disso, escolhia dentre suas medições um único "número áureo" – considerado, essencialmente por palpite, ser o mais confiável dos resultados obtidos. Isso se dava por não considerarem a variação um subproduto inevitável do processo de medição, e sim como evidência de fracasso, o que poderia ter, às vezes, até mesmo consequências morais. Na verdade, raramente publicavam múltiplas medições de uma mesma quantidade, pois sentiam que isso seria como confessar que o processo era defeituoso, o que despertaria dúvidas quanto à confiabilidade dos resultados. No entanto, a maré começou a mudar no meio do século XVIII. O cálculo do movimento aproximado dos corpos celestes, uma série de elipses quase circulares, é uma tarefa simples, realizada atualmente por precoces estudantes do ensino médio enquanto escutam música no último volume em seus fones de ouvido. A descrição mais detalhada dos movimentos planetários, porém, levando em consideração não apenas a atração gravitacional do Sol como também a de outros planetas e o formato não perfeitamente esférico dos planetas e da Lua, ainda hoje é um problema difícil. Para atingir esse objetivo, a matemática complexa e aproximada teve que se reconciliar com observações e medições imperfeitas.

A demanda por uma teoria matemática das medições ao final do século XVIII teve um outro motivo: na década de 1780, surgia na França um novo tipo de rigorosa física experimental.[3] Antes daquela época, a física tivera duas tradições separadas. Por um lado, os cientistas matemáticos investigavam as consequências precisas das teorias de Newton sobre o movimento e a gravidade. Por outro, um grupo por vezes descrito como filósofos experimentais realizava investigações empíricas sobre a eletricidade, o magnetismo, a luz e o calor. Os filósofos experimentais – frequentemente amadores – se preocupavam menos com a rigorosa metodologia científica que os pesquisadores mais ligados à matemática; assim, surgiu um movimento para reformar e matematizar a física experimental. Pierre-Simon de Laplace teve uma importante participação nesse processo.

Laplace se interessara pelas ciências físicas a partir do trabalho de seu caro conterrâneo Antoine-Laurent Lavoisier, considerado o pai da química moderna.[4] Os dois trabalharam juntos durante anos, mas Lavoisier não demonstrou tanta aptidão quanto Laplace para atravessar esses tempos agitados. Para ganhar dinheiro e financiar seus muitos experimentos científicos, ele se tornara membro de uma privilegiada associação privada de coletores de impostos protegidos pelo Estado. É provável que, em nenhum momento da história, os cidadãos tenham se sentido muito inspirados a convidar uma pessoa com esse emprego para tomar uma boa xícara de cappuccino com biscoitos, mas quando veio a Revolução Francesa, tal credencial resultaria especialmente onerosa. Em 1794, Lavoisier foi preso, juntamente com o resto da associação, e rapidamente sentenciado à morte. Sempre um cientista dedicado, ele pediu algum tempo para completar parte de suas pesquisas, de modo que permanecessem para a posteridade. A famosa resposta do magistrado que o julgou foi: "A República não precisa de cientistas." O pai da química moderna foi rapidamente decapitado e teve o corpo jogado numa vala comum. Diz-se que ele instruiu seu assistente a contar o número de palavras que sua cabeça guilhotinada tentaria verbalizar.

O trabalho de Laplace e Lavoisier – ao lado de tantos outros, especialmente o do físico francês Charles-Augustin de Coulomb, que fez experimentos com eletricidade e magnetismo – transformou a física experimental. E contribuiu para o desenvolvimento, na década de 1790, de um novo sistema racional de unidades, o sistema métrico, para substituir os sistemas díspares que atravancavam o progresso da ciência e que constituíam causa frequente de disputas entre mercadores. Desenvolvido por um grupo nomeado por Luís XVI, o sistema métrico foi adotado pelo governo revolucionário após a queda da monarquia. Lavoisier, ironicamente, havia sido um dos integrantes do grupo.

As demandas geradas pela astronomia e pela física experimental fizeram com que boa parte do trabalho dos matemáticos do fim do século XVIII e início do XIX consistisse em compreender e quantificar os erros aleatórios. Tais esforços levaram a uma nova área, a estatística matemática, que gerou uma série de ferramentas para a interpretação dos dados surgidos da observação e da experimentação. Os estatísticos por vezes consideram que o crescimento da ciência moderna se deu em torno desse avanço, a criação de uma teoria da medição. Mas a estatística também nos fornece ferramentas para abordar questões do mundo real, como a eficácia de medicamentos ou a popularidade de políticos; dessa forma, uma compreensão adequada do raciocínio estatístico é tão útil na vida cotidiana quanto na ciência.

Uma das pequenas contradições da vida é o fato de que, embora a medição sempre traga consigo a incerteza, esta raramente é discutida quando medições são citadas. Se uma policial de trânsito um tanto exigente diz ao juiz que, segundo o radar, você estava trafegando a 60km/h numa rua em que a velocidade máxima permitida é de 55km/h, você provavelmente será multado, ainda que as medições de radares com frequência apresentem variações de muitos quilômetros por hora.[5] E embora muitos estudantes (e seus pais) se mostrem dispostos a pular do telhado se isso fizer com que sua nota de matemática no vestibular suba de 5,9 para 6,2, poucos educadores mencionam os estudos que mostram que, se o aluno quiser ganhar 3 décimos, tem boa chance de consegui-los simplesmente refazendo a prova algumas vezes.[6] Ocasionalmente, distinções insignificantes chegam até mesmo às manchetes de jornal. Num agosto recente, a Agência de Estatísticas do Trabalho dos Estados Unidos relatou que a taxa de desemprego era de 4,7%. Em julho, a agência relatara uma taxa de 4,8%. A variação desencadeou notícias como esta no *New York Times*: "Empregos e salários aumentaram modestamente no último mês."[7] Porém, nas palavras de Gene Epstein, editor de economia da revista *Barron's*: "Só porque o número se alterou, não devemos concluir necessariamente que a coisa em si tenha mudado. Por exemplo, a qualquer momento a taxa de desemprego se altera em 1/10 de ponto percentual … tal variação é tão pequena que não temos como saber se realmente ocorreu uma mudança."[8] Em outras palavras, se a Agência de Estatísticas do Trabalho medir a taxa de desemprego em agosto e repetir a medição uma hora depois, há uma boa chance de que, em virtude unicamente do erro, a segunda medição seja diferente da primeira em ao menos 1/10 de ponto percentual. Será que o *New York Times* traria então a manchete "Empregos e salários aumentaram modestamente às 14h"?

A incerteza da medição é ainda mais problemática quando a quantidade medida é subjetiva, como o trabalho de Alexei para a aula de língua inglesa. Por exemplo, um grupo de pesquisadores da Universidade Clarion da Pensilvânia juntou 120 monografias de alunos e tratou-as com um grau de escrutínio que o seu filho certamente nunca receberá: cada trabalho foi avaliado independentemente por 80 professores. Os conceitos resultantes, numa escala de A a F, por vezes apresentaram variações de 2 ou mais graus. Em média, a diferença foi de quase 1 grau.[9] Como o futuro de um estudante muitas vezes depende de tais julgamentos, a imprecisão é lamentável. Ainda assim é compreensível, dado que os métodos e a filosofia dos professores de qualquer departamento universitário geralmente variam de Karl Marx a Groucho Marx. O que ocorre, porém, se controlarmos a situação – isto é, se os avaliadores receberem certos critérios fixos para avaliarem os trabalhos e forem instruídos a segui-los? Um pesquisador da Universidade Estadual de Iowa apresentou cerca de 100 trabalhos de alunos a um grupo de doutorandos em retórica e comunicação profissional que recebera extenso treinamento em tais critérios.[10] Dois avaliadores independentes davam notas a cada trabalho, numa escala de 1 a 4. Quando as notas foram comparadas, notou-se que os avaliadores só concordavam em cerca de metade dos casos. Uma análise das notas dadas a trabalhos de admissão para a Universidade do Texas encontrou resultados semelhantes.[11] Até mesmo o venerável College Board, instituição que prepara as provas de vestibular nos Estados Unidos, espera que, quando avaliados por dois examinadores, "92% de todos os trabalhos recebam notas dentro da margem de 1 ponto de diferença, na escala de 6 pontos do vestibular".[12]

Outra medição subjetiva que recebe mais atenção do que merece é a classificação de vinhos. Nos anos 1970, a indústria dos vinhos era um empreendimento adormecido; crescia, mas principalmente nas vendas de vinhos de baixa qualidade. Então, em 1978, ocorreu um evento muitas vezes creditado pelo rápido crescimento da indústria: um advogado autoproclamado crítico de vinhos, Robert M. Parker Jr., decidiu que, além de escrever artigos críticos, daria notas numéricas aos vinhos, numa escala de 100 pontos. Ao longo dos anos, a maior parte das publicações especializadas passou a fazer o mesmo. Atualmente, as vendas anuais de vinhos nos Estados Unidos passam de US$20 bilhões, e milhões de consumidores fanáticos evitam colocar a mão no bolso sem antes observar a classificação de um vinho para sustentar sua escolha. Assim, quando a revista *Wine Spectator* deu, digamos, nota 90 em vez de 89 ao cabernet sauvignon Valentín Bianchi de 2004, um vinho argentino, esse ponto a mais representou uma enorme diferença nas vendas do produto.[13] De fato, se observarmos uma loja de vinhos, veremos que as bebidas em promoção, menos procuradas, muitas vezes possuem notas um pouco abaixo de 90. Mas qual é a probabilidade de que o Valentín Bianchi de 2004, que recebeu nota 90, tivesse recebido nota 89 se a avaliação houvesse sido repetida, digamos, uma hora depois?

No livro *Princípios de psicologia*, de 1890, William James sugeriu que o conhecimento sobre vinhos deveria se estender à capacidade de julgar se uma taça de vinho madeira veio do topo ou do fundo da garrafa.[14] Nas degustações às quais compareci ao longo dos anos, notei que se o barbudo à minha esquerda murmura "ótimo nariz" (o vinho tem um bom aroma), é bem provável que outras pessoas concordem com ele. Se as anotações forem feitas de maneira independente, no entanto, sem discussões, muitas vezes veremos que o barbudo escreveu "ótimo nariz", o camarada de cabeça raspada rabiscou "não tem nariz nenhum" e a loira de permanente escreveu "nariz interessante com camadas de salsa e couro recém-curtido com tanino".

Do ponto de vista teórico, temos muitos motivos para questionar o significado das classificações de vinhos. Para começo de conversa, a percepção do sabor depende de uma interação complexa entre estímulos ao paladar e ao olfato. Em termos estritos, o sentido do paladar surge de cinco tipos de células receptoras presentes na língua: salgado, doce, azedo, amargo e umami. Este último responde a certos aminoácidos (presentes, por exemplo, no molho de soja). Mas se a percepção do paladar não passasse disso, poderíamos imitar qualquer coisa – nossa refeição preferida de bife, batata assada e torta de maçã, ou um bom espaguete à bolonhesa – usando apenas sal de cozinha, açúcar, vinagre, quinino e glutamato monossódico. Felizmente a gula não se resume a isso, e é aí que entra o sentido do olfato. Ele explica por que, se pegarmos duas soluções idênticas de água com açúcar e acrescentarmos essência de morango (sem açúcar) a uma delas, esta irá parecer mais doce que a outra.[15] O sabor que sentimos no vinho surge dos efeitos de uma mistura de 600 a 800 compostos orgânicos voláteis sobre a língua e o nariz.[16] Trata-se de um problema, pois foi demonstrado que até mesmo profissionais bem-treinados raramente conseguem identificar com segurança mais que três ou quatro componentes numa mistura.[17]

As expectativas também afetam nossa percepção do sabor. Em 1963, três pesquisadores acrescentaram secretamente um pouco de corante vermelho ao vinho branco, dando-lhe aparência de rosé. Pediram então a um grupo de especialistas que avaliasse sua doçura em comparação ao vinho não tingido. Para os especialistas, o falso rosé pareceu mais doce que o vinho branco, o que correspondia a suas expectativas. Outro grupo de pesquisadores deu duas taças de vinho a um grupo de estudantes de enologia. Ambas continham o mesmo vinho branco, mas a uma delas foi acrescentado um corante insípido de antocianina de uva, que fez com que o vinho parecesse tinto. Novamente, os estudantes notaram diferenças entre o vinho tinto e o branco, segundo suas expectativas.[18] E num estudo feito em 2008, um grupo de voluntários deu nota melhor a uma garrafa com etiqueta de US$90 que a outra com etiqueta de US$10, embora os sorrateiros pesquisadores tivessem enchido as duas com o mesmo vinho. Além disso, o teste foi feito enquanto o cérebro dos voluntários era visualizado com um aparelho de ressonância magnética. As imagens mostraram que a área do cérebro considerada responsável por codificar nossa experiência do prazer ficava muito mais ativa quando os voluntários tomavam o vinho que acreditavam ser mais caro.[19] Porém, antes de julgar os enófilos, considere o seguinte: quando um pesquisador perguntou a 30 consumidores de refrigerante se preferiam Coca-Cola ou Pepsi e depois lhes pediu que testassem sua preferência, provando as duas marcas lado a lado, 21 dos 30 voluntários afirmaram que o teste do sabor confirmava sua escolha, embora esse pesquisador sorrateiro houvesse colocado Coca-Cola na garrafa de Pepsi, e vice-versa.[20] Quando realizamos uma avaliação ou uma medição, nosso cérebro não se fia apenas nos estímulos perceptivos diretos. Ele também integra outras fontes de informação – como a nossa expectativa.

Degustadores de vinho são muitas vezes enganados pelo oposto do viés da expectativa: a ausência de contexto. Se alguém segurar um ramo de raiz-forte sob o seu nariz, você provavelmente não o confundirá com um dente de alho, nem confundiria um dente de alho com, digamos, o lado de dentro do seu tênis. Mas se cheirar perfumes líquidos e transparentes, tudo pode acontecer. Na ausência de contexto, há uma boa probabilidade de que você misture os aromas. Ao menos foi o que aconteceu quando dois pesquisadores apresentaram 16 odores aleatórios a especialistas: estes erraram na identificação de aproximadamente 1 em cada 4 aromas.[21]

Com tantos motivos para incredulidade, os cientistas desenvolveram maneiras de medir diretamente a discriminação do paladar de enólogos. Um dos métodos consiste em usar um triângulo de vinhos. Não se trata de um triângulo físico, e sim de uma metáfora: cada especialista recebe três vinhos, dos quais dois são idênticos. A missão: identificar o vinho diferente. Num estudo feito em 1990, os especialistas identificaram o vinho diferente somente em ⅔ das vezes, o que significa que, em 1 de cada 3 degustações, esses gurus do vinho não conseguiriam distinguir um *pinot noir* com, digamos, "nariz exuberante de morango selvagem, abundância de amoras e framboesas" de outro com "aroma distinto de ameixas secas, cerejas amarelas e cassis sedoso".[22] No mesmo estudo, pediu-se a um conjunto de especialistas que avaliasse uma série de vinhos com base em 12 componentes, como o teor alcoólico, a presença de taninos e o quanto o vinho era doce ou frutado. Os especialistas discordaram significativamente em relação a 9 dos 12 componentes. Por fim, quando tiveram que adivinhar qual era cada vinho conforme a descrição feita pelos outros enólogos, só acertaram em 70% das vezes.

Os críticos de vinhos estão cientes de todas essas dificuldades. "Em muitos níveis … [o sistema de classificação] é disparatado", diz o editor da *Wine and Spirits Magazine*.[23] E segundo um antigo editor da revista *Wine Enthusiast*, "quanto mais nos aprofundamos no tema, mais percebemos o quanto tudo isso é enganador e ilusório".[24] Ainda assim, o sistema de classificação prospera. Por quê? Os críticos descobriram que, ao tentarem expressar a qualidade dos vinhos com base em um sistema de estrelas ou em meras descrições verbais como *bom*, *ruim* e talvez *feio*, suas opiniões não convenciam. Quando usaram números, porém, os compradores passaram a venerar seus pronunciamentos. Classificações numéricas, ainda que duvidosas, dão aos consumidores a confiança de que conseguirão encontrar a agulha de ouro (ou de prata, dependendo do orçamento) no meio do palheiro de variedades, produtores e safras.

Se um vinho – ou uma composição escolar – realmente admite alguma medida de qualidade que possa ser sintetizada em um número, uma teoria da medição deverá abordar duas questões fundamentais: como determinar esse número a partir de uma série de medições de resultados variáveis? Dado um conjunto limitado de medições, como avaliar a probabilidade de que uma certa determinação esteja correta? Vamos nos voltar agora a essas questões, pois suas respostas constituem o objetivo da teoria da medição, quer os dados sejam objetivos ou subjetivos.

PARA ENTENDER AS MEDIÇÕES, é fundamental compreender a natureza da variação nos dados causada por erros aleatórios. Suponha que ofereçamos diversos vinhos a 15 críticos, ou que os ofereçamos repetidamente a um mesmo crítico em dias diferentes, ou ambos. Podemos resumir as opiniões de forma ordenada utilizando a média das classificações. Mas isso não é a única coisa que importa: se os 15 críticos concordarem que a nota de um vinho é 90, isso nos transmite uma mensagem; se os críticos expressarem as notas 80, 81, 82, 87, 89, 89, 90, 90, 90, 91, 91, 94, 97, 99 e 100, a mensagem é outra. Os dois conjuntos de dados têm a mesma média, mas diferem no quanto variam a partir dessa média. O modo como os dados estão distribuídos é uma informação muito importante; por isso, os matemáticos criaram uma medida numérica da variação, de modo a descrevê-la. Esse número é chamado de desvio padrão da amostra. Os matemáticos também medem a variação com base no quadrado desse número, o que é chamado de variância da amostra.

O desvio padrão da amostra caracteriza o quanto um conjunto de dados se aproxima da média – ou, em termos práticos, a incerteza dos dados. Quando é baixo, todos os dados caem perto da média. Por exemplo, no caso em que todos os críticos deram nota 90 ao vinho, o desvio padrão da amostra é igual a 0, o que nos diz que todos os dados são idênticos à média. No entanto, quando o desvio padrão da amostra é alto, os dados não se aglomeram ao redor da média. Na série de classificações acima, que varia de 80 a 100, o desvio padrão é igual a 6, o que significa que, como regra, a maioria das classificações cairá a no máximo 6 pontos de diferença da média. Nesse caso, tudo o que podemos realmente dizer sobre o vinho é que sua classificação provavelmente se situa em algum lugar entre 84 e 96.

Ao julgarem o significado de suas medições, os cientistas dos séculos XVIII e XIX se depararam com as mesmas questões enfrentadas pelo enófilo cético. Pois se um grupo de pesquisadores faz uma série de observações, os resultados quase sempre serão diferentes. Um astrônomo pode sofrer as consequências de condições atmosféricas adversas; outro pode ser simplesmente incomodado por uma leve brisa; um terceiro talvez tenha acabado de voltar de uma degustação de vinho madeira com William James. Em 1838, o matemático e astrônomo F.W. Bessel categorizou 11 classes de erros aleatórios que ocorrem em todas as observações telescópicas. Mesmo que um único astrônomo faça medições repetidas, variáveis como sua visão imperfeita ou o efeito da temperatura sobre o aparelho resultarão em variações nas observações. Dessa forma, os astrônomos devem entender de que maneira, dada uma série de medições discrepantes, poderão determinar a verdadeira posição de um corpo celeste. Porém, só porque enófilos e cientistas se veem diante de um mesmo problema, isso não significa que irão encontrar a mesma solução. Será possível identificarmos características gerais de erros aleatórios, ou será que o caráter do erro aleatório depende do contexto?

Uma das primeiras pessoas a insinuar que séries de medições divergentes compartilham características comuns foi Daniel, o sobrinho de Jakob Bernoulli. Em 1777, ele comparou os erros aleatórios das observações astronômicas aos desvios no voo das setas de um arqueiro. Nos dois casos, raciocinou, o objetivo – o verdadeiro valor da quantidade medida, ou o alvo – deve se encontrar em algum lugar perto do centro, e os resultados observados devem se amontoar ao seu redor, de modo que mais resultados se aproximem das faixas internas e menos caiam longe do alvo. A lei que ele propôs para descrever a distribuição afinal se provou equivocada, mas o importante foi a percepção de que a distribuição dos erros de um arqueiro poderia espelhar a distribuição dos erros em observações astronômicas.

A ideia de que a distribuição dos erros segue alguma lei universal, por vezes chamada de Lei dos Erros, é o preceito central no qual se baseia a teoria da medição. Sua implicação mágica é que, desde que satisfeitas certas condições muito comuns, qualquer determinação de um valor real baseada em valores medidos poderá ser resolvida empregando-se um único tipo de análise matemática. Quando essa lei universal é empregada, o problema de determinar a posição real de um corpo celeste com base em medições feitas por astrônomos equivale ao de determinar a posição do centro do alvo tendo apenas os buracos das setas, ou a "qualidade" de um vinho com base numa série de notas. É isso o que faz da estatística matemática uma disciplina coerente, e não apenas uma série de truques: qualquer que seja o objetivo de nossas medições – determinar a posição de Júpiter na noite de Natal ou o peso de um pedaço de pão com passas recém-saído da linha de montagem –, a distribuição dos erros será a mesma.

Isso não significa que os erros aleatórios sejam o único tipo de erro capaz de afetar a medição. Se a metade de um grupo de enólogos gostar apenas de vinho tinto e a outra metade apenas de vinho branco, mas, a não ser por isso, concordarem perfeitamente em suas avaliações (e forem perfeitamente consistentes), as classificações recebidas por um vinho em particular não seguirão a Lei dos Erros – na verdade, serão formadas por dois picos agudos, um devido aos amantes de vinho tinto e outro devido aos amantes de vinho branco. Até mesmo nas situações em que a aplicabilidade da lei não é tão óbvia, sejam apostas em jogos de futebol profissional[25] ou testes de QI, a Lei dos Erros muitas vezes se aplica. Muitos anos atrás, tive acesso a alguns milhares de cartões de registro para um programa de computador, criado por um amigo, voltado para crianças de 8 e 9 anos de idade. O programa não estava vendendo tão bem quanto esperado. Quem o estava comprando? Depois de alguma tabulação, descobri que a maior parte dos usuários tinha idade de 7 anos, o que indicava um desacordo indesejado, mas não inesperado. Porém, o que realmente me impressionou foi que, ao fazer um gráfico em barras que mostrava a diminuição do número de usuários à medida que sua idade se desviava da média de 7 anos, descobri que o gráfico assumia um formato muito familiar – o da Lei dos Erros.

Uma coisa é suspeitar que arqueiros e astrônomos, químicos e comerciantes se deparam com a mesma Lei dos Erros; outra é descobrir a forma específica dessa lei. Impelidos pela necessidade de analisar dados astronômicos, cientistas como Daniel Bernoulli e Laplace postularam, ao final do século XVIII, uma série de tentativas falhas. No fim das contas, descobriu-se que a função matemática correta para descrever a lei – a curva normal, uma curva em forma de sino – estava debaixo de seu nariz o tempo todo. Tinha sido descoberta em Londres, num contexto diferente, muitas décadas antes.

Das três pessoas que ajudaram a elucidar a importância da curva normal, seu descobridor é o que frequentemente recebe menos crédito. O grande avanço implementado por Abraham de Moivre surgiu em 1733, quando ele já tinha mais de 60 anos, e não veio a público até que a segunda edição de seu livro *A doutrina das probabilidades* fosse publicada, cinco anos depois. De Moivre se deparou com a curva ao buscar uma aproximação para os números que habitam regiões do triângulo de Pascal muito abaixo do lugar onde o cortei, centenas de milhares de linhas abaixo. Para provar sua versão da Lei dos Grandes Números, Jakob Bernoulli tivera que lidar com certas propriedades dos números que apareciam nessas linhas. Os números podem ser muito elevados – por exemplo, um coeficiente da 200ª linha do triângulo de Pascal tem 59 algarismos! Nos tempos de Bernoulli, como em qualquer época antes da invenção dos computadores, tais números eram obviamente muito difíceis de calcular. É por isso que, como eu disse, Bernoulli provou sua lei utilizando várias aproximações que diminuíram a utilidade prática do resultado. Com sua curva, De Moivre conseguiu fazer aproximações muito melhores dos coeficientes e, assim, aprimorar amplamente as estimativas de Bernoulli.

A aproximação derivada por De Moivre torna-se evidente se, como fiz com relação aos cartões de registro para o programa de computador, representarmos os números de uma linha do triângulo como a altura das barras em um gráfico. Por exemplo, os três números da terceira linha do triângulo são 1, 2, 1. No gráfico de barras, a primeira barra se eleva por uma unidade, a segunda tem o dobro da altura e a terceira desce novamente para apenas uma unidade. Agora, vejamos os números da quinta linha: 1, 4, 6, 4, 1. Esse gráfico terá 5 barras, novamente começando por baixo, subindo até um pico no centro e depois descendo simetricamente. Os coeficientes muito mais abaixo no triângulo levam a gráficos com muitas barras, mas se comportam da mesma maneira. Os gráficos de barras da décima, centésima e milésima linhas do triângulo de Pascal estão ilustrados a seguir.

Se desenharmos uma curva conectando os topos de todas as barras de cada gráfico, ela assumirá uma forma característica, que se aproxima do formato de um sino. E se suavizarmos um pouco a curva, poderemos escrever sua expressão matemática. A curva normal suavizada não é apenas uma visualização dos números do triângulo de Pascal; é um meio de obtermos uma estimativa precisa e de fácil utilização dos números que aparecem nas linhas mais baixas do triângulo. Essa foi a descoberta de De Moivre.

A curva normal também é chamada de distribuição normal, e às vezes de distribuição gaussiana (já veremos onde se originou o termo). A distribuição normal, na verdade, não é uma curva fixa, e sim uma família de curvas; cada uma delas depende de dois parâmetros que determinam sua posição e forma específicas. O primeiro determina onde se localiza seu pico, que fica nos pontos 5, 50 e 500 nos gráficos aqui apresentados. O segundo determina a largura da curva. Embora só tenha recebido seu nome moderno em 1894, essa medida é chamada desvio padrão, sendo o equivalente teórico do conceito de que falei anteriormente, o desvio padrão da amostra. Em termos gerais, trata-se da metade da largura da curva no ponto em que esta atinge cerca de 60% de sua altura máxima. Atualmente, a importância da distribuição normal se estende muito além de seu uso como uma aproximação dos números do triângulo de Pascal. De fato, descobriu-se que essa é a maneira mais disseminada da distribuição de dados.

Quando empregada para descrever a distribuição de dados, a curva normal descreve de que maneira, ao fazermos muitas observações, os dados se localizam ao redor da média, que é representada pelo pico da curva. Além disso, como a curva descende simetricamente de cada lado, ela descreve o modo como o número de observações diminui igualmente acima e abaixo da média, a princípio mais abruptamente, depois de maneira menos drástica. Nos dados que seguem a distribuição normal, cerca de 68% (aproximadamente ⅔) das observações cairão a menos de 1 desvio padrão da média, cerca de 95% cairão a menos de 2 desvios padrão e 99,7%, a menos de 3 desvios padrão.

Para visualizar essa situação, temos que analisar o gráfico a seguir. Nessa tabela, os dados marcados com quadrados referem-se aos palpites feitos por 300 estudantes que observaram, cada um,

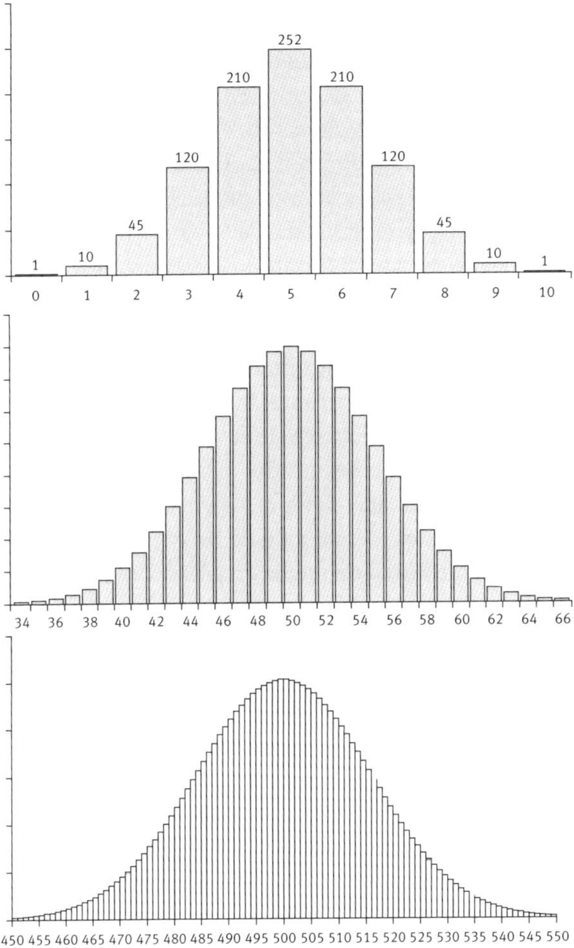

Os gráficos acima representam a magnitude relativa da décima, centésima e milésima linhas do triângulo de Pascal (ver p.97-8). Os números no eixo horizontal indicam a que entrada cada barra corresponde. Por convenção, essa numeração começa em 0, e não em 1 (o gráfico do meio e o de baixo foram cortados de modo que as entradas cujas barras teriam altura desprezível não aparecessem).

uma série de 10 lançamentos de uma moeda.[26] No eixo horizontal foi disposto o número de palpites certos, de 0 a 10. No eixo vertical foi disposta a quantidade de estudantes que realizaram esse número de palpites certos. A curva tem forma de sino, centrada em 5 palpites certos, e nesse ponto, a altura corresponde a aproximadamente 75 estudantes. A curva cai para cerca de ⅔ de sua altura máxima, que corresponde a cerca de 51 estudantes, aproximadamente na metade do caminho entre 3 e 4 palpites certos à esquerda e entre 6 e 7 à direita. Uma curva normal com essa magnitude de desvio padrão é típica de um processo aleatório, como a tentativa de acertar o resultado do lançamento de uma moeda.

O mesmo gráfico também apresenta outro conjunto de dados, marcado com círculos. Esse conjunto descreve o desempenho de 300 corretores de fundos mútuos de ações. Neste caso, o eixo horizontal não representa os palpites corretos no cara ou coroa, e sim o número de anos (de um total de 10) em que o desempenho do corretor foi melhor que a média do grupo. Note a semelhança! Voltaremos a isso no capítulo 9.

Uma boa maneira de entender de que modo a distribuição normal se relaciona aos erros aleatórios é considerar o processo de amostragem. Você deve se lembrar da pesquisa que descrevi no capítulo 5, sobre a popularidade do prefeito de Basileia. Nessa cidade, uma certa proporção dos eleitores aprovava o prefeito, e outra o desaprovava. Para simplificar, suponhamos que cada lado é formado por 50% dos eleitores. Como vimos, existe a possibilidade de que as pessoas entrevistadas não reflitam exatamente essa divisão meio a meio. De fato, se entrevistarmos eleitores, a probabilidade de que qualquer quantidade deles apoie o prefeito é proporcional aos números na linha *N* do triângulo de Pascal. Assim, segundo o trabalho de De Moivre, se os pesquisadores entrevistarem um grande número de eleitores, as probabilidades dos diferentes resultados da pesquisa poderão ser descritas pela

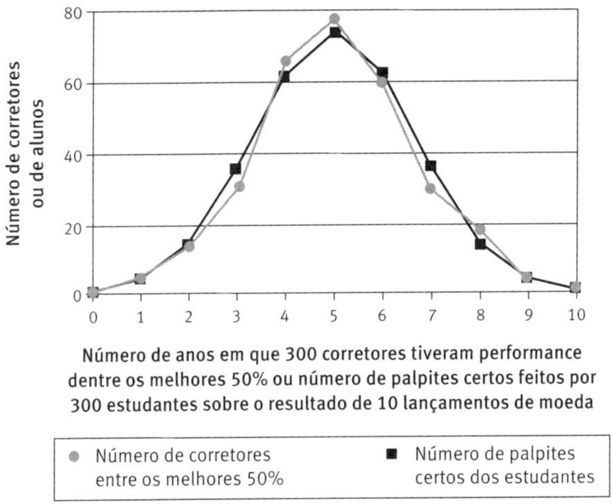

Palpites no cara ou coroa comparado com sucesso no mercado de ações

distribuição normal. Em outras palavras, em cerca de 95% das vezes a taxa de aprovação observada se afastará menos de 2 desvios padrão da aprovação real, que é de 50%. Os pesquisadores usam o termo "margem de erro" para descrever essa incerteza. Quando dizem aos meios de comunicação que a margem de erro de uma pesquisa é de 5% para mais ou para menos, o que estão dizendo é que, se repetissem a pesquisa uma grande quantidade de vezes, em 19 de cada 20 pesquisas (95%) o resultado estaria a menos de 5% do valor correto – embora raramente mencionem o fato, isso também significa, naturalmente, que aproximadamente 1 de cada 20 pesquisas terá um resultado amplamente impreciso. Como regra, uma amostra de 100 gera uma margem de erro grande demais para a maioria dos propósitos. Uma amostra de mil, por outro lado, costuma gerar uma margem de erro próxima de 3%, que é suficiente para a maior parte das finalidades.

Ao avaliarmos qualquer tipo de pesquisa, é importante perceber que, se o estudo for repetido, é esperado que os resultados variem. Por exemplo, se na realidade 40% dos eleitores registrados aprovam o trabalho do presidente, a probabilidade de que seis pesquisas independentes apresentem resultados como 37, 39, 39, 40, 42 e 42 é muito maior que a de que todas afirmem que o apoio do presidente se encontra em 40%. (Esses seis números são efetivamente os resultados de seis pesquisas independentes que avaliaram a aprovação do governo do presidente dos Estados Unidos nas primeiras duas semanas de setembro de 2006.)[27] É por isso que, também como regra, qualquer variação dentro da margem de erro deve ser ignorada. Porém, embora o *New York Times* não possa publicar a manchete "Empregos e salários aumentaram modestamente às 14h", notícias análogas são bastante comuns no que diz respeito às pesquisas eleitorais. Por exemplo, após a convenção nacional do Partido Republicano em 2004, a rede CNN lançou a notícia: "Bush aparentemente conquista apoio modesto."[28] Os especialistas da CNN explicaram então que "Bush pareceu conquistar um apoio de 2 pontos percentuais na convenção … A proporção de eleitores que afirmaram a intenção de votar nele cresceu de 50% logo antes da convenção para 52% imediatamente depois." Só mais tarde o repórter comentou que a margem de erro da pesquisa era de 3,5 pontos percentuais para mais ou para menos, ou seja, a manchete não tinha essencialmente nenhum significado. Aparentemente, a palavra *aparentemente* nos programas da CNN significa "aparentemente não".

Em muitas pesquisas, uma margem de erro de mais de 5% é considerada inaceitável; ainda assim, fazemos julgamentos em nossa vida cotidiana baseados em amostras muito menores que essa. As pessoas não têm a chance de jogar 100 anos de basquete profissional, investir em 100 imóveis ou abrir 100 empresas de biscoitos de chocolate. Assim, ao julgarmos seu êxito nesses empreendimentos, nós o fazemos com base em apenas uns poucos dados. Será que um time de futebol deveria desembolsar US$50 milhões para comprar um atleta que acabou de sair de um único ano de grandes resultados? Qual é a probabilidade de que um corretor de ações que se mostra muito interessado em meu dinheiro repita seus êxitos anteriores? O sucesso passado do endinheirado inventor dos Sea Monkeys* significa que existe uma boa chance de que ele seja bem-sucedido em suas novas invenções, como peixinhos invisíveis e rãs instantâneas? (Só para constar, não, ele não o foi.)[29] Quando observamos um êxito ou fracasso, estamos observando um único dado, uma amostra da curva normal que representa as potencialidades já previamente existentes. Não temos como saber se essa nossa única observação representa a média ou uma ocorrência excêntrica, um evento no qual deveríamos apostar ou um acontecimento raro, que provavelmente não se repetirá. Porém, precisamos no mínimo estar cientes de que um dado é apenas um dado, e em vez de aceitá-lo como a realidade, devemos enxergá-lo no contexto do desvio padrão ou da distribuição de possibilidades que o gerou. O vinho pode ter ganhado nota 91, mas esse número é insignificante se não tivermos nenhuma estimativa da variação que ocorreria se o mesmo vinho fosse avaliado muitas outras vezes, ou por outras pessoas. Talvez seja bom saber, por exemplo, que alguns anos atrás, quando os guias de vinhos *The Penguin Good Australian Wine Guide* e *Australian Wine Annual*, este da revista *On Wine*, classificaram a safra de 1999 do Mitchelton Blackwood Park Riesling, o primeiro deu 5 estrelas ao vinho, classificando-o como Melhor Vinho Penguin do Ano, enquanto o segundo classificou-o como o pior dos vinhos avaliados, decla-

* Crustáceos (*Artemia salina*) vendidos para uso em aquários domésticos, muito populares nos Estados Unidos durante as décadas de 1960 e 70. (N.T.)

rando ser a pior safra produzida em uma década.[30] Além de nos ajudar a entender essas discrepâncias, a distribuição normal também nos proporciona uma ampla variedade de aplicações estatísticas muito empregadas hoje na ciência e no comércio – por exemplo, quando uma empresa farmacêutica avalia se os resultados de um estudo clínico são significativos, quando um fabricante avalia se uma amostra de autopeças reflete precisamente a proporção das que são defeituosas ou quando um comerciante decide agir com base nos resultados de uma pesquisa de mercado.

O RECONHECIMENTO de que a distribuição normal descreve a distribuição de erros de medição só surgiu décadas depois do trabalho de De Moivre, sendo feito pelo sujeito cujo nome é por vezes ligado à curva normal, o matemático alemão Carl Friedrich Gauss. Gauss teve essa percepção, ao menos no que concerne às medições astronômicas, enquanto trabalhava no problema dos movimentos planetários. A "prova" de Gauss, no entanto, era, como ele próprio admitiu posteriormente, inválida.[31] Além disso, ele tampouco se deu conta das consequências de longo alcance da ideia. Assim, inseriu discretamente a lei numa seção ao final de um livro chamado *Teoria do movimento dos corpos celestes que giram ao redor do Sol seguindo órbitas com a forma de seções cônicas.* Ela poderia muito bem ter morrido aí, como apenas mais uma dentre tantas propostas abandonadas para a Lei dos Erros.

Laplace foi o responsável por retirar a distribuição normal da obscuridade. Ele encontrou o trabalho de Gauss em 1810, pouco depois de ter lido um artigo para a Académie des Sciences em que provava o chamado Teorema do Limite Central, segundo o qual a probabilidade de que a soma de uma grande quantidade de fatores aleatórios seja igual a qualquer valor dado se distribui de acordo com a distribuição normal. Por exemplo, suponha que assemos 100 pães, seguindo para cada um uma receita que tem o objetivo de gerar um pão de peso igual a mil gramas. Por mero acaso, às vezes iremos acrescentar um pouco mais ou menos de farinha ou leite, ou então o forno poderá deixar escapar um pouco mais ou menos de umidade. Se, no fim, cada uma das inúmeras causas de erro acrescentar ou subtrair alguns gramas, o Teorema do Limite Central afirma que o peso de nossos pães irá variar de acordo com a distribuição normal. Ao ler o trabalho de Gauss, Laplace percebeu imediatamente que poderia usá-lo para aperfeiçoar o seu, e que este poderia gerar um argumento melhor que o de Gauss para sustentar a noção de que a distribuição normal é, de fato, a Lei dos Erros. Laplace se apressou em publicar uma breve continuação de seu artigo sobre o teorema. Hoje, o Teorema do Limite Central e a Lei dos Grandes Números são os dois resultados mais famosos da teoria da aleatoriedade.

Para ilustrar como o Teorema do Limite Central explica que a distribuição normal é a Lei dos Erros correta, vamos reconsiderar o exemplo do arqueiro citado por Daniel Bernoulli. Certa noite, após um agradável interlúdio com vinho e companhia adulta, fiz o papel do arqueiro quando meu filho mais novo, Nicolai, me entregou um arco e flecha e me desafiou a acertar uma maçã em sua cabeça. A flecha tinha uma ponta macia, feita de espuma, mas ainda assim pareceu-me razoável fazer uma análise dos possíveis erros e suas probabilidades. Por motivos óbvios, eu estava preocupado principalmente com erros verticais. Um modelo simples dos erros é o seguinte: cada fator aleatório – digamos, minha vista ruim, o efeito das correntes de ar e assim por diante – faria com que minha flecha se desviasse verticalmente do alvo, para cima ou para baixo, com igual probabilidade. Assim, meu erro total na mira seria a soma dos meus erros. Se eu tivesse sorte, aproximadamente a metade dos erros desviaria a flecha para cima e a outra metade para baixo, e meu disparo cairia bem no alvo. Se tivesse azar (ou, mais precisamente, se meu filho tivesse azar), todos os erros convergiriam para o mesmo lado e meu disparo cairia muito longe do alvo, para cima ou para baixo. A questão relevante era: qual era a probabilidade de que os erros cancelassem uns aos outros, ou de que se somassem ao máximo, ou de que caíssem em qualquer outro valor no meio do caminho? Mas isso era apenas um processo de Bernoulli – como jogar moedas e perguntar qual é a probabilidade de que as jogadas resultem num certo número de caras. A resposta é descrita pelo triângulo de Pascal, ou, se houver muitas observações envolvidas, pela distribuição normal. Neste caso, é exatamente isso o que afirma o Teorema do Limite Central – no fim das contas, não acertei nem a maçã nem o filho, mas consegui derrubar uma taça de excelente cabernet.

Na década de 1830, a maioria dos cientistas já acreditava que toda medição é um composto de fatores, sujeito a muitas fontes de desvio e, portanto, à Lei dos Erros. Dessa forma, a Lei dos Erros e o Teorema do Limite Central nos deram uma compreensão nova e mais profunda sobre os dados e sua relação com a realidade física. No século seguinte, os acadêmicos interessados na sociedade humana também apreenderam essas ideias e descobriram, surpresos, que a variação nas características e no comportamento humano muitas vezes apresenta um padrão semelhante ao do erro nas medições. Assim, tentaram estender a aplicação da Lei dos Erros das ciências físicas para uma nova ciência das questões humanas.

8. A ordem no caos

Em meados dos anos 1960, com cerca de 90 anos de idade e passando por grandes necessidades, uma francesa chamada Jeanne Calment fez um acordo com um advogado de 47 anos: ela lhe venderia seu apartamento pelo preço de um pequeno pagamento mensal de subsistência, com o trato de que os pagamentos cessariam quando ela morresse, e nesse momento o advogado poderia se mudar para o imóvel.[1] É provável que o advogado soubesse que a sra. Calment já havia excedido a expectativa de vida francesa em mais de dez anos. No entanto, ele talvez não conhecesse a Teoria de Bayes, nem estivesse ciente de que a questão relevante não era saber se o esperado era ela morrer em menos de dez anos, e sim saber que sua expectativa de vida, dado que ela já chegara aos 90, era de aproximadamente mais seis anos.[2] Ainda assim, ele deveria estar tranquilo, acreditando que qualquer mulher que, quando adolescente, conhecera Vincent van Gogh na loja do pai logo se juntaria ao pintor holandês no além. (Só para constar: ela achou o artista "sujo, malvestido e desagradável".)

Dez anos depois, presume-se que o advogado já houvesse encontrado algum outro lugar para morar, pois Jeanne Calment celebrou seu 100º aniversário em boa saúde. E embora sua expectativa de vida nesse momento fosse de mais dois anos, ela chegou ao 110º aniversário ainda recebendo a mísera mesada do advogado. A essa altura, ele já estava com 67 anos. No entanto, mais uma década se passaria até que a longa espera chegasse ao fim, e não da maneira prevista. Em 1995, quem morreu foi o advogado, enquanto Jeanne Calment continuou a viver. Seu dia só chegaria, finalmente, em 4 de agosto de 1997, aos 122 anos de idade. A idade da sra. Calment ao morrer excedia a do advogado em 45 anos.

O tempo de vida – e a vida – de cada pessoa é imprevisível, mas quando coletamos dados de grupos e os analisamos em conjunto, surgem padrões regulares. Suponha que você tenha dirigido por 20 anos sem sofrer nenhum acidente. Então, em uma tarde fatídica durante as férias em Quebec com sua esposa e família, sua sogra grita "Cuidado com o alce!", e você vira a direção, batendo numa placa de trânsito que diz essencialmente a mesma coisa. Para você, o incidente poderia parecer um acontecimento estranho e único. Porém, como indicado pela necessidade da placa, num conjunto de milhares de motoristas, podemos considerar que alguma porcentagem deles encontrará um alce no meio da estrada. De fato, um conjunto estatístico de pessoas atuando aleatoriamente frequentemente apresenta um comportamento tão consistente e previsível quanto o de um grupo de pessoas que tenham a intenção de atingir objetivos conscientes. Como escreveu o filósofo alemão Immanuel Kant em 1784: "Cada um, segundo uma inclinação própria, segue um propósito próprio, muitas vezes em oposição aos demais; ainda assim, cada pessoa e cada povo, como que guiados por um fio, seguem em direção a um objetivo natural, mas desconhecido de todos; todos trabalham para alcançá-lo, muito embora, se o conhecessem, não lhe dariam muita importância."[3]

Segundo a Administração Federal de Rodovias dos Estados Unidos, por exemplo, há cerca de 200 milhões de motoristas nesse país.[4] E segundo a Administração Nacional de Segurança no Tráfego em Rodovias, num ano recente, esses motoristas dirigiram por um total de 4,60 trilhões de quilômetros.[5] São cerca de 23 mil quilômetros por motorista. Agora, suponha que todas as pessoas do país decidissem que seria legal atingir o mesmo total no ano seguinte. Vamos comparar dois métodos que poderiam ter sido utilizados para alcançar esse objetivo. No método 1, o governo institui um sistema de racionamento, utilizando um dos centros de supercomputadores da Fundação Nacional de Ciência para designar metas pessoais de quilometragem que correspondam às necessidades dos 200 milhões de motoristas, ainda mantendo a média do ano anterior. No método 2, dizemos a todos os motoristas que não se preocupem com isso, apenas dirijam o quanto quiserem sem se preocupar com quanto dirigiram no ano anterior. Se tio Billy Bob, que costumava caminhar até seu emprego na loja de bebidas, decidir viajar 150 mil quilômetros trabalhando como atacadista de espingardas no oeste do Texas, tudo bem. E se a prima Jane, de Manhattan, que gastou quase toda sua quilometragem dando voltas no quarteirão em dias de limpeza das ruas em busca de uma vaga para estacionar, decidir se casar e se mudar para Nova Jersey, também não vamos nos preocupar com isso. Qual método nos levaria mais perto da meta de 23 mil quilômetros por motorista? O método 1 é impossível de testar, embora nossa experiência limitada com racionamento de gasolina indique que provavelmente não funcionaria muito bem. O método 2, por outro lado, foi de fato instituído – pois no ano seguinte os motoristas dirigiram tanto quanto quiseram, sem tentar atingir nenhuma cota. Qual foi o resultado? Segundo a Administração Nacional de Segurança no Tráfego em Rodovias, nesse ano os motoristas americanos dirigiram 4,63 trilhões de quilômetros, ou 23.150 quilômetros por pessoa, apenas 150 quilômetros acima da meta. Além disso, esses 200 milhões de motoristas sofreram praticamente o mesmo número de acidentes fatais, com uma diferença de menos de 200 vítimas (42.815 contra 42.643).

Costumamos associar a aleatoriedade à desordem. Ainda assim, embora as vidas de 200 milhões de motoristas variem de modo imprevisível, seu comportamento total dificilmente poderia ser mais ordenado. Podemos encontrar regularidades análogas se examinarmos como as pessoas votam, compram ações, casam-se, são largadas pelos companheiros, enviam cartas para endereços errados ou ficam presas no tráfego a caminho de uma reunião à qual nem sequer queriam comparecer – ou se lhes medirmos o comprimento das pernas, o tamanho dos pés, a largura das nádegas, a circunferência das barrigas de chope. Ao vasculharem dados sociais tornados disponíveis havia pouco tempo, os cientistas do século XIX descobriram que, onde quer que procurassem, o caos da vida parecia produzir padrões quantificáveis e previsíveis. No entanto, não ficaram impressionados apenas com as regularidades, mas também com a natureza da variação. Como descobriram, os dados sociais frequentemente seguem a distribuição normal.

O fato de que a variação das características e do comportamento humano se distribua como o erro na mira de um arqueiro levou alguns cientistas do século XIX a estudar os alvos contra os quais eram atiradas as setas da existência humana. O mais importante, porém, foi terem tentado compreender as causas sociais e físicas que às vezes tiram o alvo de lugar. Assim, o campo da estatística matemática, desenvolvido para ajudar os cientistas na análise de dados, floresceu num âmbito completamente diferente: o estudo da natureza da sociedade.

Os ESTATÍSTICOS TÊM ANALISADO os dados ligados à vida desde o século XI, quando Guilherme o Conquistador encomendou o que resultou ser, com efeito, o primeiro censo nacional. Guilherme iniciou seu governo em 1035, aos 7 anos de idade, sucedendo a seu pai como duque da Normandia. Como indica seu cognome, o duque Guilherme II gostava de conquistar, e, assim, invadiu a Inglaterra em 1066. No dia de Natal, já conseguira se dar o presente de ser coroado rei. Sua vitória fácil o deixou com um pequeno problema: quem exatamente ele havia conquistado e, o que é mais importante, quanto poderia cobrar em impostos de seus novos súditos? Para responder a essas perguntas, enviou seus inspetores a todas as partes do reino para anotar o tamanho, as posses e os recursos de cada porção de terra.[6] Para se assegurar de que os inspetores haviam acertado na conta, enviou um segundo grupo para refazer todo o trabalho do primeiro. Como a tributação não se baseava na população, e sim na terra e seu uso, os inspetores fizeram um bravo esforço por contar cada boi, vaca e porco, mas não juntaram muitos dados sobre as pessoas que limpavam os excrementos destes. Mesmo que os dados populacionais tivessem sido relevantes, nos tempos medievais uma pesquisa estatística sobre os dados mais vitais aos seres humanos – suas expectativas de vida e doenças – teria sido considerada inconsistente com o conceito tradicional de morte para os cristãos. Segundo a doutrina, não seria correto fazer do fim da vida objeto de especulação, e buscar as leis que a governavam seria quase um sacrilégio. Afinal, se uma pessoa morresse por infecção pulmonar, dor de barriga ou uma pedra cujo impacto excedesse a força compressiva de seu crânio, a verdadeira causa da morte seria considerada simplesmente a vontade divina. Ao longo dos séculos, essa atitude fatalista foi gradualmente deixada de lado, dando espaço para uma visão oposta, segundo a qual, estudando as regularidades da natureza e da sociedade, não estamos desafiando a autoridade de Deus, e sim aprendendo sobre seus desígnios.

Um grande passo nessa transformação de conceitos foi dado no século XVI, quando o lorde-prefeito de Londres ordenou a compilação semanal de "listas de mortalidade" para contabilizar os batismos e enterros registrados nas paróquias. Essas listas foram compiladas esporadicamente durante décadas, mas em 1603, um dos piores anos da peste, a cidade instituiu um registro semanal. Os teóricos do Continente esnobaram as listas de mortalidade repletas de dados, considerando-as peculiarmente inglesas e bastante inúteis. Porém, para um inglês em particular, um lojista chamado John Graunt, os registros contavam uma história interessante.[7]

Graunt e seu amigo William Petty já foram considerados os fundadores da estatística, uma área por vezes tida como pouco nobre entre os estudiosos da matemática pura, devido ao foco nas questões práticas e mundanas. Nesse sentido, Graunt é um fundador particularmente adequado, pois, diferentemente de alguns dos amadores que desenvolveram as probabilidades – Cardano, o médico; Fermat, o jurista; ou Bayes, o clérigo –, Graunt era um vendedor de objetos comuns: botões, linha, agulhas e outras utilidades domésticas. Mas ele não era apenas um vendedor de aviamentos; era um vendedor de aviamentos bem-sucedido, e sua fortuna lhe permitia o lazer de se dedicar a interesses que não tinham nada a ver com utensílios para costurar peças de roupa. Sua riqueza também permitiu que ele ficasse amigo de alguns dos maiores intelectuais da época; entre eles, Petty.

Uma inferência feita por Graunt a partir das listas de mortalidade estava ligada à quantidade de pessoas que morriam de inanição. Em 1665, foram registradas 45 dessas mortes, número apenas cerca de duas vezes maior que o das pessoas que morreram executadas. Por outro lado, 4.808 morreram de consumpção, 1.929 de "febre maculosa e púrpuras", 2.614 em virtude de "dentes e vermes" e 68.596 pela peste. Por que será que, numa época em que Londres estava "repleta de pedintes", tão poucos morriam de fome? Graunt concluiu que a população deveria estar alimentando os famintos. Assim, propôs que o Estado passasse a fornecer os alimentos, o que não custaria nada à sociedade e ainda livraria as ruas de Londres do equivalente, no século XVII, aos mendigos e aos meninos que limpam para-brisas no sinal. Graunt também entrou na discussão sobre as duas principais teorias que tentavam explicar a propagação da peste. Uma delas dizia que a doença era transmitida por ar impuro; a outra, que era transmitida de pessoa a pessoa. Graunt observou os registros semanais de mortalidade e concluiu que as flutuações nos dados eram grandes demais para serem aleatórias, como ele esperava que seriam se a teoria da transmissão de pessoa a pessoa estivesse correta. Por outro lado, como o clima varia de maneira errática de semana a semana, ele considerou que os dados flutuantes seriam compatíveis com a teoria do ar impuro. No fim das contas, Londres ainda não estava pronta para a fila da sopa, e os londrinos teriam se saído melhor se evitassem os ratos em vez do ar impuro, mas as grandes descobertas de Graunt não estavam em suas conclusões. Estavam, isso sim, na percepção de que as estatísticas poderiam prover noções sobre o sistema do qual foram colhidas.

O trabalho de Petty é por vezes considerado um prenúncio da economia clássica.[8] Acreditando que a força do Estado depende e reflete o número e o caráter de seus habitantes, ele utilizou o raciocínio estatístico para analisar questões nacionais. Tais análises eram feitas tipicamente do ponto de vista do soberano, tratando os membros da sociedade como objetos que poderiam ser manipulados conforme sua vontade. Com relação à peste, ele ressaltou que deveriam ser investidos recursos em sua prevenção, porque, salvando vidas, o reino preservaria parte do considerável investimento feito pela sociedade em criar homens e mulheres até a maturidade, e assim, geraria um retorno maior que o gerado pelos mais lucrativos dos investimentos alternativos. Com relação aos irlandeses, Petty não era tão caridoso. Ele concluiu, por exemplo, que o valor econômico de uma vida inglesa era maior que o de uma vida irlandesa, e assim a riqueza do reino aumentaria se todos os irlandeses, a não ser por alguns vaqueiros, fossem obrigados a se mudar para a Inglaterra. Por acaso, Petty devia sua própria fortuna aos mesmos irlandeses: como médico do Exército britânico que invadiu a Irlanda na década de 1650, ele recebera a função de avaliar os espólios, e concluiu que poderia se safar pegando para si uma boa parte deles, o que acabou por fazer.[9]

Se, como acreditava Petty, o tamanho e o crescimento de uma população fossem refletidos na qualidade do governo, então a ausência de um bom método para medir o tamanho daquela dificultava a avaliação governamental. Os cálculos mais famosos de Graunt abordavam essa questão – particularmente com relação à população de Londres. A partir das listas de mortalidade, ele conhecia o número de nascimentos. Como tinha uma ideia aproximada da taxa de fertilidade, podia inferir quantas mulheres haveria em idade fértil. Esse dado lhe permitiu estimar o número total de famílias e, usando suas próprias observações quanto ao tamanho médio de uma família londrina, estimar assim a população da cidade. Ele chegou ao número de 384 mil – antes disso, acreditava-se que a população fosse de 2 milhões. Graunt também surpreendeu a todos ao mostrar que boa parte do crescimento da cidade se devia à migração a partir dos arredores, e não ao método mais lento da procriação; demonstrou também que, apesar dos horrores da peste, o decréscimo da população devido à mais grave das epidemias sempre era compensado em menos de dois anos. Além disso, considera-se habitualmente que Graunt publicou a primeira "tábua de vida", uma organização sistemática de dados sobre a expectativa de vida atualmente empregada por muitas organizações – de companhias de seguros à Organização Mundial da Saúde – interessadas em saber por quanto tempo as pessoas vivem. Uma tábua de vida mostra quantas pessoas, num grupo de 100, deverão sobreviver a cada idade dada. Aos dados de Graunt (a coluna na tabela abaixo chamada "Londres, 1662") acrescentei algumas colunas que exibem os mesmos dados em relação a alguns países atuais.[10]

Idade	Londres, 1662	Afeganistão	Moçambique	China	Brasil	Reino Unido	Alemanha	Estados Unidos	França	Japão
0	100	100	100	100	100	100	100	100	100	100
6	74	85	97	97	99	100	99	100	100	100
16	40	71	82	96	96	99	99	99	99	100
26	25	67	79	96	95	99	99	98	99	99
36	16	60	67	95	93	98	98	97	98	99
46	10	52	50	93	90	97	97	95	97	98
56	6	43	39	88	84	94	94	92	93	95
66	3	31	29	78	72	87	87	83	86	89
76	1	16	17	55	51	69	71	66	72	77
86	–	4	5	21	23	37	40	38	46	52
96	–	0	0	2	3	8	8	9	11	17

Em 1662, Graunt publicou suas análises em *Observações naturais e políticas ... sobre as listas de mortalidade.* O livro foi muito aclamado. Um ano depois, Graunt foi eleito para a Royal Society. Então, em 1666, o Grande Incêndio de Londres, que conflagrou grande parte da cidade, destruiu seu negócio. Para piorar a situação, foi acusado de ajudar a causar a destruição, dando ordens para a interrupção do suprimento de água logo antes do início do fogo. Na verdade, ele não teve nenhuma afiliação com a companhia de águas até o momento do incêndio. Ainda assim, após esse episódio, o nome de Graunt desapareceu dos livros da Royal Society. Ele morreu de icterícia alguns anos depois.

Em boa medida graças ao trabalho de Graunt, os franceses adotaram o procedimento inglês em 1667, revendo seu código legal para permitir investigações como as listas de mortalidade. Outros países europeus acompanharam a tendência. No século XIX, os estatísticos de toda a Europa estavam metidos até o pescoço em registros governamentais como os dados censitários – "uma avalanche de números".[11] O legado de Graunt foi demonstrar que poderíamos fazer inferências sobre uma população como um todo se examinássemos cuidadosamente uma amostragem limitada de dados. Porém, embora ele e outros tenham feito valentes esforços por aprender com os dados pela aplicação de uma lógica simples, a maior parte dos segredos contidos naquelas compilações só seria desvendada com o surgimento das ferramentas criadas por Gauss, Laplace e outros, no século XIX e início do XX.

O TERMO "ESTATÍSTICA" surgiu da palavra alemã *Statistik*, sendo traduzido pela primeira vez para o inglês em 1770, no livro *Bielfield's Elementary Universal Education*, que afirmava que "a ciência chamada estatística nos ensina o arranjo político de todos os Estados modernos do mundo conhecido".[12] Em 1828, o tema já evoluíra de tal modo que o dicionário Webster definia a estatística como "uma coleção de fatos a respeito do estado da sociedade, a condição da população numa nação ou país, sua saúde, longevidade, economia doméstica, artes, propriedade e força política, o estado de seu país etc.".[13] O campo já adotara os métodos de Laplace, que buscara estender sua análise matemática dos planetas e estrelas para as questões da vida cotidiana.*

* Ao português, o termo teria chegado, segundo o filólogo lusitano José Pedro Machado, em 1815, a partir do francês (língua que já registrava o termo desde 1785). A primeira instituição a possuir um curso formal da disciplina no Brasil foi a Escola Central, sucessora da Escola Militar, com a cadeira de economia política, estatística e princípios de direito administrativo. Entretanto, há registros de que em 1810, quando o príncipe regente d. João ampliou a Real Academia de Artilharia, Fortificação e Desenho, transformando-a na Academia Real Militar, já constava do seu programa de matemática, todo ministrado com livros franceses, o estudo do "cálculo de probabilidades". (N.T.)

A distribuição normal descreve a variação de muitos fenômenos ao redor de um valor central que representa o resultado mais provável; em seu *Ensaio filosófico sobre as probabilidades*, Laplace defendeu a ideia de que essa nova matemática poderia ser utilizada para avaliar testemunhos legais, prever taxas de casamentos e calcular preços de seguros. Porém, ao final da edição desse trabalho, Laplace já tinha mais de 60 anos, de modo que suas ideias teriam que ser desenvolvidas por alguém mais jovem. Essa pessoa foi Adolphe Quételet, nascido em Ghent, Flandres, em 22 de fevereiro de 1796.[14]

Em seus primeiros estudos, Quételet não se mostrou muito interessado no funcionamento da sociedade. Sua dissertação, que em 1819 lhe valeu o primeiro doutorado em ciências concedido pela nova universidade de Ghent, tratava da Teoria das Seções Cônicas, um tópico da geometria. Seu interesse se voltou então para a astronomia, e, por volta de 1820, ele passou a participar de um movimento pela fundação de um novo observatório em Bruxelas, onde assumira um cargo. Um homem ambicioso, Quételet aparentemente via o observatório como uma etapa na construção de um império científico. Foi uma jogada audaciosa, em particular porque ele sabia relativamente pouco de astronomia e praticamente nada sobre como dirigir uma instituição como aquela. No entanto, ele deve ter sido persuasivo, pois, além de conseguir financiamento para a entidade, recebeu pessoalmente uma bolsa para viajar a Paris por muitos meses de modo a sanar as deficiências em seu conhecimento. No fim das contas, isso demonstrou ser um investimento sensato, pois o Observatório Real da Bélgica existe até hoje.

Em Paris, o próprio Quételet foi afetado pela desordem da vida, que o levou numa direção completamente diferente. Seu romance com a estatística começou quando ele conheceu muitos dos grandes matemáticos franceses, como Laplace e Joseph Fourier, e estudou estatística e probabilidade com o segundo. Por fim, embora tenha aprendido a dirigir um observatório, apaixonou-se por um objetivo diferente, a ideia de aplicar as ferramentas matemáticas da astronomia aos dados sociais.

Quando voltou a Bruxelas, começou a colecionar e analisar dados demográficos, logo se concentrando nos registros de atividade criminosa que o governo francês passou a publicar em 1827. Em *Sobre o homem e o desenvolvimento de suas faculdades*, um trabalho em dois volumes publicado em 1835, Quételet incluiu uma tabela dos assassinatos anuais registrados na França de 1826 a 1831. Como observou, o número de homicídios era relativamente constante, assim como a proporção de assassinatos cometidos anualmente com armas de fogo, espadas, facas, paus, pedras, instrumentos para cortar e apunhalar, chutes e socos, estrangulamento, afogamento e fogo.[15] Quételet também analisou a mortalidade de acordo com idade, geografia, estação do ano e profissão, assim como em hospitais e prisões. Estudou as estatísticas sobre embriaguez, insanidade e crimes. E descobriu regularidades nas estatísticas que descreviam os suicídios por enforcamento em Paris e o número de casamentos entre mulheres na casa dos 60 anos e homens na casa dos 20, na Bélgica.

Os estatísticos já haviam realizado anteriormente esse tipo de estudo, mas Quételet fez algo novo com os dados: além de examinar a média, pormenorizou a maneira pela qual se desviavam da média. Onde quer que olhasse, Quételet encontrava a distribuição normal: na propensão ao crime, ao casamento e ao suicídio, na altura dos índios americanos e na medida do tórax dos soldados escoceses (ele encontrou uma amostra de 5.738 medições torácicas numa velha edição do *Edinburgh Medical and Surgical Journal*). Nas alturas de 100 mil jovens franceses convocados para o Exército, descobriu o significado de um desvio que afastava os dados da distribuição normal: quando o número de conscritos era analisado em relação à altura, a curva em forma de sino se tornava distorcida; havia poucos recrutas logo acima de 1,60m, o que era compensado por um excesso logo abaixo dessa altura. Quételet argumentou que a diferença – cerca de 2.200 "baixinhos" em excesso – se devia a uma fraude, ou falsificação, pois os recrutas com menos de 1,60m eram dispensados do serviço militar.

Décadas mais tarde, o grande matemático francês Jules-Henri Poincaré empregou o método de Quételet para pegar um padeiro que estava enganando seus clientes. A princípio, Poincaré, que tinha o hábito de comprar pão todos os dias, notou, ao pesar seus pães, que tinham em média 950g, e não os mil gramas anunciados. Ele se queixou com a polícia, e depois disso passou a receber pães maiores. Ainda assim, teve a impressão de que alguma coisa naquele pão não cheirava bem. Então, com a paciência que só um acadêmico famoso – ou, ao menos, com estabilidade no emprego – poderia ter, pesou cuidadosamente seus pães durante o ano seguinte, todos os dias. Embora o peso se aproximasse mais de 1kg, se o padeiro houvesse sido honesto ao lhe dar pães aleatórios, o número de pães acima e abaixo da média deveria – como mencionei no capítulo 7 – diminuir de acordo com a curva normal. No entanto, Poincaré notou que havia poucos pães leves e um excesso de pães pesados. Assim, concluiu que o padeiro não deixara de assar pães mais leves que o anunciado; na verdade, estava apenas tentando apaziguá-lo, dando-lhe o maior pão que tivesse à mão. A polícia visitou novamente o padeiro trapaceiro, que, pelo que se conta, ficou surpreso e supostamente concordou em mudar seus hábitos.[16]

Quételet havia se deparado com uma descoberta útil: os padrões de aleatoriedade são tão confiáveis que, em certos dados sociais, sua violação pode ser vista como uma prova de delitos. Hoje, tais análises são aplicadas a conjuntos de dados tão grandes que seriam impossíveis de analisar na época de Quételet. Mais recentemente, de fato, esse tipo de investigação estatística se tornou muito popular, gerando uma nova área chamada economia forense, cujo exemplo mais famoso talvez seja o estudo estatístico que sugeriu que certas empresas estariam antecipando as datas de suas ofertas de opções de compra de ações. A ideia é simples: as companhias oferecem opções – o direito de comprar ações posteriormente, pelo preço da ação no dia da oferta – como incentivo para que os executivos melhorem os preços das ações de suas firmas. Se as datas das ofertas forem modificadas para uma época em que os preços das ações estavam especialmente baixos, os lucros dos executivos serão correspondentemente elevados. É uma ideia inteligente, mas, quando feita em segredo, viola certas leis. Além disso, deixa uma marca estatística, o que já levou à investigação dessas práticas em cerca de uma dúzia das principais companhias.[17] Num exemplo menos divulgado, Justin Wolfers, um economista da Wharton School, descobriu indícios de fraude nos resultados de aproximadamente 70 mil jogos de basquete universitário.[18]

Wolfers encontrou a anomalia ao comparar as apostas oferecidas por agentes de Las Vegas com os resultados das partidas. Quando um dos times é favorito para vencer, os agentes de apostas as oferecem com base em diferenças de pontos, de modo a atrair aproximadamente o mesmo número de apostas em cada competidor. Por exemplo, suponha que a equipe de basquete do Instituto Caltech seja tida como favorita para ganhar do time da UCLA (para os fãs de basquete universitário, sim, isso de fato era verdade nos anos 1950). Nesses casos, em vez de oferecer pagamentos diferenciados por apostas em cada um dos times, os agentes oferecem pagamentos iguais para cada lado, mas só pagam uma aposta feita no time do Caltech se ele vencer o time da UCLA por, digamos, 13 ou mais pontos.

Embora tais diferenças de pontos sejam determinadas pelos agentes, na realidade são fixadas pela massa de apostadores, pois os agentes apenas ajustam as diferenças para equilibrar a demanda (os agentes ganham dinheiro com comissões, e tentam fazer com que haja uma mesma quantidade de dinheiro apostada em cada um dos lados; desse modo, sabem que não vão perder, qualquer que seja o resultado). Para medir com que precisão os apostadores avaliam duas equipes, os economistas usam um número chamado erro de previsão, que é a diferença entre a margem de vitória do time favorito e a diferença de pontos determinada pelo mercado de apostas. Não é de surpreender que o erro de previsão, sendo um tipo de erro, distribua-se de acordo com a curva normal. Wolfers descobriu que sua média é igual a 0, ou seja, que as diferenças de pontos previstas nas apostas não tendem nem a subestimar nem a superestimar as atuações das equipes, e que o desvio padrão é de 10,9 pontos, o que significa que, em ⅔ das vezes, a diferença de pontos prevista na aposta estará a menos de 10,9 pontos de distância da margem de vitória obtida na partida – em um estudo de jogos de futebol americano profissional encontrou-se um resultado semelhante, com média de 0 e desvio padrão de 13,9 pontos.[19]

Quando Wolfers examinou o subconjunto dos jogos que traziam um time amplamente favorito, descobriu um fato surpreendente: havia poucos jogos nos quais esse time ganhava por poucos pontos a mais que a diferença de pontos prevista pela aposta, e um excesso inexplicável de jogos nos quais ele ganhava por poucos pontos a menos. Tratava-se, novamente, da anomalia de Quételet. A conclusão de Wolfers, como a de Quételet e Poincaré, foi a de que havia uma fraude. Sua análise foi a seguinte: é muito difícil, até mesmo para um grande jogador, assegurar-se de que seu time conseguirá bater a diferença de pontos prevista pela aposta; porém, se o time for amplamente favorito, um de seus jogadores, sem arriscar a chance de vitória da equipe, poderá jogar mal de propósito, de modo a se assegurar de que a equipe *não* vencerá por uma margem maior que a diferença prevista. Assim, se apostadores inescrupulosos quiserem fraudar o resultado de um jogo sem que os jogadores tenham que correr o risco de perder a partida, o resultado gerará justamente as distorções descobertas por Wolfers. O trabalho de Wolfers prova que, em alguma porcentagem de jogos de basquete universitário, os jogadores devem estar recebendo propinas para não marcar pontos? Não, mas como afirma Wolfers, "o que acontece na quadra não deveria refletir o que acontece em Las Vegas". Além disso, é interessante notar que, numa recente pesquisa feita pela NCAA (Associação Atlética Universitária Nacional, na sigla em inglês), 1,5% dos jogadores confessaram conhecer um companheiro de equipe "que recebia dinheiro para jogar mal".[20]

Quételet não procurou aplicações forenses para suas ideias. Ele tinha planos maiores: utilizar a distribuição normal para esclarecer a natureza das pessoas e da sociedade. Se fizermos mil cópias de uma estátua, escreveu, essas cópias conterão variações devido a erros de medição e construção, e a variação será governada pela Lei dos Erros. Se a variação das características físicas das pessoas seguir a mesma lei, raciocinou, isso deverá ocorrer porque nós também somos réplicas imperfeitas de um protótipo. Quételet chamou esse protótipo de *l'homme moyen*, o homem médio. Ele acreditava que também deveria haver um modelo padrão para o comportamento humano. O gerente de uma grande loja de departamentos pode não saber se a nova cabeça de vento que trabalha no caixa irá embolsar o frasco de Chanel Allure que estava cheirando, mas já pode contar com a previsão de que, no comércio varejista, perdem-se cerca de 1,6% dos produtos, dos quais aproximadamente 45 a 48% se devem consistentemente a roubo por parte dos funcionários.[21] O crime, escreveu Quételet, é "como uma taxa paga com regularidade assustadora".[22]

Quételet reconheceu que *l'homme moyen* seria diferente em diferentes culturas, e que poderia se modificar em diferentes condições sociais. Na verdade, a grande ambição de Quételet era estudar essas modificações e suas causas. "O homem nasce, cresce e morre de acordo com certas leis", escreveu, e essas leis "jamais foram estudadas".[23] Newton se tornou o pai da física moderna ao reconhecer e formular um conjunto de leis universais. Inspirando-se nele, Quételet desejava criar uma nova "física social", descrevendo as leis do comportamento humano. Na analogia de Quételet, da mesma forma que um objeto, se não for afetado, mantém seu estado de movimento, o comportamento em massa das pessoas, se não forem alteradas as condições sociais, permaneceria constante. E assim como Newton descreveu o modo como as forças físicas alteram o trajeto retilíneo de um objeto, Quételet buscou leis do comportamento humano para descrever de que modo as forças sociais transformariam as características da sociedade.

Por exemplo, ele acreditava que grandes desigualdades de renda e grandes variações nos preços eram responsáveis pelo crime e por revoltas sociais, e que um nível estável de criminalidade representava um estado de equilíbrio, que se modificaria com a alteração de suas causas subjacentes. Um exemplo claro de tal mudança no equilíbrio social ocorreu nos meses que se seguiram aos ataques de 11 de setembro de 2001, quando as pessoas que precisavam viajar, temendo entrar em aviões, decidiram subitamente ir de carro. Esse medo fez com que o número de vítimas de acidentes em rodovias crescesse, resultando em aproximadamente mil óbitos a mais que no mesmo período do ano anterior – vítimas ocultas do 11 de Setembro.[24]

No entanto, acreditar na existência de uma física social é uma coisa, defini-la é outra. Numa verdadeira ciência, percebeu Quételet, poderíamos investigar essas teorias colocando pessoas num grande número de situações experimentais e verificando seu comportamento. Como isso é impossível, ele concluiu que a ciência social seria mais parecida com a astronomia que com a física, com noções deduzidas a partir da observação passiva. Assim, tentando desvendar as leis da física social, ele estudou a variação temporal e cultural no *homme moyen*.

As ideias de Quételet foram bem recebidas, especialmente na França e na Grã-Bretanha. Um fisiologista chegou até mesmo a recolher urina no mictório de uma estação de trens frequentada por pessoas de muitas nacionalidades para determinar as propriedades da "urina europeia média".[25] Na Grã-Bretanha, o discípulo mais entusiástico de Quételet foi um abastado jogador de xadrez e historiador chamado Henry Thomas Buckle, mais conhecido por ter escrito um ambicioso livro em vários volumes chamado *História da civilização na Inglaterra*. Infelizmente, quando tinha 40 anos, em 1861, Buckle contraiu tifo ao viajar para Damasco. Quando lhe ofereceram os serviços de um médico local, ele recusou porque este era francês, e faleceu. Buckle não terminara seu tratado. No entanto, conseguiu completar os dois primeiros volumes, e o primeiro deles apresentava a história do ponto de vista estatístico. Baseava-se no trabalho de Quételet, e foi um sucesso instantâneo. Lido em toda a Europa, o livro foi traduzido para francês, alemão e russo. Darwin o leu; Alfred Russel Wallace o leu; Dostoiévski o leu duas vezes.[26]

Apesar da popularidade do livro de Buckle, o veredicto da história afirma que a matemática de Quételet era mais sensata que sua física social. Para começo de conversa, nem tudo o que acontece na sociedade, especialmente no âmbito financeiro, é governado pela distribuição normal. Por exemplo, se os rendimentos da indústria cinematográfica seguissem a distribuição normal, a maioria dos filmes renderia algo próximo de um valor médio, e ⅔ de todos os rendimentos se afastariam desse número por no máximo um desvio padrão. No entanto, o que se observa é que 20% dos filmes geram 80% dos rendimentos. Negócios como esse, movidos por grandes sucessos, ainda que sejam completamente imprevisíveis, seguem uma distribuição muito diferente, na qual os conceitos de média e desvio padrão não fazem sentido, pois não existe uma performance "típica", e os poucos megassucessos que se encontram longe da média, e que em negócios habituais talvez só ocorressem uma vez a cada poucos séculos, têm lugar a cada poucos anos.[27]

No entanto, mais importante que a ignorância de Quételet quanto a outras distribuições probabilísticas foi sua incapacidade de realizar um grande progresso na revelação das leis e forças que buscava. Por fim, seu impacto direto sobre as ciências sociais foi pouco expressivo, ainda que seu legado seja inegável, e com grandes consequências. Esse impacto não se situa nas ciências sociais, e sim nas naturais, nas quais sua abordagem para a compreensão da ordem nas grandes sequências de eventos aleatórios inspirou muitos acadêmicos e levou à realização de trabalhos revolucionários que transformaram a maneira de pensar a biologia e a física.

O primo-irmão de Charles Darwin foi o primeiro a utilizar o pensamento estatístico na biologia. Francis Galton, um homem abastado, tinha entrado no Trinity College, em Cambridge, em 1840.[28] A princípio estudou medicina, mas posteriormente seguiu os conselhos de Darwin e passou a se dedicar à matemática. Seu pai faleceu quando ele tinha 22 anos, deixando-lhe uma quantia substancial. Não precisando trabalhar para viver, tornou-se cientista amador. Sua obsessão era a medição. Media o tamanho de cabeças, narizes e membros, o número de vezes em que as pessoas remexiam as mãos e os pés enquanto assistiam a uma aula e o grau de atração das mulheres com que cruzava nas ruas – as garotas de Londres tiveram a melhor nota; as de Aberdeen, a pior. Mediu as características das impressões digitais, um empreendimento que levou a Scotland Yard a adotá-las como método de identificação em 1901. Chegou até mesmo a medir o tempo de vida dos soberanos e clérigos, que, sendo semelhante ao das pessoas com outras profissões, levaram-no a concluir que a prece não trazia nenhum benefício.

Em seu livro *Gênio hereditário*, de 1869, Galton escreveu que a fração da população em qualquer faixa de altura dada deverá ser praticamente uniforme ao longo do tempo, e que a distribuição normal governa a altura e todas as demais características físicas: a circunferência da cabeça, o tamanho do cérebro, o peso da massa cinzenta, o número de fibras cerebrais e assim por diante. Mas Galton não parou por aí. Ele acreditava que a personalidade humana também era determinada pela hereditariedade e, como as características físicas das pessoas, obedecia, de alguma maneira, à distribuição normal. Assim, segundo ele, os homens "não têm igual valor, como unidades sociais, igualmente capazes de votar e de todo o resto".[29] Em vez disso, afirmava, aproximadamente 250 de cada 1 milhão de homens herdam uma capacidade excepcional em alguma área e, em virtude disso, tornam-se eminentes nela – como nessa época as mulheres geralmente não trabalhavam, ele não fez uma análise semelhante em relação a elas. Galton fundou um novo campo de estudos com base nessas ideias, chamando-o de eugenia, a partir das palavras gregas *eu* (bom) e *genos* (nascimento). Ao longo dos anos, o termo eugenia significou muitas coisas diferentes para muitas pessoas distintas. A expressão e algumas de suas ideias foram adotadas pelos nazistas, mas não há indícios de que Galton teria aprovado as maquinações assassinas dos alemães. Sua esperança, na realidade, era encontrar uma maneira de melhorar a condição humana por meio da reprodução seletiva.

Boa parte do capítulo 9 se dedica a compreender por que a interpretação de Galton para o sucesso, baseada num raciocínio simples de causa e efeito, parece tão sedutora. No entanto, veremos no capítulo 10 que, em virtude da enorme variedade de obstáculos fortuitos que precisamos superar para completar uma tarefa de qualquer complexidade, a conexão entre habilidade e realização é muito menos direta, inviabilizando completamente sua explicação a partir das ideias de Galton. De fato, nos últimos anos, os psicólogos descobriram que a capacidade de persistir ante adversidades é um fator ao menos tão importante quanto o talento na busca do sucesso.[30] É por isso que os especialistas costumam falar na "regra dos dez anos", segundo a qual precisamos de no mínimo uma década de trabalho firme, prática e empenho para sermos muito bem-sucedidos na maior parte dos empreendimentos.

Pode parecer assustadora a ideia de que o esforço e o acaso, tanto quanto o talento inato, são o que realmente importa. No entanto, eu a considero estimulante, pois, enquanto nossa constituição genética está fora do nosso controle, o grau de esforço depende de nós mesmos. E os efeitos do acaso também podem ser controlados, na medida em que, dedicando-nos a tentativas repetidas, podemos aumentar nossa chance de êxito.

Quaisquer que sejam os prós e contras da eugenia, os estudos de Galton sobre a hereditariedade o levaram à descoberta de dois conceitos matemáticos fundamentais para a estatística moderna. Um deles ocorreu em 1875, depois que Galton distribuiu pacotes de vagens de ervilha-de-cheiro a sete amigos. Cada um recebeu sementes de tamanho e peso uniformes e devolveu a Galton sementes das gerações seguintes. Ao medi-las, ele notou que a mediana dos diâmetros dos descendentes de sementes grandes era menor que a de seus ascendentes, enquanto a mediana dos diâmetros dos descendentes de sementes pequenas era maior que a de seus ascendentes. Mais adiante, utilizando dados obtidos num laboratório que montara em Londres, notou o mesmo efeito no peso de pais e filhos humanos. Ele chamou o fenômeno – de que, em medições relacionadas, se uma quantidade medida se encontrar longe da média, a outra será mais próxima desta – de regressão à média.

Galton logo se deu conta de que qualquer processo que não apresentasse a regressão à média iria acabar fora de controle. Por exemplo, suponha que os filhos de pais altos tivessem, em média, a mesma altura dos pais. Como as alturas variam, alguns filhos seriam mais altos. Agora imagine a geração seguinte e suponha que os filhos dos filhos mais altos, netos da geração original, também fossem, em média, tão altos quanto os pais. Alguns deles também deveriam ser mais altos que seus pais. Dessa forma, com o passar das gerações, os seres humanos mais altos seriam cada vez mais altos. Devido à regressão à média, isso não acontece. Podemos dizer o mesmo da inteligência, do talento artístico ou da capacidade de dar uma boa tacada numa bola de golfe. Assim, pais muito altos não devem esperar que seus filhos sejam tão altos quanto eles, pais muito inteligentes não devem esperar que seus filhos sejam tão inteligentes, e os Picassos e Tiger Woods deste mundo não devem esperar que seus filhos igualem suas realizações. Por outro lado, pais muito baixos podem esperar filhos mais altos, e nós que não somos tão brilhantes ou não sabemos pintar podemos ter uma esperança razoável de que nossas deficiências serão melhoradas na próxima geração.

Em seu laboratório, Galton convocou pessoas por meio de anúncios e então as submeteu a uma série de medições: sua altura, peso e até as dimensões de certos ossos. Seu objetivo era encontrar um método para prever as medidas dos filhos com base nas medidas dos pais. Um dos gráficos de Galton mostrava as alturas dos pais em relação às dos filhos. Se, digamos, essas alturas fossem sempre iguais, o gráfico seria uma linha ordenada, elevando-se numa inclinação de 45°. Se essa relação se mantivesse em média, mas os dados individuais variassem, então o gráfico mostraria algumas medidas acima e abaixo dessa linha. Os gráficos de Galton portanto ilustravam visualmente não só a relação geral entre as alturas de pais e filhos, como também o quanto essa relação se mantinha constante. Essa foi a outra grande contribuição de Galton à estatística: a definição de um índice matemático para descrever a consistência dessas relações. Ele o chamou de coeficiente de correlação.

O coeficiente de correlação é um número entre −1 e 1; se estiver perto de 1, indica que duas variáveis se relacionam linearmente; um coeficiente 0 significa que não existe nenhuma relação entre elas. Por exemplo, se os dados revelarem que comendo o último lanche de mil calorias lançado pelo McDonald's uma vez por semana as pessoas ganham 5kg por ano, que o comendo duas vezes por semana elas ganham 10kg e assim por diante, o coeficiente de correlação será igual a 1. Se, por algum motivo, todas elas *perdessem* esse mesmo peso, o coeficiente de correlação seria igual a −1. E se os ganhos e perdas de peso estiverem por toda parte e não dependerem do consumo do lanche, o coeficiente será igual a 0. Hoje, o conceito do coeficiente de correlação é um dos mais utilizados na estatística. É usado para avaliar relações como as que existem entre o número de cigarros fumados e a incidência de câncer, entre a distância das estrelas em relação à Terra e a velocidade com que se afastam do nosso planeta e entre as notas obtidas por alunos em provas padronizadas e as rendas familiares desses alunos.

A contribuição de Galton foi significativa não só por sua importância direta, mas também por ter inspirado muitos dos trabalhos estatísticos feitos nas décadas seguintes, nas quais esse campo cresceu e amadureceu rapidamente. Um dos mais importantes desses avanços foi feito por Karl Pearson, um discípulo de Galton. No início deste capítulo, citei muitos tipos de dados que se distribuem conforme a distribuição normal. No entanto, num conjunto finito de dados, o encaixe nunca é perfeito. Nos primeiros dias da estatística, os cientistas por vezes determinavam quais dados seguiam a distribuição normal diagramando-os num gráfico e observando a forma da curva resultante. Porém, como quantificar a precisão do encaixe? Pearson inventou um método, chamado teste do chi-quadrado, pelo qual podemos determinar se um conjunto de dados realmente se conforma à distribuição que acreditamos estar em jogo. Ele demonstrou esse teste em Monte Carlo, em julho de 1892, realizando uma espécie de repetição rigorosa do trabalho de Jagger.[31] No teste de Pearson, como no de Jagger, os números que surgiram numa roleta não seguiram a distribuição que teriam seguido se a roleta gerasse resultados aleatórios. Em outro teste, Pearson contou quantas vezes o 5 e o 6 surgiram após 26.306 jogadas de 12 dados. Ele descobriu que a distribuição não era a que veríamos num experimento ao acaso com dados não viciados – isto é, num experimento em que a probabilidade de um 5 ou um 6 numa jogada fosse de ⅓, ou 0,3333. Mas a distribuição era consistente se a probabilidade de que o dado caísse em um 5 ou em um 6 fosse de 0,337 – ou seja, se os dados fossem viciados. No caso da roleta, o jogo talvez tenha sido manipulado, mas os dados provavelmente tinham um viés em virtude de variações em sua fabricação, que, como enfatizou meu amigo Moshe, estão sempre presentes.

Hoje, o teste do chi-quadrado é amplamente utilizado. Suponha, por exemplo, que em vez de jogarmos dados queiramos testar a popularidade de três caixas de cereal entre os consumidores. Se estes não tiverem nenhuma preferência, esperamos que cerca de 1 de cada 3 consumidores pesquisados vote em cada caixa. Como vimos, os resultados verdadeiros raramente se distribuirão de maneira tão regular. Empregando o teste do chi-quadrado, podemos determinar a probabilidade de que a caixa vencedora tenha recebido mais votos em virtude da preferência dos consumidores, e não do acaso. Da mesma forma, suponha que os pesquisadores de uma empresa farmacêutica realizem um experimento no qual testam dois tratamentos usados na prevenção da rejeição aguda de transplantes. Eles poderão usar o teste do chi-quadrado para determinar se existe uma diferença estatisticamente significativa entre os resultados. Ou então suponha que, antes de abrir uma nova filial, o diretor de uma companhia de aluguel de carros espere que 25% dos clientes queiram carros econômicos, 50% queiram carros médios e 12,5% peçam carros maiores. Quando começarem a surgir as informações, um teste do chi-quadrado poderá ajudar o diretor a decidir rapidamente se sua suposição estava certa, ou se a região em que se encontra a nova filial é atípica, sendo conveniente para a companhia alterar a combinação de carros oferecidos.

Por meio de Galton, o trabalho de Quételet permeou as ciências biológicas. Mas Quételet também ajudou a desencadear uma revolução nas ciências físicas: James Clerk Maxwell e Ludwig Boltzmann, dois dos fundadores da física estatística, inspiraram-se em suas teorias (assim como Darwin e Dostoiévski, eles leram sobre elas no livro de Buckle). Afinal de contas, se os tórax de 5.738 soldados escoceses se distribuem graciosamente ao longo da curva de distribuição normal e as médias anuais de quilometragem de 200 milhões de motoristas variam em apenas 150km de ano a ano, não precisamos de um Einstein para adivinhar que os cerca de 10 septilhões de moléculas em um litro de gás apresentarão algumas regularidades interessantes. Ainda assim, realmente foi preciso um Einstein para finalmente convencer o mundo físico da necessidade dessa nova abordagem para a física. Albert Einstein o fez em 1905, no mesmo ano em que publicou seu primeiro trabalho sobre a relatividade. E embora seja muito pouco conhecido na cultura popular, seu artigo de 1905 sobre a física estatística foi igualmente revolucionário, a ponto de, na literatura científica, ter se tornado seu trabalho mais citado.[32]

O TRABALHO DE EINSTEIN de 1905 sobre a física estatística tinha o objetivo de explicar um fenômeno chamado movimento browniano. O processo foi batizado em homenagem a Robert Brown, botânico, um dos maiores nomes mundiais em microscopia, que teve o mérito de fazer a primeira descrição clara do núcleo celular. O propósito de vida de Brown, perseguido com energia incansável, era descobrir, por meio de suas observações, a origem da força vital, uma influência misteriosa que, na época, acreditava-se conceder a alguma coisa a propriedade de estar viva. Brown estava fadado ao fracasso nessa jornada; porém, num certo dia de junho de 1827, ele pensou ter encontrado o que buscava.

Olhando através de sua lente, Brown observou que os grânulos dentro dos grãos de pólen pareciam se mexer.[33] Embora seja uma fonte de vida, o pólen em si não é um ser vivo. Ainda assim, sob o olhar de Brown, o movimento jamais se interrompia, como se os grânulos possuíssem alguma energia misteriosa. Não se tratava de um movimento intencional; na verdade, parecia ser completamente aleatório. Muito entusiasmado, ele inicialmente pensou ter concluído sua busca, pois que outra energia poderia ser aquela a não ser a energia que move a própria vida?

Numa série de experimentos que realizou cuidadosamente ao longo do mês seguinte, Brown observou o mesmo tipo de movimento ao suspender em água, e às vezes em gim, uma enorme variedade de partículas orgânicas que conseguiu obter: fibras de vitela em decomposição, teias de aranha "enegrecidas com a poeira de Londres" e até mesmo seu próprio muco. Então, no que foi um golpe de misericórdia para sua interpretação esperançosa da descoberta, Brown também observou o mesmo tipo de movimento em partículas inorgânicas – asbesto, cobre, bismuto, antimônio e manganês. Ele soube então que o movimento observado não se relacionava à questão da vida. Por fim, demonstrou-se que a verdadeira causa do movimento browniano era a mesma força que compelia as regularidades no comportamento humano observadas por Quételet – não uma força física, apenas uma força aparente que surgia dos padrões de aleatoriedade. Infelizmente, Brown não viveu o suficiente para conhecer essa explicação para o fenômeno que observou.

A base para a compreensão do movimento browniano foi lançada por Boltzmann, Maxwell e outros nas décadas que se seguiram ao trabalho de Brown. Inspirados por Quételet, esses autores criaram o novo campo da física estatística, empregando as estruturas matemáticas da probabilidade e da estatística para explicar de que modo as propriedades dos fluidos surgiam a partir do movimento dos átomos (na época, hipotéticos) que os constituíam. Suas ideias, no entanto, só tiveram grande repercussão várias décadas mais tarde. Alguns cientistas tinham objeções matemáticas à teoria. Outros a rejeitavam porque, na época, ninguém jamais havia visto um átomo e ninguém acreditava que isso um dia seria possível. Porém, os cientistas costumam ser pessoas práticas, e o principal obstáculo para a aceitação foi o fato de que, embora a teoria reproduzisse algumas leis já conhecidas, também fazia novas previsões. E assim se mantiveram as coisas até 1905, quando, muito depois da morte de Maxwell e pouco antes que o melancólico Boltzmann cometesse suicídio, Einstein empregou a nascente teoria para explicar, com grande detalhamento numérico, o mecanismo preciso do movimento browniano.[34] A necessidade de uma abordagem estatística para a física jamais seria questionada novamente, e a ideia de que a matéria é feita de átomos e moléculas se tornaria a base da maior parte da tecnologia moderna e uma das ideias mais importantes na história da física.

O movimento aleatório de moléculas num fluido pode ser visto, como observaremos no capítulo 10, como uma metáfora para nossos próprios caminhos pela vida; assim, vale a pena dedicarmos algum tempo a observar mais de perto o trabalho de Einstein. Segundo a Teoria Atômica, o movimento fundamental das moléculas de água é caótico. As moléculas primeiro voam para cá, depois para lá, seguindo em linha reta até serem defletidas por um encontro com uma de suas irmãs. Como mencionado no Prólogo, esse tipo de trajeto – no qual a direção se altera aleatoriamente em diversos pontos – muitas vezes é chamado de andar do bêbado, por razões evidentes para qualquer pessoa que já tenha ingerido alguns martínis além da conta (matemáticos e cientistas mais sóbrios às vezes o chamam de passeio aleatório). Se as partículas que flutuam num líquido forem, como prevê a Teoria Atômica, bombardeadas constante e aleatoriamente pelas moléculas do líquido, podemos esperar que saltitem em diferentes direções em virtude das colisões. No entanto, essa imagem do movimento browniano apresenta dois problemas: em primeiro lugar, as moléculas são leves demais para movimentarem as partículas em suspensão; em segundo, as colisões moleculares ocorrem com muito mais frequência que as mudanças de direção observadas. Parte da genialidade de Einstein consistiu em perceber que esses dois problemas se anulam: embora as colisões ocorram com muita frequência, como as moléculas são muito leves, colisões isoladas não têm efeito visível. As mudanças de direção observáveis só ocorrem quando, por pura sorte, as colisões numa direção particular forem preponderantes – o análogo molecular ao ano recorde de Roger Maris no beisebol. Quando Einstein fez as contas, descobriu que, apesar do caos no nível microscópico, havia uma relação previsível entre fatores como tamanho, número e velocidade das moléculas e a frequência e magnitude dos movimentos. Einstein conseguira, pela primeira vez, relacionar a física estatística a consequências novas e mensuráveis. Isso pode soar como uma conquista altamente técnica, mas na verdade se tratou do oposto, do triunfo de um ótimo princípio: o de que boa parte da ordem que observamos na natureza esconde uma desordem subjacente invisível, e assim, só pode ser compreendida por meio das regras da aleatoriedade. Como escreveu Einstein: "É uma sensação maravilhosa reconhecer a unidade de um complexo de fenômenos que parecem ser coisas bastante distintas da verdade visível e direta."[35]

Na análise matemática de Einstein, a distribuição normal tinha novamente um papel central, atingindo um novo patamar de glória na história da ciência. O andar do bêbado também se estabeleceu como um dos processos mais fundamentais da natureza – e, em pouco tempo, como um dos mais estudados. Pois quando os cientistas de todas as áreas começaram a aceitar a legitimidade da abordagem estatística, reconheceram as marcas registradas desse andar caótico em praticamente todas as áreas de estudo – na busca de insetos por comida em meio à selva africana, na química do náilon, na formação dos plásticos, no movimento de partículas quânticas livres, nas variações dos preços das ações e até mesmo na evolução da inteligência ao longo das eras. No capítulo 10, vamos examinar os efeitos da aleatoriedade nos caminhos que seguimos em nossas próprias vidas. Porém, como logo veremos, embora existam padrões ordenados na variação aleatória, estes nem sempre são significativos. Além disso, assim como é importante reconhecer a presença do significado, é igualmente importante não extrair significado de onde ele não existe. É bastante difícil evitar a ilusão de significado em padrões aleatórios. Esse é o tema do próximo capítulo.

9. Ilusões de padrões e padrões de ilusão

Em 1848, duas adolescentes, Margaret e Kate Fox, ouviram ruídos inexplicáveis, como se alguém estivesse batendo na madeira ou arrastando móveis. A casa em que moravam tinha a fama de ser mal-assombrada. Pelo que se conta, Kate desafiou a fonte dos ruídos a repetir os estalidos que ela fez com os dedos e a batucar sua idade.[1] A coisa cumpriu os dois desafios. Nos dias que se passaram, com ajuda da mãe e de alguns vizinhos, as irmãs montaram um código com o qual conseguiam se comunicar com a entidade. Concluíram que a origem dos ruídos era o espírito de um vendedor ambulante que havia sido assassinado alguns anos antes na casa que elas ocupavam agora. Com isso nasceu o espiritualismo moderno – a crença de que os mortos podem se comunicar com os vivos. No início da década de 1850, um tipo em particular de contato espiritual, baseado em golpear, mover ou girar uma mesa, tornara-se a última moda nos Estados Unidos e na Europa. Tratava-se basicamente de um grupo de pessoas reunidas ao redor de uma mesa, apoiando as mãos sobre ela, à espera. Após algum tempo, ouvia-se uma batida; ou então, a mesa poderia começar a se inclinar ou caminhar, por vezes arrastando os participantes consigo. Podemos imaginar homens sérios e barbados, com sobretudos até o meio das coxas, e mulheres entusiasmadas, com saias-balão e olhares maravilhados ao acompanharem a mesa com as mãos, nessa ou naquela direção.

A prática se tornou tão popular no verão de 1853 que os cientistas se puseram a examiná-la. Um grupo de físicos notou que, durante o período de silêncio em que todos ficavam sentados, parecia surgir uma espécie de consenso inconsciente com relação à direção em que a mesa se moveria.[2] Descobriram que, ao distraírem a atenção dos participantes, de modo que não se formasse uma expectativa comum, a mesa não se movia. Em outro teste, conseguiram criar uma condição na qual a metade dos participantes esperava que a mesa caminhasse para a esquerda, e a outra metade esperava que ela caminhasse para a direita; novamente, a mesa não se mexeu. Os cientistas concluíram que "o movimento se deve à ação muscular, em grande parte executada inconscientemente". Porém, a investigação definitiva foi realizada pelo físico Michael Faraday, um dos fundadores da teoria eletromagnética, inventor do motor elétrico e um dos maiores cientistas experimentais da história.[3] Faraday descobriu inicialmente que o fenômeno ocorria mesmo quando só havia uma pessoa sentada à mesa. A seguir, convidando pessoas que, além de serem "extremamente respeitáveis", eram tidas como bons invocadores de espíritos, ele realizou uma série de experimentos engenhosos e complexos, provando que o movimento das mãos dos participantes precedia o da mesa. Além disso, criou um aparelho indicador que alertava as pessoas, em tempo real, sempre que isso começava a ocorrer. Ele descobriu que "assim que o ... [detector] é posto ante o mais honesto [participante] ... a força [da ilusão] se perde; e isso ocorre simplesmente porque os participantes se tornam conscientes do que estão em verdade fazendo".[4]

Faraday concluiu, como haviam concluído os doutores, que os participantes estavam puxando e empurrando a mesa inconscientemente. O movimento provavelmente começava como uma inquietação aleatória. Então, em algum momento, os participantes percebiam um padrão na aleatoriedade. Esse padrão precipitava uma expectativa autorrealizante à medida que as mãos dos participantes seguiam a liderança imaginada da mesa. O valor de seu aparelho, escreveu Faraday, estava "na força corretiva que exerce sobre a mente do participante".[5] Faraday notou que a percepção humana não é uma consequência direta da realidade, e sim um ato imaginativo.[6]

A percepção necessita da imaginação porque os dados que encontramos em nossas vidas nunca são completos, são sempre ambíguos. Por exemplo, a maioria das pessoas considera que a maior prova que podemos ter de um acontecimento é vê-lo com os próprios olhos; numa corte de justiça, poucas coisas são mais levadas em consideração que uma testemunha ocular. No entanto, se apresentássemos em uma corte um vídeo com a mesma qualidade dos dados não processados captados pela retina do olho humano, o juiz poderia se perguntar o que estávamos tentando esconder. Em primeiro lugar, a imagem teria um ponto cego no lugar em que o nervo óptico se liga à retina. Além disso, a única parte de nosso campo de visão que tem boa resolução é uma área estreita, de aproximadamente 1 grau de ângulo visual, ao redor do centro da retina, uma área da largura de nosso polegar quando o observamos com o braço estendido. Fora dessa região, a resolução cai vertiginosamente. Para compensar essa queda, movemos constantemente os olhos para fazer com que a região mais nítida recaia sobre diferentes pontos da cena que desejamos observar. Assim, os dados crus que enviamos ao cérebro consistem numa imagem tremida, muito pixelada e com um buraco no meio. Felizmente, o cérebro processa os dados, combinando as informações trazidas pelos dois olhos e preenchendo as lacunas, com o pressuposto de que as propriedades visuais de localidades vizinhas são semelhantes e sobrepostas.[7] O resultado – ao menos até que idade, lesões, doenças ou um excesso de mai tais cobrem seu preço – é um alegre ser humano sujeito à convincente ilusão de que sua visão é nítida e clara.

Também usamos a imaginação para pegar atalhos e preencher lacunas nos padrões de dados não visuais. Assim como com as informações visuais, chegamos a conclusões e fazemos julgamentos com base em informações incompletas, e concluímos, ao terminar de analisar os padrões, que a "imagem" a que chegamos é clara e precisa. Mas será que é mesmo?

Os cientistas tentaram se proteger contra a identificação de falsos padrões desenvolvendo métodos de análise estatística para decidir se um conjunto de observações fornece bom apoio para uma hipótese ou se, ao contrário, o aparente apoio provavelmente se deve ao acaso. Por exemplo, quando um físico tenta determinar se os dados de um supercolisor são significativos, ele não cola os olhos nos gráficos em busca de picos que se destaquem do ruído; ele aplica técnicas matemáticas. Uma dessas técnicas, o teste de significância, foi desenvolvido nos anos 1920 por R.A. Fisher, um dos maiores estatísticos do século XX – um homem também conhecido por seu temperamento incontrolável e por uma rixa com outro pioneiro da estatística, Karl Pearson; a briga era tão amarga que Fisher continuou a atacar seu inimigo até muito depois da morte deste, em 1936.

Para ilustrar as ideias de Fisher, suponha que uma aluna, numa pesquisa sobre percepção extrassensorial, preveja o resultado de alguns lançamentos de uma moeda. Se, em nossas observações, descobrirmos que ela esteve quase sempre certa, poderemos formular a hipótese de que ela consegue adivinhar os resultados de alguma forma, por meio de poderes psíquicos, por exemplo. Por outro lado, se ela estiver certa na metade das vezes, os dados corroboram a hipótese de que ela estava apenas chutando. Mas o que acontece se os dados caírem em algum ponto no meio do caminho, e não tivermos uma grande quantidade deles? Como tomamos a decisão de aceitar ou rejeitar as hipóteses concorrentes? Essa é a função do teste de significância: trata-se de um procedimento formal para calcular a probabilidade de observarmos o que observamos *se* a hipótese que estamos testando for verdadeira. Se a probabilidade for baixa, rejeitamos a hipótese. Se for alta, podemos aceitá-la.

Por exemplo, suponha que sejamos céticos e formulemos a hipótese de que a aluna não é capaz de prever com precisão os resultados do cara ou coroa. E suponha que, num experimento, ela preveja corretamente os resultados de um certo número de jogadas. Nesse caso, os métodos que analisamos no capítulo 4 nos permitem calcular a probabilidade de que ela tenha conseguido realizar as previsões exclusivamente em função do acaso. Se ela tiver adivinhado os resultados com tanta frequência que, digamos, a probabilidade de que tenha acertado por pura sorte seja de apenas 3%, podemos rejeitar a hipótese de que ela estava chutando. No jargão dos testes de significância, dizemos que o nível de significância da nossa rejeição é de 3%, o que significa que existe uma probabilidade de no máximo 3% de que os dados tenham nos iludido em função do acaso. Um nível de significância de 3% é bastante impressionante; os meios de comunicação poderiam relatar o feito como uma nova prova da existência de poderes psíquicos. Ainda assim, nós, que não acreditamos em poderes psíquicos, podemos continuar céticos.

Esse exemplo ilustra um ponto importante: mesmo que nossos dados tenham uma significância de 3%, se testarmos 100 não médiuns em busca de habilidades psíquicas – ou 100 medicamentos ineficazes, em busca de sua eficácia –, devemos esperar que algumas pessoas pareçam ser médiuns, ou que alguns remédios ineficazes pareçam eficazes. É por isso que pesquisas eleitorais, ou estudos médicos, especialmente os de pequeno porte, às vezes contradizem outras pesquisas ou estudos. Ainda assim, o teste de significância e outros métodos estatísticos são úteis para os cientistas, especialmente quando estes têm a possibilidade de realizar estudos grandes e controlados. No entanto, não temos como realizar tais estudos na vida diária, nem aplicamos intuitivamente a análise estatística. Em vez disso, confiamos em nossa intuição. Quando o meu fogão da marca Viking começou a apresentar defeitos e, por acaso, uma conhecida me contou que tivera o mesmo problema, comecei a dizer aos meus amigos que evitassem essa marca. Quando tive a impressão de que as aeromoças de vários voos da United Airlines eram mais carrancudas que as de outras companhias, comecei a evitar os voos da United. Eu não tinha muitos dados, mas minha intuição identificou padrões.

Às vezes, esses padrões são significativos. Às vezes, não. De qualquer modo, o fato de que nossa percepção dos padrões enxergados na vida seja ao mesmo tempo altamente convincente e subjetiva tem profundas implicações. Isso pressupõe certa relatividade, uma situação na qual, como descobriu Faraday, a realidade está no olho de quem a vê. Por exemplo, em 2006, o *New England Journal of Medicine* publicou um estudo orçado em US$12,5 milhões sobre pacientes com diagnóstico de osteoartrite do joelho. O estudo mostrou que uma combinação dos suplementos nutricionais glicosamina e condroitina não era mais eficaz que um placebo no alívio da dor causada pela artrite. Ainda assim, um eminente médico teve bastante dificuldade em abrir mão da ideia de que os suplementos eram eficazes, e terminou sua análise do estudo, num programa de rádio nacional, reafirmando os possíveis benefícios do tratamento, ressaltando que "uma das médicas da minha esposa tem um gato, e ela afirmou que esse gato não consegue se levantar de manhã sem tomar uma dose de glicosamina e sulfato de condroitina".[8]

Ao fazermos uma análise mais apurada, vemos que muitos dos pressupostos da sociedade moderna se baseiam, como no caso do movimento da mesa, em ilusões coletivas. No capítulo 8, tratamos das surpreendentes regularidades apresentadas por eventos aleatórios; neste, vou abordar a questão na direção oposta, examinando de que maneira os acontecimentos cujos padrões parecem ter uma causa definida podem, na realidade, ser produto do acaso.

Buscar padrões e atribuir-lhes significados faz parte da natureza humana. Kahneman e Tversky analisaram muitos dos atalhos que empregamos para avaliar padrões em dados e para fazer julgamentos quando confrontados com a incerteza. Eles chamaram esses atalhos de heurística. Em geral, a heurística é algo útil; no entanto, assim como nosso modo de processar informações ópticas pode levar às ilusões ópticas, a heurística também pode levar a erros sistemáticos. Kahneman e Tversky chamam esses erros de vieses. Todos nós utilizamos a heurística e padecemos de seus vieses. Porém, embora as ilusões ópticas raramente tenham muita relevância na vida cotidiana, vieses cognitivos têm um papel importante na tomada de decisões. Assim, ao final do século XX, surgiu um movimento para estudar como a mente humana percebe a aleatoriedade. Os pesquisadores concluíram que "as pessoas têm uma concepção muito fraca da aleatoriedade; não a reconhecem quando a veem e não conseguem produzi-la ao tentarem".[9] E o que é pior, temos o costume de avaliar equivocadamente o papel do acaso em nossas vidas, tomando decisões comprovadamente prejudiciais aos nossos interesses.[10]

Imagine uma sequência de eventos. Podem ser os rendimentos trimestrais de uma empresa, ou uma série de encontros bons ou ruins marcados por um site de relacionamentos na internet. Em todos os casos, quanto maior a sequência, ou quanto maior o número de sequências observadas, maior é a probabilidade de que encontremos qualquer padrão imaginável – por mero acaso. Assim, uma série de bons ou maus trimestres, ou encontros, não precisa ter nenhuma "causa" específica. A questão foi ilustrada de maneira muito incisiva pelo matemático

George Spencer-Brown, que escreveu que, numa série aleatória de $10^{1.000.007}$ zeros e uns, devemos esperar ao menos 10 subsequências não sobrepostas de 1 milhão de zeros consecutivos.[11] Imagine o pobre sujeito que se depara com uma dessas sequências ao tentar usar números aleatórios para algum propósito científico. Seu programa gera 5 zeros em sequência, depois 10, depois 20, mil, 10 mil, 100 mil, 500 mil. Ele estaria errado se devolvesse o programa e pedisse o dinheiro de volta? E como reagiria um cientista ao abrir um livro de algarismos aleatórios recém-comprado e descobrir que todos os algarismos são zeros? A ideia de Spencer-Brown é que existe uma diferença entre a aleatoriedade de um processo e a aparência de aleatoriedade do produto desse processo. A empresa Apple teve esse problema ao desenvolver o primeiro programa para embaralhar as músicas tocadas num iPod: a verdadeira aleatoriedade às vezes gera repetições, mas ao ouvirem uma música repetida, ou músicas do mesmo artista tocadas em sequência, os usuários acreditam que o embaralhamento não é aleatório. Assim, a companhia fez com que a função se tornasse "menos aleatória para que pareça mais aleatória", nas palavras de seu fundador, Steve Jobs.[12]

Uma das primeiras especulações sobre a percepção de padrões aleatórios foi feita pelo filósofo Hans Reichenbach, que comentou, em 1934, que pessoas leigas em probabilidade teriam dificuldade em reconhecer uma série aleatória de eventos.[13] Considere a seguinte sequência, representando os resultados de 200 lançamentos de uma moeda, em que O representa cara e X representa coroa: OOOOXXXOOOXXXOOOOXXOOXOOOXXXOO XXOOOXXXOOOXOOXOXOOOOOXOOXOOOOO XXOOXXXOXXOXOXXXXOOOXXOOXXOXOOXXXOO XOOXOXOXXOXOOOXOXOOOOXXXXOOOXXOOXO XXOOOXOOOXXOXOOXXOOOOOXOOXXXXOOOO XXXOOOXOOOXXXXXXOOXXXOOXOOXOOOOOXXXX. É fácil encontrar padrões nesses dados – por exemplo, os quatro

Os seguidos por quatro Xs no começo, e a sequência de seis Xs perto do final. Segundo a matemática da aleatoriedade, devemos esperar tais sequências em 200 jogadas aleatórias. Ainda assim, a maior parte das pessoas se surpreende com elas. Dessa forma, quando em vez de representarem os resultados de um cara ou coroa as sequências de Xs e os representam acontecimentos que afetam nossas vidas, muitas vezes buscamos explicações significativas para o padrão. Quando uma série de Xs representa dias de baixa no mercado financeiro, as pessoas acreditam nos especialistas que explicam que o mercado está ansioso. Quando uma série de Os representa uma sequência de boas jogadas do seu atleta preferido, os comentaristas parecem convincentes ao comentarem sobre a "boa fase" do jogador. E quando, como vimos antes, os Xs ou Os representam as sequências de filmes de baixa bilheteria feitos pela Paramount ou pela Columbia Pictures, todos concordam quando os jornais proclamam exatamente quem soube avaliar corretamente as preferências das plateias mundiais, e quem se enganou.

Acadêmicos e escritores dedicaram muito esforço ao estudo de padrões de sucesso aleatório nos mercados financeiros. Há muitos indícios, por exemplo, de que o desempenho das ações é aleatório – ou tão próximo de aleatoriedade que, na ausência de informações privilegiadas e na presença de um custo para comprar e vender ou para gerenciar uma carteira de títulos, não temos como lucrar com qualquer desvio da aleatoriedade.[14] Ainda assim, Wall Street tem uma longa tradição de analistas-gurus, e o salário médio de um analista, ao final dos anos 1990, era de aproximadamente US$3 milhões.[15] Como eles conseguem isso? Segundo um estudo de 1995, os oito ou 12 "superstars de Wall Street" mais bem pagos, convidados pela revista *Barron's* para fazer recomendações em sua mesa-redonda anual, apenas igualaram o retorno médio gerado pelo mercado.[16] Estudos feitos em 1987 e 1997 descobriram que as ações recomendadas pelos analistas presentes no programa de televisão *Wall Street Week* foram muito pior que isso, ficando bem atrás do mercado.[17] E ao estudar 153 boletins informativos sobre o mercado, um pesquisador do Instituto de Pesquisa Econômica de Harvard não encontrou "indícios significativos de habilidade na escolha das ações".[18]

Por mero acaso, alguns analistas e fundos de ações sempre apresentarão padrões de sucesso impressionantes. E ainda que muitos estudos demonstrem que tais êxitos passados no mercado não servem como bons indicadores de sucesso futuro – ou seja, que os êxitos ocorreram, em boa medida, por pura sorte –, a maior parte das pessoas acredita que as recomendações de seus corretores ou a experiência dos que dirigem fundos de ações valem o que custam. Assim, muitas pessoas, até mesmo investidores inteligentes, compram fundos que cobram taxas de administração exorbitantes. De fato, quando um grupo de perspicazes estudantes de economia do Instituto Wharton recebeu US$10 mil hipotéticos e prospectos que descreviam quatro fundos distintos, todos compostos para espelhar o Índice S&P 500,* a enorme maioria não escolheu o fundo que cobrava as menores taxas.[19] Como pagar apenas 1% por ano a mais em taxas pode, ao longo do tempo, reduzir uma aposentadoria em ⅓ ou pela metade, os perspicazes estudantes não apresentaram um comportamento tão perspicaz assim.

Naturalmente, como ilustra o exemplo de Spencer-Brown, se esperarmos tempo suficiente, encontraremos alguém que, por pura sorte, realmente conseguiu fazer previsões surpreendentemente

---

* Índice de preços das ações das 500 maiores empresas de capital aberto nos Estados Unidos, que contém corporações tanto da Bolsa de Nova York (cuja efetividade é medida pelo Índice Dow Jones, correlato ao Ibovespa, no Brasil) quanto do índice Nasdaq (das empresas de tecnologia). (N.T.)

bem-sucedidas. Se você prefere exemplos ligados ao mundo real em vez de situações matemáticas que trazem $10^{1.000.007}$ algarismos aleatórios, considere o caso do colunista Leonard Koppett.[20] Em 1978, Koppett revelou um sistema que, segundo ele, seria capaz de determinar, ao final de janeiro, se o mercado de ações subiria ou cairia naquele ano. Koppett afirmou que seu sistema conseguira prever corretamente o mercado nos últimos 11 anos.[21] Naturalmente, é fácil identificar sistemas de escolhas de ações em retrospecto; o verdadeiro teste consiste em saber se funcionarão no futuro. O sistema de Koppett passou também nesse teste: julgando o mercado com base no Índice Dow Jones Industrial Average, o sistema funcionou durante os 11 anos seguintes, de 1979 a 1989, falhou em 1990 e voltou a acertar por todos os anos até 1998. No entanto, ainda que ele tenha feito 18 acertos em 19 anos, posso afirmar com segurança que sua sequência de acertos não foi causada por nenhuma habilidade especial. Por quê? Porque Leonard Koppett era colunista da revista *Sporting News*, e seu sistema se baseava nos resultados do Super Bowl, a final do campeonato de futebol americano profissional. Sempre que a vitória ficava com uma equipe da NFC, a Conferência Nacional, ele previa que o mercado iria subir. Sempre que o campeão fosse um time da AFC, a Conferência Americana, a previsão era de que o mercado cairia. Com essas informações, poucas pessoas achariam que os acertos de Koppett se deviam a algo além da sorte. Ainda assim, se ele tivesse credenciais diferentes – e não revelasse seu método –, poderia ter sido louvado como o analista mais inteligente desde Charles H. Dow.*

* Jornalista econômico, cofundador e primeiro editor do *Wall Street Journal* e um dos criadores do Índice Dow Jones, indicador usado para medir o desempenho das ações na Bolsa de Nova York. (N.T.)

Como contraponto à história de Koppett, considere agora a de Bill Miller, um sujeito que realmente tem credenciais. Durante anos, Miller manteve uma sequência de ganhos que, diferentemente da de Koppett, foi comparada à sequência de rebatidas em 56 jogos de beisebol de Joe DiMaggio e às 74 vitórias consecutivas de Ken Jennings no programa de auditório de perguntas e respostas *Jeopardy!*. Essas comparações, porém, não foram muito adequadas, ao menos em um aspecto: a sequência de Miller lhe rendeu, a cada ano, mais do que as sequências dos outros lhes renderam em toda a vida. Pois Bill Miller era o único gerente da carteira de ações do Legg Mason Value Trust Fund, e em cada um dos 15 anos de sua sequência, o desempenho do fundo foi melhor que a carteira de ações que constituem o Índice S&P 500.

Por suas realizações, Miller foi declarado "o maior gerente de fundos dos anos 1990" pela revista *Money*, o "Administrador de Fundos da Década" pela companhia Morningstar e uma das 30 pessoas mais influentes no mundo dos investimentos nos anos de 2001, 2003, 2004, 2005 e 2006 pela revista *SmartMoney*.[22] No 14º ano da sequência de Miller, o site CNNMoney afirmou que a probabilidade de que alguém tivesse uma sequência de ganhos de 14 anos por mero acaso seria de 1/372.529 (voltaremos a isso mais tarde).[23]

Os acadêmicos chamam a impressão equivocada de que uma sequência aleatória se deve a um desempenho extraordinário de "falácia da boa fase". Boa parte do trabalho sobre essa falácia foi realizada no contexto dos esportes, onde o desempenho de um atleta é fácil de definir e medir. Além disso, as regras do jogo são claras e definidas, os dados são abundantes e públicos e as situações interessantes se repetem muitas vezes. Sem falar no fato de que esse tema permite que os acadêmicos compareçam aos jogos enquanto fingem estar trabalhando.

O interesse na falácia da boa fase surgiu ao redor de 1985, particularmente num artigo escrito por Tversky e seus colegas e publicado na revista *Cognitive Psychology*.[24] Nesse artigo, "The hot hand in basketball: On the misperception of random sequences", eles investigaram grandes volumes de estatísticas sobre o basquete. O talento dos jogadores variava, é claro. Alguns acertavam a metade dos arremessos, outros mais, outros menos. Cada atleta tinha sequências boas ou ruins, ocasionalmente. Os autores do artigo se fizeram a pergunta: de que maneira o número e a duração das sequências se comparam ao que observaríamos se o resultado de cada arremesso fosse determinado por um processo aleatório? Ou seja, como teriam sido os jogos se, em vez de fazer arremessos, os jogadores tivessem jogado moedas viciadas que refletissem suas porcentagens de acertos até então? Os pesquisadores concluíram que, apesar das sequências, os arremessos da equipe Philadelphia 76ers, os arremessos livres do Boston Celtics e os arremessos controlados experimentalmente das equipes titulares masculina e feminina da Universidade Cornell não apresentavam nenhum indício de comportamento não aleatório.

Em particular, um indicador direto de que um jogador está "em uma boa fase" é a probabilidade condicional de sucesso (ou seja, de que acerte um arremesso) *se* ele teve sucesso na tentativa anterior. Se um jogador costuma passar por fases boas ou ruins, a chance de acerto logo após um acerto anterior deveria ser maior que sua chance geral de acertar. Porém, os autores descobriram que, em todos os jogadores, um acerto seguido de outro acerto era tão provável quanto um acerto seguido de um erro.

Alguns anos após o surgimento do artigo de Tversky, E.M. Purcell, um físico ganhador do Prêmio Nobel, decidiu investigar a natureza das "boas fases" no beisebol.[25] Como já comentei no capítulo 1, ele descobriu que, nas palavras de seu colega de Harvard Stephen Jay Gould, excetuando-se a sequência de 56 jogos de Joe DiMaggio, "nunca aconteceu no beisebol nada acima ou abaixo da frequência prevista por modelos baseados no lançamento de moedas". Nem mesmo a sequência de 21 derrotas do Baltimore Orioles, no início da temporada de 1988. Jogadores e equipes ruins passam por sequências de derrotas mais longas e frequentes que bons jogadores e boas equipes, e os grandes jogadores e equipes passam por sequências de vitórias mais longas e frequentes que jogadores e equipes fracos. Mas isso ocorre porque sua média de vitórias ou derrotas é mais alta, e quanto maior a média, maiores e mais frequentes serão as sequências produzidas pela aleatoriedade. Para entender esses eventos, precisamos apenas entender como funciona um jogo de cara ou coroa.

E quanto à sequência de Bill Miller? Tendo em vista mais algumas estatísticas, pode parecer menos chocante que uma sequência como a de Miller possa ocorrer em virtude de um processo aleatório. Por exemplo, em 2004, o fundo de Miller lucrou pouco menos de 12%, enquanto a ação média do Índice S&P subiu mais de 15%.[26] Pode parecer que o S&P ganhou fácil do fundo de Miller nesse ano, mas na verdade ele contou o ano de 2004 como uma de suas vitórias. Isso porque o S&P 500 não é uma média simples dos preços das ações que o compõem; trata-se de uma média ponderada, na qual as ações exercem uma influência proporcional à capitalização de cada empresa. O fundo de Miller foi pior que a média simples das ações do S&P, mas melhor que a média ponderada. Na verdade, há mais de 30 períodos de 12 meses nessa sequência durante os quais ele perdeu para a média ponderada, mas não foram anos civis, e a sequência se baseia em intervalos de 1º de janeiro a 31 de dezembro.[27] Assim, num certo sentido, a sequência foi artificial, definida pelo acaso de uma maneira que funcionou bem para Miller.

No entanto, como podemos reconciliar essa revelação com a probabilidade de 1/372.529 de que sua sequência fosse fruto do acaso? Ao discutir a sequência de Miller em 2003, os escritores do informativo *The Consilient Observer* (publicado pela financeira Credit Suisse-First Boston) afirmaram que, "nos últimos 40 anos, nenhum outro fundo conseguiu ter desempenho melhor que o do mercado por 12 anos consecutivos". Eles levantaram a questão da probabilidade de que um fundo tivesse aquele desempenho em virtude do acaso, e a seguir forneceram três estimativas para essa probabilidade (como era o ano de 2003, os autores se referiram à probabilidade de que um fundo vencesse o mercado por apenas 12 anos consecutivos): 1/4.096, 1/477 mil e 1/2,2 milhões.[28] Parafraseando Einstein, se essas estimativas estivessem corretas, eles só precisariam de uma. Qual era a verdadeira probabilidade? Aproximadamente 3/4, ou 75%. Estamos diante de discrepância bastante grande, então é melhor eu me explicar.

Os analistas que citaram a baixa probabilidade estavam certos num sentido: se escolhermos Bill Miller *em particular*, no início de 1991 *particularmente* e calcularmos a probabilidade de que, por puro acaso, *a pessoa específica* que selecionamos vencesse o mercado *precisamente pelos 15 anos seguintes*, então essa probabilidade seria de fato astronomicamente baixa. Teríamos a mesma chance de ganhar se jogássemos uma moeda uma vez por ano, durante 15 anos consecutivos, com o objetivo de que ela caia em cara todas as vezes. Porém, como na análise dos pontos marcados por Roger Maris, essa não é a probabilidade relevante, porque há milhares de administradores de fundos mútuos (mais de 6 mil nos Estados Unidos, atualmente), e existiram muitos períodos de 15 anos nos quais esse feito poderia ter sido realizado. Assim, a pergunta relevante é: se milhares de pessoas jogam moedas uma vez por ano, e vêm fazendo isso há décadas, qual é a probabilidade de que uma delas, por algum período de 15 anos ou mais, tire apenas cara? Essa probabilidade é muito, muito mais alta que a de simplesmente jogar 15 caras em sequência.

Para tornar a explicação mais concreta, suponha que mil administradores de fundos – o que é certamente uma subestimação – tenham jogado uma moeda por ano cada um, começando em 1991 (quando Miller iniciou sua sequência). No primeiro ano, aproximadamente a metade deles teria tirado uma cara; no segundo ano, cerca de ¼ teria tirado duas caras; no terceiro ano, ⅛ teria tirado três caras e assim por diante. A essa altura, quem já tivesse obtido alguma coroa teria caído fora do jogo, mas isso não afeta a análise, porque eles já perderam. A chance de que, depois de 15 anos, *um jogador em particular* tire 15 caras é de $1/32.768$. No entanto, a chance de que *algum dos mil jogadores* que começaram a jogar moedas em 1991 tenha tirado 15 caras é muito maior, cerca de 3%. Por fim, não temos nenhum motivo para considerar apenas os que começaram a jogar em 1991 – os administradores de fundos poderiam ter começado em 1990, ou 1970, ou em qualquer outro ano da era dos fundos modernos. Como os escritores do *Consilient Observer* usaram o período de 40 anos em sua discussão, calculei a probabilidade de que, por mero acaso, *algum administrador* nas últimas quatro décadas houvesse vencido o mercado em todos os anos de *algum período de 15 anos ou mais.* Essa liberdade aumentou novamente a probabilidade para o valor que citei antes, de aproximadamente ¾. Assim, em vez de nos surpreendermos com a sequência de Miller, eu diria que, se ninguém houvesse tido uma sequência como a dele, poderíamos nos queixar legitimamente de que esses administradores tão bem pagos estavam tendo um desempenho pior do que o que teriam se seguissem o puro acaso!

Citei aqui alguns exemplos da falácia da boa fase no contexto dos esportes e do mundo financeiro. Porém, encontramos sequências e outros padrões peculiares de êxito e fracasso em todos os aspectos da vida. Às vezes predomina o êxito, às vezes, o fracasso. De qualquer maneira, é importante enxergarmos as coisas a longo prazo, entendendo que sequências e outros padrões que não parecem aleatórios podem de fato ocorrer por puro acaso. Também é importante, ao avaliarmos os demais, reconhecer que, num grande grupo de pessoas, seria muito estranho se uma delas *não* vivesse uma longa sequência de êxitos ou fracassos.

Ninguém exaltou Leonard Koppett por seus acertos viciados, e ninguém exaltaria um jogador de moedas. Mas muitas pessoas exaltaram Bill Miller. No caso dele, embora o tipo de análise que realizei pareça ter passado despercebido para muitos dos comentaristas citados na mídia, não se trata de nenhuma novidade para os que estudam o mundo de Wall Street de uma perspectiva acadêmica. Por exemplo, o economista Merton Miller (que não tem nenhuma relação com Bill), ganhador do Prêmio Nobel, escreveu que, "se há 10 mil pessoas olhando para as ações e tentando escolher as vencedoras, uma dessas 10 mil vai se dar bem, por puro acaso, e isso é tudo o que está acontecendo. É um jogo, é uma operação movida pelo acaso, e as pessoas acham que estão se movendo com um propósito, mas não estão."[29] Devemos tirar nossas próprias conclusões conforme as circunstâncias; porém, entendendo o funcionamento da aleatoriedade, ao menos nossas conclusões não serão ingênuas.

Na seção anterior, discuti de que maneira podemos ser enganados pelos padrões que surgem em sequências aleatórias com o passar do tempo. No entanto, padrões aleatórios no espaço podem ser igualmente enganadores. Os cientistas sabem que uma das maneiras mais claras de revelar o significado de um conjunto de dados é apresentá-lo em algum tipo de imagem ou gráfico. Quando vemos dados apresentados dessa maneira, muitas vezes tornam-se óbvias certas relações significativas que possivelmente teríamos deixado passar. O ônus é que, às vezes, também percebemos padrões que, na realidade, não têm nenhum significado.

Nossa mente funciona dessa maneira – assimilando dados, preenchendo lacunas e buscando padrões. Por exemplo, observe o arranjo de quadrados acinzentados na figura a seguir.

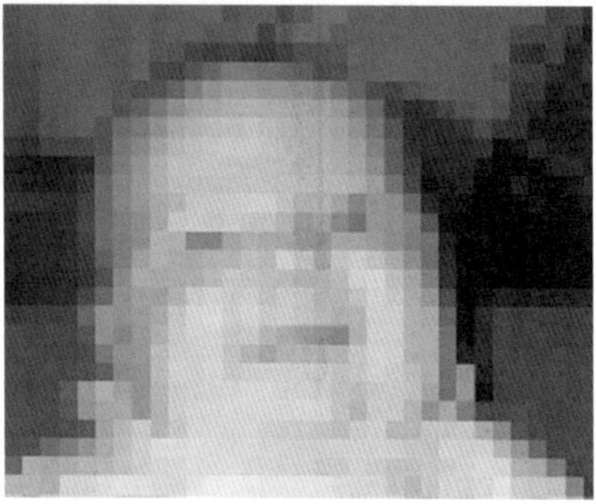

Foto de Frank H. Durgin, "The Tinkerbell Effect", *Journal of Consciousness Studies* 9, n.5-6 (mai-jun 2002)

A imagem não se parece literalmente com um ser humano. Ainda assim, você consegue vislumbrar o padrão bastante bem, a ponto de ser possivelmente capaz de identificar o bebê se o visse pessoalmente. E se segurar este livro com o braço esticado e contrair os olhos, talvez nem sequer perceba as imperfeições na imagem. Agora observe este padrão de Xs e Os:

OOOOXXXXOOOXXXOOOOXXOOXOOOXXXOOXXOOO**XXXX**
OOOXOOXOXOOOOOXOOXOOOOOXXOOXXXOXXOXO**XXXX**
OOOXXOOXXOXOOXXXOOXOOXOXOXXOX**OOO**XOXOOOOX
XXXOOOXXOOXOXXOOOXOOOXXOXOOXX**OOO**OXOO**XXXX**
OOOOXXXOOOXOOOXXXXXXOOXXXOOXOOXOOOOO**XXXX**

Nesse caso, vemos alguns amontoados retangulares, especialmente nos cantos. Estão marcados em negrito. Se os Xs e Os representarem acontecimentos que nos interessam, talvez nos vejamos tentados a cogitar que esses amontoados significam alguma coisa. Mas qualquer significado que lhes déssemos seria equivocado, pois essa sequência é idêntica ao conjunto anterior de 200 Xs e Os aleatórios, a não ser pela disposição geométrica em 5 × 40 e pela escolha das letras a serem postas em negrito.

Essa mesma questão despertou muita atenção ao final da Segunda Guerra Mundial, quando começaram a chover foguetes V2 em Londres. Os foguetes eram aterrorizantes; viajavam a mais de cinco vezes a velocidade do som, de modo que sua aproximação só era ouvida depois da queda. Os jornais logo publicaram mapas dos locais de impacto, que não pareciam revelar padrões aleatórios, e sim amontoados feitos propositalmente. Para alguns observadores, esses amontoados indicavam uma precisão no controle do voo dos foguetes que, dada a distância que estes precisavam viajar, sugeria que a tecnologia alemã era muito mais avançada do que se poderia imaginar. Os civis especularam que as áreas poupadas corresponderiam aos lugares onde moravam os espiões alemães. Os líderes militares temeram que o inimigo pudesse atingir alvos militares cruciais, o que teria consequências devastadoras.

Em 1946, foi publicada no *Journal of the Institute of Actuaries* uma análise matemática dos dados sobre as quedas das bombas. Seu autor, R.D. Clarke, dividiu a área de interesse em 576 regiões de meio quilômetro em cada lado. Entre elas, 229 regiões não sofreram nenhum impacto, enquanto, apesar do tamanho minúsculo, 8 regiões tiveram 4 ou 5 impactos. Ainda assim, a análise de Clarke mostrou que, exatamente como nos dados sobre o cara ou coroa acima, o padrão geral era compatível com uma distribuição aleatória.[30]

Frequentemente surgem questões semelhantes em relatos de casos de câncer. Se dividirmos qualquer cidade ou município em regiões e distribuirmos aleatoriamente os incidentes de câncer, algumas regiões terão mais casos que a média, e outras menos. De fato, segundo Raymond Richard Neutra, chefe da Divisão de Controle de Doenças Ambientais e Ocupacionais do Departamento de Saúde da Califórnia, se tomarmos um registro típico de casos de câncer – um banco de dados sobre taxas locais de ocorrência de dezenas de tipos de câncer diferentes – dentre as 5 mil regiões censitárias da Califórnia, esperamos encontrar 2.750 com elevações aleatórias, porém estatisticamente significativas, de alguma forma de câncer.[31] E se analisarmos um grande número dessas regiões, encontraremos algumas nas quais os casos de câncer ocorreram numa taxa muitas vezes maior que a normal.

O quadro parece ainda pior se dividirmos as regiões *depois* que os casos de câncer já estão distribuídos. Nesse caso, obtemos o que é chamado de "efeito do atirador", uma referência a um suposto atirador de excelente pontaria, pois primeiro atira num papel em branco e depois desenha o alvo. Infelizmente, isso é o que geralmente ocorre na prática: primeiro alguns cidadãos notam que há vizinhos com câncer, depois definem as fronteiras da área em questão. Graças à disponibilidade de dados na internet, hoje o território dos Estados Unidos está sendo esquadrinhado em busca desses aglomerados; não é de surpreender que estejam sendo encontrados. Ainda assim, a formação do câncer requer mutações sucessivas. Para isso, são necessárias longa exposição e/ou grande concentração de carcinógenos. É bastante difícil que tais aglomerados de casos se desenvolvam a partir de causas ambientais e se apresentem em conjunto, antes que as vítimas tenham se mudado da área afetada. Segundo Neutra, para que uma população pudesse apresentar aglomerados de casos de câncer como os que os epidemiologistas são chamados a investigar, seus habitantes teriam que ser expostos a concentrações de carcinógenos geralmente só encontradas em pacientes submetidos a quimioterapia ou em alguns ambientes de trabalho – concentrações muito maiores do que as que a população receberia em bairros ou escolas contaminados. Ainda assim, as pessoas resistem em aceitar a explicação de que os aglomerados constituem variações aleatórias; dessa forma, os serviços de saúde recebem milhares de relatos por ano de casos de câncer aglomerados, que resultam na publicação de centenas de análises exaustivas. Até agora, nenhuma delas identificou convincentemente uma causa ambiental subjacente. Segundo Alan Bender, epidemiologista do Departamento de Saúde de Minnesota, tais estudos "são um desperdício total, completo e absoluto dos dólares do contribuinte".[32]

Neste capítulo, consideramos algumas das maneiras pelas quais podemos ser enganados por padrões aleatórios. Porém, os psicólogos não se contentaram em apenas estudar e categorizar tais concepções equivocadas; também estudaram os motivos pelos quais somos vítimas delas. Vamos agora voltar nossa atenção a alguns desses fatores.

As pessoas gostam de exercer o controle sobre seu ambiente; é por isso que os mesmos indivíduos que dirigem um carro depois de tomar meia garrafa de uísque entram em pânico se o avião em que estiverem passar por uma leve turbulência. Nosso desejo de controlar os acontecimentos não é despropositado, pois um senso de controle pessoal integra a visão que temos de nós mesmos e nossa noção de autoestima. Efetivamente, uma das atitudes mais benéficas que podemos adotar por nós mesmos é procurar maneiras de exercer o controle sobre nossas vidas – ou, ao menos, maneiras de termos a sensação de que o exercemos. O psicólogo Bruno Bettelheim observou, por exemplo, que a sobrevivência nos campos de concentração nazistas "dependia da capacidade de cada pessoa de dispor ou preservar algumas áreas de ação independente, de manter o controle sobre alguns aspectos da própria vida, apesar de um ambiente que parecia completamente subjugante".[33] Estudos posteriores mostraram que uma sensação prévia de desamparo e falta de controle está ligada ao estresse e ao surgimento de doenças. Num estudo, um grupo de ratos foi subitamente privado de todo o controle que detinha sobre o ambiente. Em pouco tempo, os animais pararam de lutar pela sobrevivência e morreram.[34] Em outro estudo, num grupo de pessoas informadas de que teriam que, realizar uma bateria de provas importantes, descobriu-se que, se lhes fosse dado até mesmo um mínimo poder para controlar a ordem dos eventos, seus níveis de ansiedade se reduziam.[35]

Uma das pioneiras na psicologia do controle é a psicóloga e pintora amadora Ellen Langer, atualmente professora de Harvard. Anos atrás, quando trabalhava na Universidade Yale, Langer e um colaborador estudaram o efeito da sensação de controle num grupo de pacientes idosos num asilo.[36] Um dos grupos teve o poder de decidir de que modo seriam dispostos os móveis em seu quarto, e puderam escolher uma planta para cuidar. Os integrantes do outro grupo não puderam opinar sobre a disposição do quarto, e a planta foi escolhida e cuidada por outras pessoas. Em poucas semanas, o grupo que exercitava o controle sobre seu ambiente obteve valores mais altos num índice predeterminado de bem-estar. O mais perturbador foi a descoberta feita num estudo de acompanhamento realizado 18 meses depois, que chocou os pesquisadores: o grupo que não exercera o controle sobre o ambiente apresentara uma taxa de mortalidade de 30%, enquanto o grupo que exercera o controle tivera uma taxa de apenas 15%.[37]

Qual é a relevância da necessidade humana de estar no controle para uma discussão sobre padrões aleatórios? A questão é que se os eventos são aleatórios, nós *não* estamos no controle, e se estamos no controle dos eventos, eles *não* são aleatórios. Portanto, há um confronto fundamental entre nossa necessidade de sentir que estamos no controle e nossa capacidade de reconhecer a aleatoriedade. Esse embate é um dos principais motivos pelos quais interpretamos erroneamente os eventos aleatórios. De fato, uma das tarefas mais fáceis à qual um pesquisador em psicologia pode se dedicar é induzir pessoas a confundir sorte com habilidade, ou ações despropositadas com controle. Se pedirmos às pessoas que controlem o funcionamento de lâmpadas piscantes apertando um botão falso, elas acreditarão estar executando a tarefa ainda que as lâmpadas pisquem aleatoriamente.[38] Se lhes mostrarmos um círculo de luzes que piscam aleatoriamente e dissermos que, por meio da concentração, serão capazes de fazer com que as luzes pisquem em sentido horário, elas irão se surpreender com a própria capacidade de controlar o sentido das luzes. Ou ainda, se pedirmos a dois grupos que compitam numa tarefa semelhante – um deles tentando mover as luzes no sentido horário, o outro no sentido anti-horário –, os dois grupos irão perceber simultaneamente que as luzes se movem no sentido de sua intenção.[39]

Langer demonstrou repetidamente que a necessidade de nos sentirmos no controle da situação interfere com a percepção precisa de eventos aleatórios. Em um de seus estudos, descobriu-se que os participantes tinham mais confiança na vitória ao competirem contra um rival nervoso e desagradável que ao competirem contra um adversário confiante, ainda que o jogo de cartas que estivessem jogando – e, portanto, sua probabilidade de vitória – dependesse unicamente do acaso.[40] Em outro estudo, ela pediu a um grupo de estudantes de graduação de Yale, inteligentes e bem-educados, que previssem os resultados de 30 jogadas aleatórias de uma moeda.[41] Os pesquisadores manipularam secretamente os resultados, de modo que cada aluno acertasse a previsão exatamente na metade das vezes. Também fizeram com que alguns dos estudantes tivessem sequências de acertos nas primeiras jogadas. Terminado o jogo, os pesquisadores entrevistaram os estudantes para entender como eles avaliavam sua capacidade de prever os resultados. Muitos responderam como se a previsão dos resultados do cara ou coroa fosse uma habilidade que pudessem aperfeiçoar. Um quarto respondeu que seu desempenho foi prejudicado por distrações. Quarenta por cento tinham a impressão de que seu desempenho melhoraria com a prática. E quando os pesquisadores lhes pediram que classificassem sua habilidade na previsão dos resultados, os estudantes que tiveram sequências de acertos nas primeiras jogadas se deram notas melhores que os outros, ainda que o número total de acertos fosse o mesmo para todos.

Em outro inteligente experimento, Langer montou uma loteria na qual cada participante recebia uma carta com a fotografia de um jogador.[42] Uma carta idêntica a uma delas foi colocada num saco, e o participante cuja carta correspondesse à do saco seria declarado vencedor. Os jogadores foram divididos em dois grupos. Num deles, tiveram a opção de escolher sua própria carta; no outro, os participantes receberam cartas ao acaso. Antes do sorteio, cada participante teve a oportunidade de vender sua carta. Obviamente, as chances de vitória não tinham nenhuma relação com o fato de os participantes terem escolhido ou não sua carta. Ainda assim, os jogadores que escolheram a própria carta exigiram um preço quatro vezes maior para vendê-la que os jogadores que receberam uma carta aleatória.

Os participantes dos experimentos de Langer “sabiam”, ao menos intelectualmente, que as situações em que estavam metidos eram movidas pelo acaso. Quando questionados, por exemplo, nenhum dos participantes da loteria das cartas disse acreditar que a opção de escolher a carta tinha alguma influência sobre sua probabilidade de vitória. Ainda assim, eles se *comportaram* como se tivesse. Nas palavras de Langer, "ainda que as pessoas concordem da boca para fora com o conceito do acaso, comportam-se como se tivessem controle sobre os eventos aleatórios".[43]

Na vida real, o papel da aleatoriedade é bem menos óbvio que nos experimentos de Langer, e estamos muito mais comprometidos com os resultados e com nossa capacidade de influenciá-los. Assim, na vida real, é ainda mais difícil resistir à ilusão do controle.

Uma manifestação dessa ilusão ocorre quando uma empresa passa por um período de melhoras ou fracassos e então, em vez de atribuir a situação à sorte e à enorme profusão de circunstâncias que constituem o estado da empresa como um todo, decide-se atribuí-la instantaneamente à pessoa que está no comando. Isso é especialmente evidente nos esportes, onde, como comentei no Prólogo, se os jogadores tiverem maus resultados por um ou dois anos, o técnico acaba sendo despedido. Nas grandes corporações, nas quais as operações são maiores, complexas e, em boa medida, afetadas por forças de mercado imprevisíveis, o nexo causal entre o brilhantismo do chefe e o desempenho da companhia é ainda menos direto, e a eficácia das demissões reativas não é maior que nos esportes. Pesquisadores das universidades Columbia e Harvard, por exemplo, estudaram recentemente um grande número de corporações cujos regulamentos as tornavam vulneráveis às demandas dos acionistas, que exigiam a mudança dos diretores após períodos de perdas financeiras.[44] O estudo descobriu que, nos três anos após as demissões, não houve nenhuma melhora, em média, no desempenho operacional da empresa (uma forma de medir os rendimentos). Quaisquer que fossem as diferenças na capacidade de administração dos executivos, foram subjugadas pelo efeito dos elementos incontroláveis do sistema, assim como as diferenças entre músicos poderiam passar despercebidas numa transmissão de rádio que tivesse muito ruído e estática. Ainda assim, ao determinar os salários, os conselhos diretores das corporações muitas vezes se comportam como se o diretor-geral fosse a *única* pessoa relevante.

Foi demonstrado que a ilusão de controle sobre eventos aleatórios aumenta em situações financeiras, esportivas e, principalmente, comerciais quando o resultado de uma tarefa movida pelo acaso é precedido por um período de planejamento estratégico (aquelas reuniões intermináveis), quando o desempenho da tarefa requer um envolvimento ativo (as tais longas horas no escritório) ou quando há competição (isso nunca ocorre, não é verdade?). Um primeiro passo na luta contra a ilusão do controle é estarmos cientes dela. Ainda assim é uma luta difícil, pois, como veremos nas próximas páginas, uma vez que acreditamos enxergar um padrão, não abrimos mão dessa percepção com muita facilidade.

Suponha que eu lhe diga que bolei uma regra para a construção de uma sequência de três números e que a sequência 2, 4, 6 satisfaz à minha regra. Você consegue adivinhar a regra? Um simples conjunto de três números não é grande coisa, então digamos que, se você me apresentar outras sequências de três números, eu lhe direi se elas servem ou não. Por favor, pare por um momento para bolar algumas sequências de três números a serem testadas – a vantagem de ler um livro em vez de interagirmos em pessoa é que, no livro, o autor dispõe de paciência infinita.

Agora que você pensou na sua estratégia, posso dizer que, se você for como a maioria das pessoas, as sequências que apresentará serão algo do tipo 4, 6, 8, ou 8, 10, 12, ou 20, 24, 30. Sim, essas sequências obedecem à minha regra. Então, qual é a regra? A maior parte das pessoas, após apresentar um punhado dessas sequências experimentais, ganhará confiança e concluirá que a regra é que a sequência deve ser formada por números pares crescentes. No entanto, na verdade a regra dizia apenas que a série deve ser formada por números crescentes. A sequência 1, 2, 3, por exemplo, teria sido válida; não havia nenhuma necessidade de que os números fossem pares. As sequências que você bolou teriam revelado esse fato?

Quando estamos diante de uma ilusão – ou em qualquer momento em que tenhamos uma nova ideia –, em vez de tentarmos provar que nossas ideias estão erradas, geralmente tentamos provar que estão corretas. Os psicólogos chamam essa situação de viés da confirmação, e ela representa um grande impedimento à nossa tentativa de nos libertarmos da interpretação errônea da aleatoriedade. No exemplo acima, a maioria das pessoas reconhece imediatamente que a sequência é formada por números pares crescentes. Então, tentando confirmar seu palpite, testam muitas outras sequências do mesmo tipo. Mas muito poucas encontram a resposta da maneira mais rápida – tentando falsear sua ideia, testando uma sequência que contenha um número ímpar.[45] Como afirmou o filósofo Francis Bacon em 1620, "a compreensão humana, após ter adotado uma opinião, coleciona quaisquer instâncias que a confirmem, e ainda que as instâncias contrárias possam ser muito mais numerosas e influentes, ela não as percebe, ou então as rejeita, de modo que sua opinião permaneça inabalada".[46]

Para piorar ainda mais a questão, além de buscarmos preferencialmente as evidências que confirmam nossas noções preconcebidas, também interpretamos indícios ambíguos de modo a favorecerem nossas ideias. Isso pode ser um grande problema, pois os dados muitas vezes são ambíguos; assim, ignorando alguns padrões e enfatizando outros, nosso cérebro inteligente consegue reforçar suas crenças mesmo na ausência de dados convincentes. Por exemplo, se concluirmos, com base em indícios instáveis, que um novo vizinho é antipático, quaisquer ações futuras que possam ser interpretadas dessa forma ganharão destaque em nossa mente, e as que não possam serão facilmente esquecidas. Ou então, se acreditamos num político, damos-lhe o mérito pelos bons resultados que obtiver, e quando a situação piorar, jogamos a culpa no outro partido, reforçando assim nossas ideias iniciais.

Num estudo que ilustrou esse efeito com bastante clareza, pesquisadores reuniram um grupo de estudantes de graduação; alguns deles eram a favor da pena de morte, outros eram contra.[47] Deram então aos alunos o mesmo conjunto de estudos acadêmicos sobre a eficácia da pena capital. A metade dos estudos corroborava a ideia de que a pena de morte tinha um efeito dissuasor sobre os criminosos; a outra metade contradizia isso. Os pesquisadores também deram aos participantes algumas indicações sobre os pontos fracos de cada um dos estudos. Posteriormente, pediram aos estudantes que avaliassem a qualidade de cada um deles, e lhes perguntaram de que maneira tais estudos haviam afetado suas atitudes com relação à pena de morte. Os participantes deram notas mais altas aos estudos que confirmavam seu ponto de vista inicial, mesmo quando, supostamente, todos haviam sido feitos com a mesma metodologia. No fim das contas, ainda que todos houvessem lido os mesmos estudos, tanto os que inicialmente apoiavam a pena de morte como os que inicialmente se opunham a ela afirmaram que a leitura dos estudos reforçara suas crenças. Em vez de convencer as pessoas, os dados apenas polarizaram o grupo. Assim, até mesmo padrões aleatórios podem ser interpretados como evidências convincentes quando se relacionam a noções preconcebidas.

O viés da confirmação tem muitas consequências desagradáveis no mundo real. Quando um professor acredita inicialmente que um de seus alunos é mais inteligente que outro, ele se concentra seletivamente em indícios que tendam a confirmar essa hipótese.[48] Quando um empregador entrevista um candidato a um emprego, sua tendência é formar uma rápida primeira impressão do sujeito e passar o resto da entrevista buscando informações que a corroborem.[49] Quando um profissional da área clínica é informado previamente que o paciente a ser entrevistado é combativo, ele tende a concluir que o paciente é combativo, mesmo que não seja mais combativo que a média das pessoas.[50] E quando as pessoas interpretam o comportamento de alguém que seja membro de uma minoria étnica, tendem a interpretá-lo no contexto de estereótipos preconcebidos.[51]

A evolução do cérebro humano o tornou muito eficiente no reconhecimento de padrões; porém, como nos mostra o viés da confirmação, estamos mais concentrados em encontrar e confirmar padrões que em minimizar nossas conclusões falsas. Ainda assim, não precisamos ficar pessimistas, pois temos a capacidade de superar nossos preconceitos. Um primeiro passo é a simples percepção de que os eventos aleatórios também produzem padrões. Outro é aprendermos a questionar nossas percepções e teorias. Por fim, temos que aprender a gastar tanto tempo em busca de provas de que estamos errados quanto de razões que demonstrem que estamos certos.

Nossa jornada pelo mundo da aleatoriedade está quase no fim. Começamos com regras simples e avançamos até descobrir de que maneira elas se refletem em sistemas complexos. Qual será a real importância do acaso no mais importante dos sistemas complexos, nosso destino pessoal? É uma pergunta complicada, que permeou muito do que consideramos até agora. E embora eu não tenha a esperança de respondê-la por inteiro, espero conseguir esclarecê-la de alguma forma. O título do próximo capítulo, que é igual ao do livro, evidencia a minha conclusão: "O andar do bêbado."

10. O andar do bêbado

Em 1814, perto do ápice do sucesso da física newtoniana, Pierre-Simon de Laplace escreveu:

> Se uma inteligência, em determinado instante, pudesse conhecer todas as forças que governam o mundo natural e as posições de cada ser que o compõem; se, além disso, essa inteligência fosse suficientemente grande para submeter essas informações a análise, teria como abranger em uma única fórmula os movimentos dos maiores corpos do universo e os dos menores átomos. Para essa inteligência, nada seria incerto, e o futuro, tanto quanto o passado, se faria presente diante de seus olhos.[1]

Laplace estava expressando a doutrina do determinismo: a ideia de que o estado do mundo no momento presente determina precisamente a maneira como o futuro se desenrolará.

Na vida cotidiana, o determinismo pressupõe um mundo no qual nossas qualidades pessoais e as propriedades de qualquer situação ou ambiente levam direta e inequivocamente a consequências precisas. Trata-se de um mundo ordenado, no qual tudo pode ser antecipado, computado, previsto. Porém, para que o sonho de Laplace possa se realizar, são necessárias diversas condições. Em primeiro lugar, as leis da natureza devem ditar um futuro definido, e devemos conhecer essas leis. Em segundo, devemos ter acesso a dados que descrevam completamente o sistema de interesse, de modo a impedir a ocorrência de influências imprevistas. Por fim, precisamos de suficiente inteligência ou capacidade computacional para conseguir decidir o que nos reserva o futuro, tendo em vista os dados do presente. Neste livro, examinamos muitos dos conceitos que nos ajudam a compreender os fenômenos aleatórios. Ao longo do caminho, adquirimos percepções sobre diversas situações específicas que se apresentam em nossas vidas. Ainda assim, resta-nos o quadro geral, a pergunta sobre o quanto a aleatoriedade contribui para a situação em que nos encontramos na vida, e com que precisão somos capazes de prever para onde nos dirigimos.

No estudo das questões humanas, do final do Renascimento até a era vitoriana, muitos acadêmicos compartilharam a crença de Laplace no determinismo. Da mesma maneira que Galton, eles tinham a sensação de que nosso caminho pela vida seria estritamente determinado por nossas qualidades pessoais; ou então acreditavam, como Quételet, que o futuro da sociedade seria previsível. Essas pessoas muitas vezes se inspiraram nos êxitos da física newtoniana, acreditando que o comportamento humano poderia ser previsto com tanta precisão quanto outros fenômenos naturais. Para eles, parecia razoável acreditar que os acontecimentos futuros do mundo cotidiano seriam determinados com tanta rigidez pelo estado presente das coisas quanto as órbitas dos planetas.

Na década de 1960, um meteorologista chamado Edward Lorenz tentou empregar a mais nova tecnologia de sua época – um computador primitivo – para executar o programa de Laplace no âmbito limitado do clima. Ou seja, se Lorenz enchesse sua máquina barulhenta com dados sobre as condições atmosféricas de um planeta Terra idealizado em um certo momento, poderia empregar as regras conhecidas da meteorologia para calcular e imprimir séries de números que representariam as condições climáticas em um momento futuro.

Certo dia, Lorenz decidiu estender uma simulação em particular para um futuro mais distante. Em vez de repetir todo o cálculo, decidiu tomar um atalho, iniciando o cálculo já no meio do caminho. Para isso, utilizou como condições iniciais os dados já impressos pela simulação anterior. Ele esperava que o computador regenerasse o restante da simulação prévia e então a levasse adiante. No entanto, notou uma situação estranha: o clima havia se desenvolvido de maneira distinta. Em vez de repetir o final da simulação prévia, o novo cálculo gerava um resultado amplamente diferente. Ele logo percebeu o que ocorrera: na memória do computador, os dados haviam sido armazenados com uma precisão de seis casas decimais, mas o resultado impresso trazia apenas três. Com isso, os dados que ele submetera à máquina estavam ligeiramente imprecisos. Um número como 0,293416, por exemplo, apareceria simplesmente como 0,293.

Os cientistas geralmente presumem que, se as condições iniciais de um sistema forem ligeiramente alteradas, sua evolução também se alterará apenas ligeiramente. Afinal de contas, os satélites que coletam dados sobre o tempo só conseguem medir parâmetros até duas ou três casas decimais, portanto são incapazes de detectar uma diferença tão pequena quanto a que existe entre 0,293416 e 0,293. No entanto, Lorenz descobriu que pequenas diferenças levavam a alterações grandes no resultado.[2] O fenômeno foi chamado de "efeito borboleta", com base na ideia de que ínfimas alterações atmosféricas, como as causadas pelo bater das asas de uma borboleta, poderiam ter um grande efeito nos subsequentes padrões atmosféricos globais. Essa noção pode parecer absurda – é equivalente à ideia de que a xícara de café que você tomou de manhã poderia levar a alterações profundas em sua vida. No entanto, isso é efetivamente o que acontece – por exemplo, se o tempo gasto tomando a bebida fizer com que você cruze o caminho de sua futura mulher na estação de metrô, ou evitar que você seja atropelado por um carro que avançou um sinal vermelho. De fato, a própria história de Lorenz é um exemplo do efeito borboleta, pois, se ele não houvesse tomado a pequena decisão de estender o cálculo pelo uso do atalho, não teria descoberto o efeito borboleta, uma descoberta que levou ao surgimento de toda uma nova área na matemática. Quando reconsideramos detalhadamente os grandes acontecimentos de nossas vidas, não é raro identificarmos eventos aleatórios aparentemente inconsequentes que levaram a grandes mudanças.

Há muitas razões pelas quais o determinismo se mostra incapaz de satisfazer às condições de previsibilidade nas questões humanas às quais aludiu Laplace. Em primeiro lugar, até onde sabemos, a sociedade não é governada por leis definidas e fundamentais, como a física. Na verdade, além de ser imprevisível, o comportamento humano é frequentemente irracional (no sentido de que agimos de modo contrário aos nossos interesses), como demonstrado repetidamente por Kahneman e Tversky. Em segundo, mesmo que conseguíssemos descobrir as leis dos assuntos humanos, como tentou Quételet, é impossível conhecermos ou controlarmos precisamente as circunstâncias de nossas vidas. Ou seja, como Lorenz, não conseguimos obter os dados precisos de que precisamos para fazer previsões. Por fim, nossas questões são tão complexas que, mesmo que compreendêssemos as leis e possuíssemos todas as informações, dificilmente conseguiríamos realizar os cálculos necessários. Por isso, o determinismo é um modelo fraco para descrever a experiência humana. Como escreveu o Prêmio Nobel Max Born, "o acaso é um conceito mais fundamental que a causalidade".[3]

No estudo científico dos processos aleatórios, o andar do bêbado é o arquétipo. Esse modelo também se adapta bem às nossas vidas, pois, como ocorre com os grânulos de pólen que flutuam no fluido browniano, os eventos aleatórios nos empurram continuamente numa direção e depois em outra. Dessa forma, embora possamos encontrar regularidades estatísticas em dados sociais, o futuro de cada indivíduo é impossível de prever, e no que diz respeito a nossas conquistas particulares, empregos, amigos ou finanças, todos devemos muito mais ao acaso do que somos capazes de perceber. Nas próximas páginas, vou argumentar ainda que, em todos os empreendimentos da vida real, a não ser pelos mais simples, não temos como evitar certas forças inesperadas ou imprevisíveis; além disso, essas forças aleatórias e nossas reações a elas são responsáveis por muito do que constitui o trajeto particular que seguimos na vida. Para começar minha argumentação, vou explorar uma aparente contradição a essa ideia: se o futuro é realmente caótico e imprevisível, por que, depois de ocorrido um evento, frequentemente temos a impressão de que deveríamos ter sido capazes de prevê-lo?

No outono de 1941, alguns meses antes do ataque japonês a Pearl Harbor, um agente de Tóquio enviou a um espião em Honolulu um pedido alarmante.[4] O pedido foi interceptado e enviado ao Escritório de Inteligência Naval. A mensagem passou pelo processo burocrático e chegou a Washington, decodificada e traduzida, em 9 de outubro. A transmissão pedia ao espião japonês em Honolulu que dividisse Pearl Harbor em cinco áreas e fizesse um relatório sobre os navios presentes no porto com relação a elas. Havia um interesse especial nos encouraçados, destróieres e porta-aviões, assim como em informações sobre a ancoragem de mais de um navio num único cais. Algumas semanas depois, ocorreu um incidente curioso: os monitores americanos perderam o sinal das comunicações de rádio de todos os porta-aviões conhecidos na primeira e segunda frotas japonesas, perdendo com isso todas as informações sobre sua localização. Então, no início de dezembro, a Unidade de Inteligência em Combate do 14º Distrito Naval do Havaí relatou que os japoneses haviam alterado seus *call signs* pela segunda vez no mesmo mês. *Call signs*, como VVCBS ou KNPR, são códigos que identificam a fonte de uma transmissão de rádio. Em tempos de guerra, revelam a identidade de uma fonte, não só para os aliados, mas também para os inimigos; por isso, são alterados periodicamente. Os japoneses tinham o hábito de alterá-los a cada seis meses, ou mais. O fato de que os tivessem alterado duas vezes em 30 dias era considerado "um passo na preparação de operações em grande escala". A alteração dificultou a identificação da localização dos porta-aviões e submarinos japoneses nos dias subsequentes, complicando ainda mais a questão da falta de informação sobre as transmissões de rádio.

Dois dias depois, foram interpretadas e decodificadas mensagens enviadas a representações diplomáticas e consulares japonesas em Hong Kong, Cingapura, Batávia, Manila, Washington e Londres. As transmissões exortavam os diplomatas a destruir imediatamente a maior parte de seus códigos e cifras e a queimar todos os demais documentos secretos e confidenciais importantes. Por volta dessa época, o FBI também interceptou uma ligação telefônica de um cozinheiro do consulado havaiano para alguém em Honolulu, informando, muito empolgado, que os oficiais estavam queimando todos os documentos importantes. O diretor-assistente da principal unidade de inteligência do Exército, tenente-coronel George W. Bicknell, levou uma das mensagens interceptadas a seu chefe quando este se preparava para sair para jantar com o chefe do Departamento Havaiano do Exército. Era o final da tarde de sábado, 6 de dezembro, um dia antes do ataque. O superior de Bicknell levou cinco minutos para analisar a mensagem, depois a deixou de lado, considerando que não tinha importância, e saiu para jantar. Quando analisados em retrospecto, esses eventos parecem anunciar um grande mau presságio; por que, estando de posse dessas informações, ninguém foi capaz de prever o ataque?

Em qualquer série complexa de eventos na qual cada evento se desenrola com algum elemento de incerteza, existe uma assimetria fundamental entre o passado e o futuro. Essa assimetria já foi foco de estudos científicos desde a época em que Boltzmann fez sua análise estatística dos processos moleculares responsáveis pelas propriedades dos fluidos (ver capítulo 8). Imagine, por exemplo, uma molécula de tinta flutuando num copo de água. Essa molécula, como um dos grânulos de Brown, seguirá um caminho semelhante ao andar do bêbado. Ainda assim, até mesmo esse movimento sem rumo prossegue em alguma direção. Se esperarmos três horas, por exemplo, a molécula terá normalmente se afastado cerca de 3cm do lugar em que estava. Suponha que, em algum momento, ela se mova para uma posição significativa e finalmente chame nossa atenção. Como tantos fizeram após Pearl Harbor, talvez investiguemos o motivo da ocorrência desse acontecimento inesperado. Agora suponha que analisemos o passado da molécula. Suponha que consigamos efetivamente registrar todas as suas colisões. Assim, vamos descobrir de que modo cada uma das colisões com moléculas de água propeliu-a por seu caminho em zigue-zague. Ou seja, em retrospecto, conseguimos explicar claramente por que o passado da molécula ocorreu dessa forma. No entanto, a água contém muitas outras moléculas que *poderiam ter* interagido com a tinta. Para prevermos *de antemão* o trajeto da molécula de tinta, precisaríamos calcular os trajetos e interações mútuas de todas as moléculas de água potencialmente importantes. Isso teria envolvido um número quase inimaginável de cálculos matemáticos, série muito maior, em escopo e dificuldade, que a lista de colisões necessária para entendermos o passado. Em outras palavras, seria praticamente impossível prevermos o movimento da molécula de tinta antes do fato, ainda que este fosse relativamente fácil de entender posteriormente.

Essa assimetria fundamental é o motivo pelo qual, na vida cotidiana, o passado tantas vezes parece óbvio, mesmo que não tivéssemos a possibilidade de o haver previsto. É por isso que os meteorologistas conseguem informar as razões pelas quais, três dias atrás, a frente fria seguiu de um jeito, e ontem a massa de ar quente se moveu de outro, provocando a chuva que caiu em seu romântico casamento ao ar livre, mas os mesmos meteorologistas têm muito menos êxito ao prever como se comportarão as massas de ar dentro de três dias, alertando-lhe da necessidade de arrumar um grande toldo. Ou, então, consideremos um jogo de xadrez. Diferentemente dos jogos de cartas, o xadrez não traz nenhum elemento aleatório explícito. Ainda assim, a incerteza existe, pois nenhum dos dois jogadores sabe ao certo o que o adversário fará a seguir. Se forem grandes jogadores, conseguirão, na maior parte das situações, enxergar algumas jogadas à frente; se avançarem muito mais, a incerteza crescerá, e ninguém saberá com segurança qual será o desenrolar exato do jogo. Por outro lado, em retrospecto, geralmente é fácil explicar por que cada jogador fez as jogadas que fez. Trata-se novamente de um processo probabilístico cujo futuro é difícil de prever, mas cujo passado é fácil de entender.

O mesmo vale para o mercado de ações. Considere, por exemplo, o desempenho de fundos mútuos. Como mencionei no capítulo 9, ao escolhermos um fundo de ações, é comum observarmos seu desempenho passado. De fato, é fácil encontrar padrões belos e ordenados ao olharmos para trás. Veja, por exemplo, o gráfico do desempenho de 800 administradoras de fundos de ações durante o período de cinco anos que vai de 1991 a 1995.

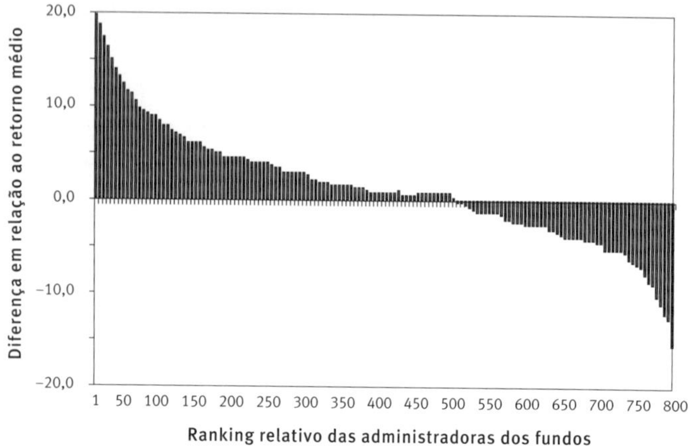

Performance versus ranking dos melhores fundos mútuos no período 1991-95

No eixo vertical estão os ganhos ou perdas dos fundos com relação à média do grupo. Em outras palavras, um retorno de 0% significa que o desempenho do fundo foi igual à média durante o período de cinco anos. No eixo horizontal está a classificação da administradora, da que teve o melhor desempenho (1) à que teve o pior (800). Para avaliar o desempenho da, digamos, 100ª melhor administradora de fundos de ações nesse período de cinco anos, encontramos o ponto no gráfico que corresponde à barra marcada com o número 100 no eixo horizontal.

Sem dúvida, qualquer analista poderia encontrar muitas razões convincentes para explicar por que as melhores administradoras representadas no gráfico foram tão bem-sucedidas, por que as piores fracassaram e por que a curva deve ter essa forma. E, independentemente do tempo que dediquemos a acompanhar tais análises detalhadamente, poucos são os investidores que escolheriam um fundo cujo desempenho foi 10% abaixo da média nos últimos cinco anos, no lugar de outro cujo desempenho tenha sido 10% acima da média. Olhando para o passado, é fácil construir gráficos bonitos e explicações polidas, mas essa sucessão lógica de eventos é apenas de uma ilusão causada pelo modo como vemos a coisa em retrospecto, tendo pouca relevância na previsão de eventos futuros. No gráfico a seguir, por exemplo, está a comparação entre o desempenho dos mesmos fundos no *seguinte* período de cinco anos, mas ainda classificados conforme seu desempenho nos cinco anos *iniciais*. Em outras palavras, mantive a classificação baseada no período de 1991 a 1995, mas apresentei o retorno obtido pelos fundos de 1996 a 2000. Se o passado fosse uma boa indicação do futuro, os fundos que considerei no período de 1991 a 1995 teriam apresentado aproximadamente o mesmo desempenho relativo de 1996 a 2000. Isto é, se o desempenho dos vencedores (à esquerda do gráfico) continuasse melhor que o dos perdedores (à direita), este gráfico seria quase idêntico ao outro. Em vez disso, como podemos notar, a ordem do passado se dissolve quando extrapolada para o futuro, e o gráfico adquire um aspecto aleatório.

Sistematicamente deixamos de enxergar o papel do acaso no sucesso dos empreendimentos e de pessoas como Bill Miller, o administrador de fundos. Assim, acreditamos irracionalmente que os erros do passado devem ser consequências da ignorância ou da incompetência, e que poderiam ter sido evitados com mais estudo e conhecimento. É por isso que, por exemplo, em abril de 2007, quando as ações da Merrill Lynch estavam cotadas a aproximadamente US$95, seu diretor-geral, E. Stanley O'Neal, foi responsabilizado pelo feito, sendo celebrado como um gênio dos riscos, e em outubro de 2007, depois do colapso do mercado de crédito, ele foi tido como um aventureiro irresponsável – e rapidamente demitido. Costumamos ter um respeito automático por superstars dos negócios, da política, do cinema e por qual-

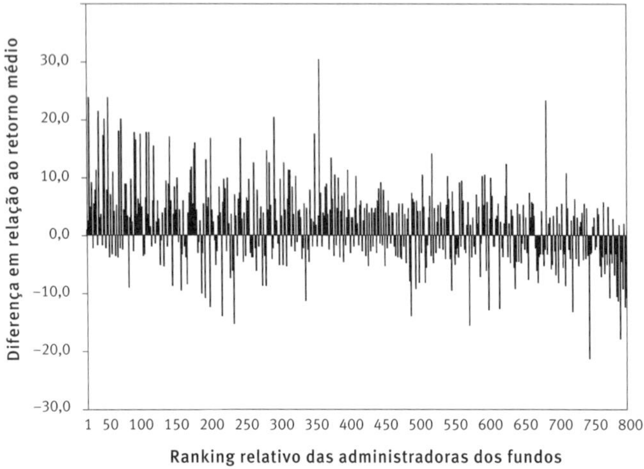

Como os melhores fundos mútuos no período 1991-95 se saíram em 1996-2000

quer outra pessoa que viaje num jatinho particular, como se suas realizações refletissem qualidades únicas não compartilhadas pelos que são forçados a comer as refeições servidas pelas companhias aéreas. E confiamos demais nas previsões excessivamente precisas das pessoas – comentaristas políticos, especialistas em finanças, consultores de negócios – cujo histórico supostamente demonstra serem grandes conhecedores desses assuntos.

Uma grande editora que conheço teve muito trabalho em desenvolver planos de um, três e cinco anos para sua divisão de software educacional. Havia consultores muito bem pagos, prolongadas reuniões de marketing, sessões noturnas de análise financeira, longos debates fora da empresa. No fim das contas, os palpites se transformaram em fórmulas que alegavam possuir uma precisão de várias casas decimais, e grandes chutes foram codificados como resultados prováveis. Quando, no primeiro ano, certos produtos não venderam tanto quanto o esperado, ou outros venderam melhor que o projetado, foram encontrados os devidos motivos, e os empregados responsáveis foram culpados ou creditados, como se as expectativas iniciais tivessem sido significativas. No ano seguinte, dois concorrentes iniciaram uma série de guerras de preços imprevista. Um ano depois, o mercado de software educacional entrou em colapso. Com o crescimento da incerteza, o plano trienal não chegou nem perto de triunfar. E o plano quinquenal, polido e preciso como um diamante, foi poupado de qualquer comparação de desempenho, pois a essa altura quase todos os funcionários da divisão já haviam sido transferidos para outras áreas.

Os historiadores, cuja profissão consiste em estudar o passado, desconfiam tanto quanto os cientistas da ideia de que é possível prever a maneira como decorrerão as coisas. De fato, no estudo da história, a ilusão de inevitabilidade, por ter consequências tão sérias, é um dos poucos pontos sobre os quais pesquisadores conservadores e socialistas concordam. O historiador socialista Richard Henry Tawney, por exemplo, afirma que "os historiadores geram uma aparência de inevitabilidade ... trazendo para o primeiro plano as forças que triunfaram e jogando para o segundo plano as que foram engolidas pelas primeiras".[5] E a historiadora Roberta Wohlstetter, que recebeu a Medalha Presidencial da Liberdade de Ronald Reagan, afirmou: "Depois do evento, naturalmente, um sinal se torna perfeitamente claro; conseguimos ver que desastre ele sinalizava. ... Mas, antes do evento, ele é obscuro e repleto de significados conflitantes."[6]

Em certo sentido, o ditado "depois da onça morta, todo mundo é caçador" apreende essa ideia, mas as pessoas frequentemente agem como se isso não fosse verdade. No governo, por exemplo, após qualquer tragédia surge sempre um jogo de culpas no qual as pessoas são acusadas por não terem previsto o que estava por acontecer. No caso de Pearl Harbor (e nos ataques do 11 de

Setembro), os eventos que levaram ao ataque, vistos em retrospecto, certamente parecem apontar numa direção óbvia. Ainda assim, como no caso da molécula de tinta, do clima ou do jogo de xadrez, se começarmos bem antes do fato e acompanharmos os eventos progressivamente, a sensação de inevitabilidade se dissolve rapidamente. Por exemplo, além dos informes de inteligência militar que citei, havia uma enorme quantidade de informações inúteis – a cada semana surgiam novas pilhas de mensagens, por vezes alarmantes e misteriosas, e transcrições que posteriormente resultariam ser enganadoras ou insignificantes. E mesmo quando nos concentramos nos informes que, em retrospecto, sabemos terem sido significativos, antes do ataque cada um deles tinha uma explicação alternativa razoável que não apontava para um ataque surpresa. Por exemplo, o pedido de que o espião dividisse Pearl Harbor em cinco áreas era semelhante ao recebido por outros agentes japoneses em Panamá, Vancouver, São Francisco e Portland. A perda do contato pelo rádio também não era um fato inédito; no passado, muitas vezes significara apenas que os navios estavam em águas domésticas, comunicando-se por meio de telégrafos terrestres. Além disso, se acreditássemos que a guerra estava prestes a se expandir, muitos sinais indicavam algum ataque em outra região – nas Filipinas, na península da Tailândia ou na ilha de Guam, por exemplo. É claro que não houve tantos alarmes falsos quanto moléculas de água encontradas por uma molécula de tinta, mas ainda assim eram suficientes para obscurecer uma visão nítida do futuro.

Depois do ataque de Pearl Harbor, sete comitês do Congresso americano passaram a investigar profundamente por que os militares teriam deixado passar todos os "sinais" do perigo iminente. Um dos investigados foi George Marshall, secretário de Estado, fortemente criticado por um memorando que escreveu em 1941 ao presidente Roosevelt dizendo: "Acredita-se que a ilha de Oahu, devido a sua fortificação, suas guarnições militares e características físicas, seja a fortaleza mais poderosa do mundo." Ele assegurava ao presidente que, em caso de ataque, as forças inimigas seriam interceptadas "a 200 milhas de seu objetivo … por todo tipo de bombardeio". George Marshall não era nenhum tolo, mas tampouco tinha uma bola de cristal. O estudo da aleatoriedade nos mostra que enxergar os eventos por uma bola de cristal é possível, mas, infelizmente, apenas depois que eles já aconteceram. Assim, acreditamos saber por que um filme foi muito visto, um candidato venceu a eleição, uma tempestade atingiu certa região, as ações de determinada companhia caíram, um time de futebol perdeu, um novo produto fracassou ou uma doença se tornou mais grave, mas esse conhecimento é vazio, ou seja, tem pouca utilidade se quisermos saber se um filme terá grande público, se um candidato será vitorioso, se uma tempestade chegará a certo local, se as ações de determinada companhia despencarão, se uma equipe de futebol será derrotada, se um novo produto será um fiasco ou se o quadro de uma doença piorará.

É fácil construir histórias para explicar o passado ou confiar em algum desdobramento futuro duvidoso. O fato de que tais empreendimentos tenham suas armadilhas não significa que não devamos levá-los adiante. Porém, podemos tentar nos imunizar contra os erros da intuição. Podemos aprender a enxergar tanto as explicações como as profecias com ceticismo. Em vez de confiarmos em nossa capacidade de prever os acontecimentos futuros, podemos nos concentrar na capacidade de reagir a eles, por meio de qualidades como flexibilidade, confiança, coragem e perseverança. Podemos dar mais importância às nossas impressões diretas sobre as pessoas que às suas alardeadas realizações passadas. Com isso, podemos resistir à formação de julgamentos com base em nosso arcabouço determinístico automático.

Em março de 1979, ocorreu outra cadeia imprevista de eventos, dessa vez numa usina nuclear na Pensilvânia.[7] Isso resultou na fusão parcial do reator em que ocorria a reação nuclear, ameaçando emitir uma dose alarmante de radiação para o ambiente. O incidente começou quando um volume de um ou dois copos brotou do vazamento em um filtro de água. A água entrou em um sistema pneumático que movimenta alguns dos instrumentos da usina, ativando duas válvulas. As válvulas interromperam o fluxo de água fria para o gerador de vapor – sistema responsável por remover o calor gerado pela reação nuclear. Foi então ativada uma bomba d'água de emergência, mas uma válvula em cada um de seus dois tubos tinha sido deixada fechada após uma manutenção feita dois dias antes. Assim, as bombas passaram a enviar água inutilmente em direção a um beco sem saída. Além disso, um despressurizador também falhou, assim como um medidor da sala de controle que deveria ter indicado que a válvula não estava funcionando.

Vistas separadamente, todas essas falhas foram consideradas ao mesmo tempo comuns e aceitáveis. Não é raro haver problemas nos filtros de água de uma usina, e geralmente não são problemas muito sérios; centenas de válvulas são abertas e fechadas regularmente em uma planta como essa, portanto, deixar algumas na posição errada não era considerado raro nem alarmante; e já se sabia que a válvula despressurizadora poderia apresentar algumas falhas sem maiores consequências – ao menos foi o que ocorreu em outras 11 usinas nucleares. Ainda assim, em conjunto, essas falhas dão a impressão de que a usina era dirigida pelos Três Patetas. Portanto, esse incidente em Three Mile Island resultou em muitas investigações e muitas acusações, tendo também uma consequência bastante peculiar. A série de eventos levou o sociólogo Charles Perrow, da Universidade Yale, a criar uma nova teoria dos acidentes que codifica o argumento central deste capítulo: em sistemas complexos (entre os quais incluo nossas vidas), devemos esperar que fatores menores, que geralmente ignoramos, possam causar grandes acidentes em função do acaso.[8]

Em sua teoria, Perrow reconheceu que os sistemas modernos são formados por milhares de partes, incluindo seres humanos falíveis e as decisões tomadas por eles, que se inter-relacionam de maneiras impossíveis de rastrear e prever individualmente, como os átomos de Laplace. Ainda assim, podemos estar certos de que, da mesma forma como sabemos que os átomos que executam seu andar do bêbado acabarão por chegar a alguma parte, os acidentes também acabarão por ocorrer. A doutrina de Perrow, chamada Teoria do Acidente Normal, descreve de que modo isso acontece – como os acidentes podem ocorrer sem causas claras, sem a presença dos erros evidentes e vilões incompetentes tão procurados pelas comissões corporativas ou governamentais. No entanto, embora a Teoria do Acidente Normal explique por que, inevitavelmente, as coisas por vezes dão errado, também poderia ser invertida para explicar por que, inevitavelmente, às vezes dão certo. Afinal, num empreendimento complexo, por mais vezes que fracassemos, se continuarmos tentando geralmente haverá uma boa chance de que acabemos por ser bem-sucedidos. De fato, economistas como W. Brian Arthur afirmam que uma cooperação entre pequenos fatores pode até mesmo levar empresas sem nenhuma vantagem em especial a dominar as concorrentes. "No mundo real", escreveu, "se diversas firmas de tamanho semelhante entrarem juntas num mercado, pequenos eventos fortuitos – pedidos inesperados, encontros casuais com compradores, palpites gerenciais – ajudarão a determinar quais delas farão as primeiras vendas e, ao longo do tempo, quais delas acabarão por dominar o mercado. A atividade econômica é … [determinada] por transações individuais pequenas demais para serem previstas, e esses pequenos eventos 'aleatórios' podem se acumular, ampliando-se ao longo do tempo em virtude dos retornos positivos que trazem."[9]

O mesmo fenômeno foi observado por pesquisadores de sociologia. Um grupo, por exemplo, estudou os hábitos de compra de consumidores naquilo que os sociólogos chamam de indústria cultural – livros, filmes, arte, música. A ideia geral do marketing nessas áreas afirma que o sucesso é conquistado pelos que conseguem prever a preferência dos consumidores. Segundo essa visão, para os executivos, a maneira mais produtiva de gastarem seu tempo é estudando por que as obras de Stephen King, Madonna ou Bruce Willis têm tanta popularidade junto aos fãs. Eles estudam o passado e, como acabei de mostrar, não têm nenhuma dificuldade em encontrar razões para quaisquer sucessos que estejam tratando de explicar. Depois, tentam replicá-los.

Essa é a visão determinística do mercado, numa visão segundo a qual o sucesso é governado principalmente pelas qualidades intrínsecas da pessoa ou do produto. Porém, podemos ver a coisa de outra forma, não determinística. Segundo essa outra visão, há muitos livros, cantores e atores de alta qualidade, porém desconhecidos, e o que faz com que um deles se destaque é, em grande parte, uma conspiração de fatores pequenos e aleatórios – isto é, a sorte. Segundo essa visão, o trabalho dos executivos tradicionais realmente não os leva a lugar nenhum.

Graças à internet, essa ideia pôde ser testada. Os pesquisadores que o fizeram se concentraram no mercado musical, que está sendo dominado pelas vendas on-line. Nesse estudo, recrutaram 14.341 participantes e lhes pediram que escutassem, classificassem e, se desejassem, baixassem 48 músicas de bandas das quais não tinham ouvido falar.[10] Alguns dos participantes tiveram a oportunidade de conhecer informações sobre a popularidade de cada música – isto é, quantos outros participantes a haviam baixado. Eles foram divididos em oito "mundos" separados e só puderam ver as informações sobre os downloads feitos por pessoas em seu próprio mundo. Todos os artistas, de todos os mundos, começaram com os downloads, e depois disso cada mundo evoluiu independentemente. Havia também um nono grupo de participantes, que não teve acesso a nenhuma informação. Os pesquisadores utilizaram a popularidade das músicas junto a esse último grupo de ouvintes isolados para definir a "qualidade intrínseca" de cada música – ou seja, sua popularidade na ausência de influências externas.

Se a visão determinística do mundo fosse verdadeira, as mesmas músicas deveriam ter dominado todos os oito mundos, e as classificações de popularidade neles deveriam ter concordado com a qualidade intrínseca determinada pelas pessoas isoladas. No entanto, os pesquisadores descobriram justamente o contrário: a popularidade de cada música variava amplamente entre os diferentes mundos, e a popularidade de músicas com qualidade intrínseca semelhante também apresentava grande variação. Por exemplo, uma música chamada "Lockdown", da banda 52metro, foi tida como a 26ª (de um total de 48) em termos de qualidade intrínseca, mas foi a primeira colocada num dos mundos e a 40ª em outro. Nesse experimento, quando uma ou outra música, por acaso, ganhava uma vantagem inicial no número de downloads, sua aparente popularidade influenciava os futuros compradores. É um fenômeno bem conhecido na indústria cinematográfica: depois de ouvirem elogios a um filme, os futuros espectadores tendem a gostar mais dele. Neste exemplo, pequenas influências casuais criaram uma bola de neve, gerando uma enorme diferença no futuro da música. É o efeito borboleta mais uma vez.

Se examinarmos nossas vidas minuciosamente, também veremos que muitos dos grandes eventos que nos afetam poderiam ter tido resultados diferentes não fosse pela confluência aleatória de fatores menores, pessoas que encontramos por acaso, oportunidades de emprego que cruzaram nosso caminho aleatoriamente. Por exemplo, considere o caso de um ator que, a partir do fim dos anos 1970, viveu por sete anos no 5º andar de um prédio sem elevador na Rua 49, em Manhattan, esforçando-se por alcançar a fama. Ele trabalhou no circuito off-Broadway, em peças menores (às vezes muito menores), e em comerciais de televisão, fazendo tudo o que pôde para ser notado, construir uma carreira, ganhar dinheiro para comer de vez em quando um bife de fraldinha num restaurante sem ter que fugir antes de a conta chegar. Como muitos outros aspirantes, porém, por mais que trabalhasse para conseguir os melhores papéis, tomar as decisões corretas na carreira e se destacar em sua área, seu papel de maior sucesso continuou a ser o que desempenhava em seu outro emprego – como *bartender.* Então, num certo dia do verão de 1984, ele viajou para Los Angeles, para assistir às Olimpíadas (se acreditarmos em seu assessor de imprensa) ou para visitar uma namorada (se acreditarmos no *New York Times*). Qualquer que seja a história verdadeira, uma coisa é certa: a decisão de visitar a Costa Oeste tinha pouca relação com a profissão de ator e muita com o amor, ou ao menos com o amor pelos esportes. Ainda assim, essa resultou ser a melhor decisão de sua carreira, e provavelmente a melhor de sua vida.

O nome do ator é Bruce Willis; enquanto ele estava em Los Angeles, um agente sugeriu que participasse de alguns testes para a televisão.[11] Um deles era para um programa que estava nas últimas etapas da escolha do elenco. Os produtores já tinham em mente uma lista de finalistas, mas em Hollywood nada é definitivo até que o contrato tenha sido assinado e que termine o processo judicial. Willis compareceu ao teste e ganhou o papel – o de David Addison, parceiro de Cybill Shepherd em um novo programa da rede ABC chamado *A gata e o rato.*

Podemos ficar tentados a acreditar que Willis era a escolha óbvia em vez do sr. X, o sujeito que estava no topo da lista antes da chegada do novato. Como sabemos em retrospecto que *A gata e o rato* e Bruce Willis se tornaram grandes sucessos, é difícil imaginar que um grupo de diretores de Hollywood, ao ver o desempenho de Willis, fizesse algo além de acender charutos para celebrar sua brilhante descoberta, incinerando a lista de finalistas, agora ultrapassada. Porém, o que realmente aconteceu durante o teste é mais parecido com o que ocorre quando mandamos nossos filhos comprar um único pote de sorvete e dois deles querem o de sabor morango, enquanto o terceiro exige sabor brownie com calda tripla de chocolate. Os executivos da rede lutaram para escolher o sr. X, pois julgavam que Willis não era sério o suficiente para assumir o papel principal. Glenn Gordon Caron, produtor executivo do programa, apoiou a escolha de Willis. Em retrospecto, é fácil considerarmos que os executivos da rede não passavam de bufões ignorantes. Pela minha experiência, produtores de TV muitas vezes expressam essa opinião, especialmente quando os executivos não estão por perto. Porém, antes de assumirmos essa atitude, considere o seguinte: no início, os telespectadores concordaram com a avaliação medíocre dos executivos. *A gata e o rato* estreou em março de 1985 com baixos índices de audiência e manteve um desempenho insatisfatório por todo o resto da primeira temporada. Só na segunda temporada os telespectadores mudaram de ideia e o programa se tornou um grande sucesso. A popularidade de Willis e seu sucesso foram aparentemente imprevisíveis até que, é claro, ele de súbito se tornasse uma estrela. Poderíamos atribuir essa história às loucuras de Hollywood, mas o andar de bêbado seguido por Willis rumo à fama não é nada incomum. Muitas pessoas de sucesso seguem um trajeto pontuado por impactos aleatórios e consequências não intencionais, não só em suas carreiras, mas também em seus amores, interesses e amizades. Na verdade, isso é mais a regra que a exceção.

Recentemente, eu estava assistindo a um programa de televisão durante a madrugada quando começou uma entrevista com outro astro, mas não do mundo do entretenimento. Seu nome é Bill Gates. Ainda que o entrevistador fosse conhecido pelo tratamento sarcástico, ele parecia extraordinariamente reverente ao falar com Gates. Até mesmo a plateia parecia seduzida por ele. A razão, naturalmente, é o fato de o dono da Microsoft ter sido considerado o homem mais rico do mundo por 13 anos consecutivos, segundo a revista *Forbes*. De fato, desde que fundou sua empresa, ele ganhou mais de US$100 por segundo. Assim, quando o entrevistador lhe perguntou sobre como ele vislumbrava a televisão interativa, todos esperaram, ansiosos, pelo que ele teria a dizer. No entanto, sua resposta foi trivial, nem um pouco mais criativa, engenhosa ou perspicaz do que já foi dito por tantos outros profissionais da informática. O que nos leva à pergunta: será que Gates ganha US$100 por segundo por ser um semideus, ou será ele um semideus porque ganha US$100 por segundo?

Em agosto de 1980, quando um grupo de empregados da IBM que trabalhava num projeto secreto para construir um computador pessoal viajou para Seattle a fim de se encontrar com o jovem empreendedor da informática, Bill Gates dirigia uma pequena empresa. A IBM precisava de um programa, chamado sistema operacional, para o "computador doméstico" que estava projetando. Há diversos relatos do evento, mas a ideia básica é a seguinte:[12] Gates disse que não poderia fornecer o sistema operacional, e encaminhou os funcionários da IBM a um famoso programador chamado Gary Kildall, da Digital Research Inc. As conversas com ele não correram bem. Um dos motivos foi o fato de que, quando a IBM se apresentou no escritório da DRI, a esposa de Kildall na época, que era a diretora de negócios da companhia, recusou-se a assinar o contrato de confidencialidade exigido pela corporação. Os emissários da IBM entraram novamente em contato com a empresa, e dessa vez Kildall os recebeu em pessoa. Ninguém sabe ao certo o que ocorreu nessa reunião, mas, se firmaram algum acordo informal, ele não foi levado adiante. Mais ou menos nessa época, Jack Sams, um dos empregados da IBM, encontrou-se novamente com Gates. Os dois sabiam da existência de um novo sistema operacional baseado, ou inspirado – dependendo da fonte –, no sistema de Kildall. De acordo com Sams, Gates disse: "Você quer pegar ... [esse sistema operacional], ou quer que eu pegue?" Sams, aparentemente sem perceber as implicações, respondeu: "Pegue você, é claro." Gates comprou então o programa por US$50 mil (ou um pouco mais, segundo algumas fontes), fez algumas modificações e o rebatizou de DOS (*Disk Operating System*). A IBM, que aparentemente tinha pouca fé no potencial dessa nova ideia, obteve de Gates a licença pelo DOS pagando um pequeno royalty por cópia vendida, deixando que Gates ficasse com os direitos autorais. O DOS não era melhor – e muitas pessoas, incluindo a maioria dos profissionais da informática, diriam que era muito pior – que, digamos, o sistema operacional do Macintosh, da Apple. Porém, a base crescente de usuários da IBM estimulou os programadores de software a escrever seus programas para aquele sistema, incentivando assim os potenciais usuários a comprar máquinas da empresa, uma circunstância que, por sua vez, incentivou mais ainda os programadores a escrever programas para o DOS. Em outras palavras, como diria W. Brian Arthur, as pessoas compraram o DOS porque as pessoas estavam comprando o DOS. No mundo fluido dos empreendedores da informática, Gates se tornou a molécula que escapou do bolo. Se não fosse a falta de cooperação de Kildall, a ausência de visão da IBM ou o segundo encontro entre Sams e Gates, independentemente de qualquer argúcia visionária ou comercial que Gates possuísse, ele talvez houvesse se tornado apenas mais um empreendedor da indústria do software, e não o homem mais rico do mundo durante tanto tempo. É provavelmente por isso que ele se enxerga exatamente assim – como apenas mais um empreendedor da indústria do software.

Nossa sociedade se apressa em transformar os ricos em heróis e os pobres em bodes expiatórios. É por isso que o gigante dos imóveis Donald Trump, cujo Plaza Hotel faliu e cujo império de cassinos foi à bancarrota duas vezes (um acionista que houvesse investido US$10 mil em sua empresa de cassinos em 1994 teria acabado, 13 anos depois, com apenas US$636),[13] ainda assim se atreveu a estrelar um programa de televisão de incrível sucesso, no qual ele julgava a perspicácia de jovens aspirantes ao mundo dos negócios.

Obviamente, pode ser um erro julgarmos o brilhantismo das pessoas em proporção à sua riqueza. Não somos capazes de enxergar o potencial individual, apenas seus resultados, e assim frequentemente fazemos julgamentos equivocados, pensando que os resultados devem refletir o interior. A Teoria do Acidente Normal não nos mostra que, na vida, a conexão entre ações e resultados é aleatória, e sim que influências aleatórias são tão importantes quanto nossas qualidades e ações.

Em um nível emocional, muitas pessoas resistem à ideia de que as influências aleatórias são importantes, mesmo que compreendam isso intelectualmente. Se subestimamos o papel do acaso nas carreiras dos que estão no topo, será que também o subestimamos na vida dos menos bem-sucedidos? Nos anos 1960, essa pergunta inspirou o psicólogo social Melvin Lerner a observar as atitudes negativas da sociedade com relação aos pobres.[14] Dando-se conta de que "poucas pessoas se dedicariam por muito tempo a uma atividade se acreditassem existir uma conexão aleatória entre o que fazem e as recompensas que recebem",[15] Lerner concluiu que "para manterem a própria sanidade" as pessoas superestimam a capacidade de inferir a habilidade de uma pessoa em função de seu sucesso.[16] Ou seja, estamos inclinados a pensar que os astros do cinema têm mais talento que os aspirantes a astros de cinema, e a pensar que as pessoas mais ricas do mundo também devem ser as mais inteligentes.

Podemos até não achar que nosso julgamento das pessoas se dá em função de sua renda ou de sinais exteriores de sucesso; porém, mesmo quando sabemos efetivamente que o salário de uma pessoa é completamente aleatório, muitas vezes não conseguimos evitar o julgamento intuitivo de que ele se correlaciona ao valor daquela pessoa. Melvin Lerner examinou essa questão, fazendo com que indivíduos ficassem em um pequeno auditório escuro de frente para um espelho semitransparente.[17] De suas cadeiras, os observadores podiam olhar para um pequeno quarto, bem iluminado, que continha uma mesa e duas cadeiras. Os pesquisadores disseram aos observadores que dois empregados, Tom e Bill, logo entrariam no quarto e trabalhariam juntos por 15 minutos, resolvendo jogos de palavras. As cortinas da janela foram então fechadas, e Lerner disse aos participantes que as manteria fechadas, pois o experimento funcionaria melhor se eles pudessem ouvir os trabalhadores, mas não vê-los, de modo que não fossem influenciados por suas aparências. Também lhes disse que, como o orçamento do projeto era limitado, ele só poderia remunerar um dos empregados, que seria escolhido ao acaso. Quando Lerner saiu, um assistente acionou um botão, iniciando a transmissão de uma fita de áudio gravada. Os observadores acreditaram estar escutando Tom e Bill, que entraram no quarto por trás das cortinas e começaram seu trabalho. Na verdade, estavam escutando uma gravação de Tom e Bill lendo um roteiro predefinido, escrito de modo que, em função de diversas medidas objetivas, ambos parecessem ser igualmente aptos e habilidosos nessa tarefa. Os observadores não sabiam disso. Ao final, Lerner lhes pediu que classificassem Tom e Bill com base em seu esforço, criatividade e sucesso. Quando Tom foi escolhido para receber o pagamento, cerca de 90% dos observadores consideraram que ele havia feito a maior contribuição ao trabalho. Quando Bill foi escolhido, cerca de 70% dos observadores o consideraram melhor. Apesar do desempenho equivalente de Tom e Bill e de saberem que a escolha do pagamento seria aleatória, os observadores consideraram que o empregado que recebera o pagamento era melhor que o que trabalhara por nada. Ora, como qualquer pessoa que se veste bem para aparentar sucesso deve saber, todos somos facilmente iludidos pelo salário de alguém.

Uma série de estudos relacionados investigou o mesmo efeito do ponto de vista dos próprios trabalhadores.[18] Todos sabem que um chefe com boas credenciais sociais e acadêmicas e um belo título e salário tem por vezes o costume de dar mais valor às próprias ideias que às de seus subalternos. Os pesquisadores se perguntaram, será que as pessoas que ganham mais dinheiro por mero acaso se comportarão da mesma maneira? Será que o "sucesso" não merecido infunde nas pessoas uma sensação de superioridade? Para responder a essa questão, pediram a pares de voluntários que cooperassem em várias tarefas inúteis. Numa delas, por exemplo, uma tela apresentava uma rápida imagem em preto e branco, e os participantes tinham que decidir qual das partes da imagem continha maior proporção de branco, a de cima ou a de baixo. Antes do início da experiência, um dos participantes foi escolhido aleatoriamente para receber um pagamento consideravelmente maior que o outro. Quando não detinham essa informação, os participantes cooperavam de maneira bastante harmônica. Quando sabiam quanto cada um estava ganhando, porém, os participantes mais bem pagos apresentaram maior resistência às opiniões dos companheiros. Mesmo diferenças aleatórias no pagamento levam à inferência retroativa de diferenças de habilidade, gerando um poder de influência desigual. Esse é um elemento presente na dinâmica pessoal e no trabalho em escritório que não pode ser ignorado.

Porém, a questão tem outro lado, mais próximo da motivação original do trabalho de Lerner. Com um colega, Lerner se perguntou se estaríamos inclinados a sentir que as pessoas malsucedidas ou sofredoras merecem seu destino.[19] Nesse estudo, foram reunidos pequenos grupos de estudantes universitárias em uma sala de espera. Depois de alguns minutos, uma delas foi escolhida e encaminhada para fora. Essa estudante, que chamaremos de vítima, não era uma participante normal do estudo – na verdade, havia sido colocada ali pelos pesquisadores. Eles disseram então às demais participantes que deveriam observar a vítima enquanto ela trabalhava numa tarefa de aprendizado, e sempre que ela desse uma resposta incorreta receberia um choque elétrico. O experimentador girou alguns botões para ajustar os níveis do choque elétrico e então ligou uma tela. As participantes viram a vítima entrar na sala ao lado, ser presa ao "aparelho de choque" e então tentar memorizar pares de sílabas sem sentido.

Durante a tarefa, a vítima recebeu diversos choques aparentemente dolorosos a cada resposta incorreta. Ela reagiu com exclamações de dor e sofrimento. Na realidade, a vítima estava atuando, e o que apareceu na tela foi uma fita gravada previamente. A princípio, como esperado, a maior parte das participantes disse estar extremamente angustiada ao ver o sofrimento injusto da colega. No entanto, com a continuação do experimento, essa compaixão pela vítima logo começou a se desgastar. Por fim, as observadoras, incapazes de ajudar, puseram-se a denegrir a vítima. Quanto mais ela sofria, mais pioravam as opiniões das participantes a seu respeito. Como previra Lerner, os observadores precisam entender a situação em termos de causa e efeito. Para se assegurar de que não havia nenhuma outra dinâmica em jogo, o experimento foi repetido com outros grupos, que foram informados de que a vítima seria bem recompensada por sua dor. Em outras palavras, essas pessoas acreditavam que a vítima estava sendo tratada de maneira "justa", embora estivesse exposta à mesma situação. Esses observadores não demonstraram a tendência de formar má opinião a respeito da vítima. Infelizmente, parecemos ter uma propensão inconsciente a julgar negativamente os que se encontram no lado mais desfavorecido da sociedade.

Deixamos de perceber os efeitos da aleatoriedade na vida porque, quando avaliamos o mundo, tendemos a ver exatamente o que esperamos ver. Definimos efetivamente o grau de talento de uma pessoa em função de seu grau de sucesso, e então reforçamos esse sentimento de causalidade mencionando a correlação. É por isso que, embora às vezes haja poucas diferenças de habilidade entre uma pessoa extremamente bem-sucedida e outra não tanto, geralmente há uma grande diferença no modo como são vistas pelos demais. Antes de *A gata e o rato*, se o jovem *bartender* Bruce Willis dissesse a você que pretendia se tornar uma estrela do cinema, você não teria pensado: "Nossa, eu realmente tenho muita sorte de estar aqui, frente a frente com uma futura celebridade"; na verdade, você pensaria algo do tipo: "Ah, sim, mas por agora concentre-se em não exagerar no vermute." No entanto, assim que o programa se tornou um grande sucesso, todos passaram de súbito a ver Bruce Willis como um astro, alguém que tinha um talento especial para tocar o coração e a imaginação das pessoas.

A força das expectativas foi demonstrada incisivamente por um experimento ousado, realizado há alguns anos pelo psicólogo David L. Rosenhan.[20] Nesse estudo, oito "pseudopacientes" marcaram consultas em diversos hospitais e então se apresentaram ao setor de internações, queixando-se de que ouviam vozes estranhas. Eles formavam um grupo variado: três psicólogos, um psiquiatra, um pediatra, um estudante, um pintor e uma dona de casa. Relataram esse único sintoma e apresentaram nomes e profissões falsos, mas descreveram o resto de suas vidas com plena sinceridade. Confiantes no funcionamento do sistema de saúde mental, alguns dos participantes disseram temer que sua evidente sanidade fosse imediatamente detectada, o que lhes causaria um grande embaraço. Mas eles não tinham por que se preocupar: todos, exceto um, foram internados com diagnóstico de esquizofrenia. O paciente restante foi internado com diagnóstico de psicose maníaco-depressiva.

Depois de internados, todos pararam de simular os sintomas anormais e disseram que as vozes haviam desaparecido. A seguir, como previamente instruídos por Rosenhan, esperaram até que a equipe percebesse que não eram realmente loucos. Nenhum membro da equipe notou o fato. Em vez disso, a equipe hospitalar interpretou o comportamento dos pseudopacientes sob o prisma da insanidade. Quando uma paciente foi vista escrevendo em seu diário, uma enfermeira escreveu no prontuário que "a paciente apresenta comportamento de escrita", identificando o ato de escrever como um sinal de doença mental. Quando outro paciente se exasperou ao ser maltratado por um profissional, também se presumiu que o comportamento fizesse parte da patologia. Até mesmo o ato de chegar à lanchonete antes do horário do almoço foi visto como um sintoma de insanidade. Outros pacientes, não tão impressionados com os diagnósticos médicos formais, desafiavam regularmente os pseudopacientes com comentários do tipo: "Você não é maluco. Você é jornalista... está preparando uma matéria sobre o hospital." Os médicos, no entanto, escreviam anotações como: "Paciente masculino de 39 anos ... manifesta longa história de ambivalência nos relacionamentos próximos, iniciada no começo da infância. Relação cálida com a mãe tornada mais distante durante a adolescência. Relação distante com o pai, descrita como muito intensa."

A boa notícia é que, apesar dos suspeitos hábitos de escrever e chegar cedo para o almoço, os médicos consideraram que os pseudopacientes não representavam um perigo para si mesmos e para os outros, dando-lhes alta após uma internação média de 19 dias. Os hospitais não chegaram a detectar o ardil, e, quando informados do que ocorrera, negaram a possibilidade de que algo assim pudesse acontecer.

É fácil sermos vítimas das expectativas, e é também fácil explorá-las diante dos outros. É por isso que os atores iniciantes de Hollywood se esforçam por passar a impressão de que já têm experiência, médicos usam jalecos brancos e penduram todo tipo de certificados e títulos nas paredes do consultório, vendedores de carros usados preferem reparar arranhões no capô a gastar dinheiro consertando o motor e professores, em média, dão notas maiores para um trabalho entregue por um aluno "excelente" que para um trabalho idêntico entregue por um aluno "fraco".[21] Os publicitários também sabem disso, e suas propagandas têm o objetivo de criar e depois explorar as nossas expectativas. Uma área na qual essa estratégia foi utilizada com muita eficácia é o mercado da vodca. É uma bebida neutra, destilada – segundo a definição do governo dos Estados Unidos – "de modo a não apresentar características, aroma, sabor ou cor distintivos". Assim, a maior parte das vodcas americanas não se origina das fazendas de homens apaixonados, com camisa de flanela, como os que produzem os vinhos, e sim de corporações gigantescas, como o fornecedor de insumos agroquímicos Archer Daniels Midland. E o trabalho do destilador de vodca não consiste em cultivar um processo de envelhecimento que gere um sabor cheio de nuances sofisticadas, e sim pegar o destilado com 95% de álcool trazido pelo fornecedor, acrescentar água e *subtrair* o máximo possível do sabor. No entanto, por meio de enormes campanhas destinadas a formar a imagem das marcas, os produtores de vodca conseguiram criar grandes expectativas de diferença. Por isso, as pessoas acreditam que essa bebida, que por sua própria *definição* carece de características distintivas, apresenta de fato grandes variações de uma marca para outra. Mais do que isso, estão dispostas a pagar grandes quantias de dinheiro com base nessas diferenças. Antes que alguém me considere um bruto sem paladar, quero ressaltar que existe uma maneira de testar meus disparates. Podemos alinhar uma série de vodcas e uma série de conhecedores e realizar uma degustação cega. De fato, o *New York Times* fez exatamente isso.[22] E, uma vez desprovidas dos rótulos, vodcas pomposas como Grey Goose e Ketel One não se saíram tão bem. Quando comparados com a opinião popular, os resultados pareceram realmente aleatórios. Além disso, das 21 vodcas testadas, a que se saiu melhor foi a marca mais barata, encontrada em todos os bares – Smirnoff. O modo como enxergamos o mundo seria muito diferente se todos os nossos julgamentos pudessem ser isolados da expectativa e baseados apenas em informações relevantes.

ALGUNS ANOS ATRÁS, o jornal *The Sunday Times*, de Londres, realizou um experimento. Seus editores enviaram manuscritos datilografados dos primeiros capítulos de dois romances que haviam ganhado o Booker Prize – um dos prêmios mais aclamados e influentes para a ficção contemporânea – a 20 grandes editoras e agentes.[23] Um dos romances era *In a Free State*, de V.S. Naipaul, autor que ganhou o Prêmio Nobel de Literatura; o outro era *Holiday*, de Stanley Middleton. Podemos presumir com bastante certeza que, se soubessem o que estavam lendo, as pessoas que receberam os manuscritos teriam se rasgado em elogios àqueles romances tão aclamados. Mas os textos foram enviados como se pertencessem a autores iniciantes, e nenhum dos editores ou agentes pareceu reconhecê-los. Como foram recebidos esses trabalhos tão bem-sucedidos? Todas as respostas foram recusas, exceto uma. Essa exceção foi uma manifestação de interesse expressada por um agente literário de Londres quanto ao romance de Middleton. O mesmo agente escreveu o seguinte a respeito do livro de Naipaul: "Achamos o trabalho … bastante original. No entanto, temo que, no fim das contas, não tenhamos ficado entusiasmados a ponto de levar a coisa adiante."

O autor Stephen King, sem querer, realizou um experimento semelhante quando, temendo certa rejeição pelo público em virtude do grande número de obras que lançava em pouco tempo, escreveu uma série de romances sob o pseudônimo Richard Bachman. As vendas indicaram que até mesmo Stephen King, sem o nome, não é um Stephen King – elas melhoraram consideravelmente quando a identidade do autor foi finalmente revelada. Infelizmente, King não realizou o experimento oposto: recolher maravilhosos manuscritos não publicados de autores iniciantes e os cobrir com capas que trouxessem seu nome como autor. E se até mesmo Stephen King, sem o nome, não é um Stephen King, então todos nós, ao vermos que nosso trabalho criativo não é tão bem recebido quanto o dele, podemos nos reconfortar com a ideia de que as diferenças de qualidade talvez não sejam tão grandes quanto o mundo quer nos fazer crer.

Anos atrás, no Instituto Caltech, trabalhei num escritório vizinho ao de um físico chamado John Schwarz. Ele era pouco reconhecido, tendo sido ridicularizado durante toda uma década por ter mantido viva, quase sozinho, uma teoria desacreditada chamada Teoria das Cordas, segundo a qual o espaço tinha muito mais dimensões que as que conseguimos observar. Certo dia, porém, ele e um colega obtiveram um avanço técnico e, por razões que não cabem aqui, as dimensões adicionais subitamente passaram a parecer mais aceitáveis. A Teoria das Cordas tem sido a vedete da física desde então. Hoje, John é considerado um dos grandes patronos da física; no entanto, se houvesse se deixado abalar pelos anos de obscuridade, teria feito jus à observação de Thomas Edison de que "muitos dos fracassos da vida ocorrem com pessoas que não perceberam o quão perto estavam do sucesso no momento em que desistiram".[24]

Outro físico que conheci teve uma história surpreendentemente semelhante à de John. Por coincidência, ele era o orientador de John em seu PhD na Universidade da Califórnia, em Berkeley. Considerado um dos cientistas mais brilhantes de sua geração, esse físico liderou em uma área de pesquisa chamada Teoria da Matriz S. Como John, foi teimosamente persistente e continuou a trabalhar em sua teoria por muitos anos, depois que todos os demais já a haviam abandonado. Porém, ao contrário de John, ele não foi tão bem-sucedido. E por não ter atingido o êxito, ao final de sua carreira muitas pessoas o viam como um cientista um pouco maluco. Porém, na minha opinião, tanto ele como John foram físicos brilhantes que tiveram a coragem de trabalhar – sem nenhuma promessa de que fariam uma iminente descoberta – numa teoria que já saíra de moda. E assim como os autores devem ser julgados por seu modo de escrever e não pelas vendas de seus livros, os físicos – e todos os que tentam ser bem-sucedidos – devem ser julgados mais por suas habilidades que por seus êxitos.

A linha que une a habilidade e o sucesso é frouxa e elástica. É fácil enxergarmos grandes qualidades em livros campeões de vendas, ou vermos certas carências em manuscritos não publicados, vodcas inexpressivas ou pessoas que ainda estão lutando pelo reconhecimento em qualquer área. É fácil acreditarmos que as ideias que funcionaram eram boas ideias, que os planos bem-sucedidos foram bem projetados, e que as ideias e os planos que não se saíram bem foram mal concebidos. É fácil transformar os mais bem-sucedidos em heróis, olhando com desdém para o resto. Porém, a habilidade não garante conquistas, e as conquistas não são proporcionais à habilidade. Assim, é importante mantermos sempre em mente o outro termo da equação – o papel do acaso.

Quando os mais bem-sucedidos em qualquer área são tratados como super-heróis, isso não chega a ser uma tragédia. Porém, quando desistimos de algum projeto por acreditarmos no julgamento dos outros, ou do mercado, em vez de acreditarmos em nós mesmos, trata-se realmente de uma tragédia; foi o caso de John Kennedy Toole, que cometeu suicídio depois que diversos editores rejeitaram repetidamente o manuscrito de *Uma confraria de tolos*, seu best-seller publicado postumamente. Assim, quando me sinto tentado a julgar alguém com base em seu grau de sucesso, gosto de lembrar que, se tivessem que recomeçar do zero, Stephen King seria apenas um Richard Bachman e V.S. Naipaul seria apenas mais um autor lutando pelo reconhecimento. Além disso, em algum lugar do mundo vagueiam os equivalentes de Bill Gates, Bruce Willis e Roger Maris que não ficaram ricos nem famosos, pessoas às quais a fortuna não concedeu a chance de criar um produto revolucionário, estrelar um programa de TV ou bater um recorde. O que aprendi, acima de tudo, é a seguir em frente, pois a grande ideia é a de que, como o acaso efetivamente participa de nosso destino, um dos importantes fatores que levam ao sucesso *está* sob o nosso controle: o número de vezes que tentamos rebater a bola, o número de vezes que nos arriscamos, o número de oportunidades que aproveitamos. Pois até mesmo uma moeda viciada que tenda ao fracasso às vezes cairá do lado do sucesso. Nas palavras de Thomas Watson, o pioneiro da IBM: "Se você quiser ser bem-sucedido, duplique sua taxa de fracassos."

Neste livro, tratei de apresentar os conceitos básicos da aleatoriedade para ilustrar como se aplicam às questões humanas e tentei apresentar minha ideia de que seus efeitos passam amplamente despercebidos em nossa interpretação dos eventos, em nossas expectativas e decisões. O reconhecimento do papel onipresente da aleatoriedade em nossas vidas talvez venha como uma epifania; a verdadeira força da teoria dos processos aleatórios, no entanto, está no fato de que, uma vez compreendida sua natureza, podemos alterar o modo como percebemos os acontecimentos ao nosso redor.

O psicólogo David Rosenhan escreveu que, "quando uma pessoa é anormal, todos os seus comportamentos e características serão rotulados assim".[25] O mesmo vale para a fama, para muitos outros rótulos de sucesso e também para os de fracasso. Julgamos as pessoas e as iniciativas por seus resultados e esperamos que os acontecimentos tenham causas boas e compreensíveis. Porém, nossas nítidas impressões de inevitabilidade muitas vezes não passam de ilusões. Escrevi este livro com a crença de que podemos reorganizar nosso pensamento quando defrontados com a incerteza. Podemos melhorar nossa capacidade de tomar decisões e domar alguns dos vieses que nos levam a maus julgamentos e escolhas ruins. Podemos tentar entender as qualidades de pessoas ou situações de maneira bastante independente dos resultados obtidos, e podemos aprender a julgar cada decisão com base no espectro de possíveis resultados que teria gerado, e não apenas no resultado particular que de fato ocorreu.

Minha mãe sempre me alertou contra a ideia de que eu poderia prever ou controlar o futuro. Certa vez, ela relatou o incidente que a levou a esse pensamento. É uma história ligada a sua irmã, Sabina, de quem ela ainda fala, embora não a veja há mais de 65 anos. Sabina tinha 17 anos. Minha mãe, que a idolatrava, como tantas vezes ocorre com os irmãos mais novos, tinha 15. Os nazistas haviam invadido a Polônia; meu pai, que vinha da parte pobre da cidade, unira-se à resistência, e, como contei antes, acabou sendo mandado a Buchenwald. Minha mãe, que não o conhecia na época, veio da parte mais abastada da cidade e foi mandada a um campo de trabalhos forçados. Lá, foi empregada como auxiliar de enfermagem, cuidando dos pacientes que sofriam de tifo. O alimento era escasso, e a morte aleatória estava sempre por perto. Para ajudar a proteger minha mãe dos perigos sempre presentes, Sabina concordou com um plano. Ela tinha um amigo que fazia parte da polícia judaica, um grupo geralmente desprezado pelos presos, pois executava os comandos dos alemães e ajudava a manter a ordem no campo. Ele se ofereceu para se casar com minha tia – um casamento de fachada – para que ela pudesse usufruir das proteções que a posição lhe conferiria. Acreditando que essas proteções se estenderiam à minha mãe, ela concordou. O plano funcionou por algum tempo. Mais tarde, porém, surgiram problemas, e os nazistas entraram em conflito com a polícia judaica. Mandaram diversos oficiais para as câmaras de gás, ao lado de seus cônjuges – entre eles, o falso casal. Hoje, minha mãe já viveu muito mais anos sem a irmã do que a seu lado, mas a morte dela ainda a assombra. Ela teme que, quando se for, não reste mais nenhum traço da existência de Sabina. Para ela, essa história ilustra o quanto é inútil fazermos planos. Eu não concordo. Acredito que seja importante planejar a vida, se o fizermos de olhos bem abertos. Porém, acima de tudo, a experiência de minha mãe me ensinou que devemos identificar e agradecer a sorte que temos e reconhecer os eventos aleatórios que contribuem para o nosso sucesso. Ela me ensinou, também, a aceitar os eventos fortuitos que nos causam sofrimento. E, acima de tudo, ensinou-me a apreciar a ausência de azar, a ausência de eventos que poderiam ter nos derrubado e a ausência das doenças, da guerra, da fome e dos acidentes que não – ou ainda não – nos acometeram.

Agradecimentos

Se você leu até aqui, presumo que tenha gostado do livro. Eu adoraria ficar com todo o mérito por ele, mas, como disse Nixon, isso estaria errado. Assim, gostaria de apontar as pessoas que, com seu tempo, conhecimento, talento e/ou paciência, me ajudaram a criar um livro muito melhor do que o que eu poderia ter escrito sozinho. Em primeiro lugar, Donna Scott, Mark Hillery e Matt Costello, que me incentivaram constantemente. Mark, em particular, queria que eu escrevesse um livro sobre a entropia, mas escutou (e leu) pacientemente enquanto eu aplicava muitas das mesmas ideias ao mundo cotidiano. Minha agente, Susan Ginsburg, nunca quis que eu escrevesse um livro sobre entropia, porém, como Mark, foi uma incessante fonte de estímulo e comentários construtivos. Minha amiga Judith Croasdell sempre me deu apoio e, quando invocada, também realizou um ou dois milagres. E meu editor, Edward Kastenmeier, nunca se cansou das minhas longas discussões sobre o estilo e o conteúdo de praticamente todas as frases – ou o mais provável é que tenha sido educado demais para se queixar disso. Também devo agradecer aos colegas de Edward, Marty Asher, Dan Frank e Tim O'Connell, que, com ele, cultivaram este trabalho e me ajudaram a moldar o texto, e a Janice Goldklang, Michiko Clark, Chris Gillespie, Keith Goldsmith, James Kimball e Vannessa Schneider, cujos esforços incansáveis fizeram com que este trabalho chegasse até você.

Pelo lado técnico, Larry Goldstein e Ted Hill me inspiraram com muitos debates e discussões matemáticas divertidas e empolgantes e deram opiniões de valor incalculável ao lerem o manuscrito. Fred Rose pareceu ter abandonado seu emprego no

Wall Street Journal apenas para ter tempo de me aconselhar sobre o funcionamento do mercado financeiro. Lyle Long aplicou seus consideráveis conhecimentos sobre análise de dados para criar os gráficos relacionados ao desempenho das administradoras de fundos de ações. E Christof Koch me recebeu em seu laboratório no Instituto Caltech e me apresentou aos incríveis avanços em neurociência que enchem estas páginas. Muitos outros amigos e colegas leram capítulos, às vezes mais de um rascunho; outros forneceram sugestões ou informações úteis. Entre eles posso citar Jed Buchwald, Lynne Cox, Richard Cheverton, Rebecca Forster, Miriam Goodman, Catherine Keefe, Jeff Mackowiak, Cindy Mayer, Patricia McFall, Andy Meisler, Steve Mlodinow, Phil Reed, Seth Roberts, Laura Saari, Matt Salganik, Martin Smith, Steve Thomas, Diane Turner e Jerry Webman. Obrigado a todos. Finalmente, devo profundos agradecimentos à minha família, Donna, Alexei, Nicolai, Olivia e à minha mãe, Irene; roubei tempo de todos eles para poder aperfeiçoar, ou ao menos rever obsessivamente, este trabalho.

Notas

Prólogo (p.7 a 10)

1. Stanley Meisler. "First in 1763: Spain lottery – Not even war stops it", *Los Angeles Times*, 30 dez 1977.
2. Sobre basquete, ver Michael Patrick Allen, Sharon K. Panian e Roy E. Lotz. "Managerial succession and organizational performance: a recalcitrant problem revisited", *Administrative Science Quarterly*, 24, n.2, jun 1979, p.167-80; sobre futebol americano, M. Craig Brown, "Administrative succession and organizational performance: the succession effect", *Administrative Science Quarterly*, 27, n.1, mar 1982, p.1-16; sobre beisebol, Oscar Grusky, "Managerial succession and organizational effectiveness", *American Journal of Sociology*, 69, n.1, jul 1963, p.21-31, e William A. Gamson e Norman A. Scotch, "Scapegoating in baseball", *American Journal of Sociology*, 70, n.1, jul 1964, p.69-72; sobre futebol, Ruud H. Koning, "An econometric evaluation of the effect of firing a coach on team performance", *Applied Economics*, 35, n.5, mar 2003, p.555-64.
3. James Surowiecki. *The Wisdom of Crowds*. Nova York, Doubleday, 2004, p.218-9.
4. Armen Alchian. "Uncertainty, evolution, and economic theory", *Journal of Political Economy*, 58, n.3, jun 1950, p.213.

1. Olhando pela lente da aleatoriedade (p.11 a 33)

1. Kerstin Preuschoff, Peter Bossaerts e Steven R. Quartz. "Neural differentiation of expected reward and risk in human subcortical structures", *Neuron*, n.51, 3 ago 2006, p.381-90.
2. Benedetto de Martino et al. "Frames, biases, and rational decision-making in the human brain", *Science*, n.313, 4 ago 2006, p.684-7.

3. George Wolford, Michael B. Miller e Michael Gazzaniga. "The left hemisphere's role in hypothesis formation", *Journal of Neuroscience*, n.20, RC64, 2000, p.1-4.
4. Bertrand Russell. *An Inquiry into Meaning and Truth*. Oxford, Routledge, 1996 [1950], p.15.
5. Matt Johnson e Tom Hundt. "Hog industry targets state for good reason", *Vernon County (Wisconsin) Broadcaster*, 17 jul 2007.
6. Kevin McKean. "Decisions, decisions", *Discover*, jun 1985, p.22-31.
7. David Oshinsky. "No thanks, Mr. Nabokov", *The New York Times Book Review*, 9 set 2007.
8. Os relatos na imprensa sobre o número de rejeições sofridas por esses manuscritos apresentam leves variações.
9. William Goldman. *Adventures in the Screen Trade*. Nova York, Warner Books, 1983, p.41.
10. Ver Arthur de Vany. *Hollywood Economics*. Abington (Reino Unido), Routledge, 2004.
11. William Feller. *An Introduction to Probability Theory and Its Applications*. Nova York, John Wiley and Sons, 2ª ed., 1957, p.68. Observe que, para simplificar, quando os oponentes estão empatados, Feller define que a liderança pertence ao jogador que estava vencendo no ensaio anterior.
12. Leonard Mlodinow. "Meet Hollywood's latest genius", *Los Angeles Times Magazine*, 2 jul 2006.
13. Dave McNary. "Par goes for grey matter", *Variety*, 2 jan 2005.
14. Ronald Grover. "Paramount's cold snap: The heat is on", *BusinessWeek*, 21 nov 2003.
15. Dave McNary. "Parting gifts: old regime's pics fuel Paramount rebound", *Variety*, 16 ago 2005.
16. Anita M. Busch. "Canton inks prod'n pact at Warner's", *Variety*, 7 ago 1997.
17. "The making of a hero", *Time*, 29 set 1961, p.72.
18. "Mickey Mantle and Roger Maris: the photographic essay", *Life*, 13 ago 1961, p.62.
19. Para os que não entendem de beisebol, a base é uma placa de borracha enfiada no solo e na qual o jogador se posiciona ao tentar rebater a bola. Para os que entendem de beisebol, peço que observem que incluí os *walks* na minha definição de oportunidades. Se o cálculo for refeito usando-se apenas tentativas oficiais, o resultado é praticamente o mesmo.

20. Ver Stephen Jay Gould. "The streak of streaks", *New York Review of Books*, 18 ago 1988, p.8-12 (voltaremos ao trabalho deste autor mais detalhadamente adiante). Uma análise interessante e matematicamente detalhada de modelos esportivos baseados no cara ou coroa se encontra no capítulo 2 de um livro no prelo, de autoria de Charles M. Grinstead, William P. Peterson e J. Laurie Snell, cujo título proposto é *Fat Chance*, on-line em: www.math.dartmouth.edu/~prob/prob/NEW/bestofchance.pdf.

2. As leis das verdades e das meias verdades (p.34 a 58)

1. Daniel Kahneman, Paul Slovic e Amos Tversky (orgs.). *Judgment under Uncertainty: Heuristics and Biases*. Cambridge, Cambridge University Press, 1952, p.90-8.
2. Amos Tversky e Daniel Kahneman. "Extensional versus intuitive reasoning: the conjunction fallacy in probability judgment", *Psychological Review*, 90, n.4, out 1983, p.293-315.
3. Craig R. Fox e Richard Birke. "Forecasting trial outcomes: lawyers assign higher probabilities to possibilities that are described in greater detail", *Law and Human Behavior*, 26, n.2, abr 2002, p.159-73.
4. Platão. *The Dialogues of Plato*. Boston, Colonial Press, 1899, p.116.
5. Platão. *Theaetetus*. Whitefish (Montana), Kessinger, 2004, p.25.
6. Amos Tversky e Daniel Kahneman. "Availability: a heuristic for judging frequency and probability", *Cognitive Psychology*, 5, 1973, p.207-32.
7. Reid Hastie e Robyn M. Dawes. *Rational Choice in an Uncertain World: The Psychology and Judgement of Decision Making*. Thousand Oaks (Califórnia), Sage, 2001, p.87.
8. Robert M. Reyes, William C. Thompson e Gordon H. Bower. "Judgmental biases resulting from differing availabilities of arguments", *Journal of Personality and Social Psychology*, 39, n.1, 1980, p.2-12.
9. Robert Kaplan. *The Nothing That Is: A Natural History of Zero*. Londres, Oxford University Press, 1999, p.15-7.
10. Cícero, citado em Morris Kline, *Mathematical Thought from Ancient to Modem Times*. Londres, Oxford University Press, 1972, p.179.
11. Morris Kline. *Mathematics in Western Culture*. Londres, Oxford University Press, 1953, p.86.

12. Kline, *Mathematical Thought*, p.178-9.
13. Cícero, citado em Warren Weaver. *Lady Luck*. Mineola (Nova York), Dover, 1982, p.53.
14. Cícero, citado em F.N. David. *Gods, Games and Gambling: A History of Probability and Statistical Ideas*. Mineola (Nova York), Dover, 1998, p.24-6.
15. Cícero, citado em Bart K. Holland. *What Are the Chances? Voodoo Deaths, Office Gossip, and Other Adventures in Probability*. Baltimore, Johns Hopkins University Press, 2002, p.24.
16. Ibid., p.25.
17. James Franklin. *The Science of Conjecture: Evidence and Probability before Pascal*. Baltimore, Johns Hopkins University Press, 2001, p.4-8.
18. Ibid., p.13.
19. Ibid., p.14.
20. William C. Thompson, Franco Taroni e Colin G.G. Aifken. "How the probability of a false positive affects the value of DNA evidence", *Journal of Forensic Sciences*, 48, n.1, jan 2003, p.1-8.
21. Ibid., p.2. A história é contada novamente em Bill Braun, "Lawyers seek to overturn rape conviction", *TulsaWorld*, 22 nov 1996. Ver também: www.innocenceproject. (Durham foi libertado in 1997.)
22. *People vs. Collins*, 68 Calif. 2d 319, 438 P.2d 33, 66 Cal. Rptr. 497, 1968.
23. Thomas Lyon, comunicação pessoal.

3. Encontrando o caminho em meio a um espaço de possibilidades (p.59 a 81)

1. Alan Wykes. *Doctor Cardano: Physician Extraordinary*. Londres, Frederick Muller, 1969. Ver também Oystein Ore. *Cardano: The Gambling Scholar*, com uma tradução para o inglês do *Livro dos jogos de azar*, de Cardano, feita por Sydney Henry Gould. Princeton (Nova Jersey), Princeton University Press, 1953.
2. Marilyn vos Savant. "Ask Marilyn", *Parade*, 9 set 1990.
3. Bruce D. Burns e Mareike Wieth. "Causality and reasoning: The Monty Hall Dilemma", in *Proceedings of the Twenty-fifth Annual Meeting of the*

Cognitive Science Society, R. Alterman e D. Kirsh (orgs.). Hillsdale (Nova Jersey), Lawrence Erlbaum Associates, 2003, p.198.

4. National Science Board. *Science and Engineering Indicators – 2002*. Arlington (Virgínia), National Science Foundation, 2002, on-line em: http://www.nsf.gov/statistics/seind02/. Ver vol.2, cap.7, tabelas 7-10.

5. Gary P. Posner. "Nation's mathematicians guilty of innumeracy", *Skeptical Inquirer*, 15, n.4, verão de 1991.

6. Bruce Schechter. *My Brain Is Open: The Mathematical Journeys of Paul Erdös*. Nova York, Touchstone, 1998, p.107-9.

7. Ibid., p.189-90, 196-7.

8. John Tierney. "Behind Monty's doors: puzzle, debate and answer?", *The New York Times*, 21 jul 1991.

9. Robert S. Gottfried. *The Black Death: Natural and Human Disaster in Medieval Europe*. Nova York, Free Press, 1985.

10. Gerolamo Cardano, citado em Wykes, *Doctor Cardano*, p.18.

11. Kline, *Mathematical Thought*, p.184-5, 259-60.

12. "Oprah's new shape: how she got it", *O, the Oprah Magazine*, jan 2003.

13. Lorraine J.Daston. *Classical Probability in the Enlightenment*. Princeton (Nova Jersey), Princeton University Press, 1998, p.97.

14. Marilyn vos Savant. "Ask Marilyn", *Parade*, 3 mar 1996, p.14.

15. O carro tem 4 pneus, portanto, seja DD o pneu dianteiro direito e assim por diante, há 16 combinações possíveis entre as respostas dos dois alunos. Se a primeira resposta citada representa a do estudante 1 e a segunda a do estudante 2, as possíveis respostas combinadas são: (DD, DD), (DD, DE), (DD, TD), (DD, TE), (DE, DD), (DE, DE), (DE, TD), (DE, TE), (TD, DD), (TD, DE), (TD, TD), (TD, TE), (TE, DD), (TE, DE), (TE, TD), (TE, TE). Dentre estas, 4 apresentam concordância (DD, DD), (DE, DE), (TD, TD), (TE, TE). Portanto, a probabilidade é de $4/16$, ou $1/4$.

16. Martin Gardner. "Mathematical games", *Scientific American*, out 1959, p.180-2.

17. Jerome Cardan. *The Book of My Life: De Vita Propia Liber*. Whitefish (Montana), Kessinger, 2004, p.35.

18. Cardano, citado em Wykes, *Doctor Cardano*, p.57.

19. Idem.

20. Ibid., p.172.

4. Rastreando os caminhos do sucesso (p.82 a 107)

1. Bengt Ankarloo e Stuart Clark (orgs.). *Witchcraft and Magic in Europe: The Period of the Witch Trials*. Filadélfia, University of Pennsylvania Press, 2002, p.99-104.
2. Megan Collins. "Traders ward off evil spirits", 31 out 2003, on-line em: http://www.CNNMoney.com/2003/10/28/markets_trader_superstition/index.htm.
3. Henk Tijms. *Understanding Probability: Chance Rules in Everyday Life*. Cambridge, Cambridge University Press, 2004, p.16.
4. Ibid., p.80.
5. David, *Gods, Games and Gambling*, p.65.
6. Blaise Pascal, citado em J. Steinmann. *Pascal*. Nova York, Harcourt, Brace & World, 1962, p.72.
7. Gilberte Pascal, citada em M. Bishop. *Pascal: The Life of a Genius*. Nova York, Greenwood Press, 1968 [1936], p.47.
8. Ibid., p.137.
9. Ibid., p.135.
10. Ver A.W.F. Edwards. *Pascal's Arithmetical Triangle: The Story of a Mathematical Idea*. Baltimore, Johns Hopkins University Press, 2002.
11. Blaise Pascal, citado em H.W. Turnbull. *The Great Mathematicians*. Nova York, New York University Press, 1961, p.131.
12. Blaise Pascal, citado em Bishop, *Pascal*, p.196.
13. Blaise Pascal, citado em David, *Gods, Games and Gambling*, p.252.
14. Bruce Martin. "Coincidences: remarkable or random?", *Skeptical Inquirer*, 22, n.5, set/out 1998.
15. Holland, *What Are the Chances?*, p.86-9.

5. As conflitantes leis dos grandes e pequenos números (p.108 a 136)

1. Tijms, *Understanding Probability*, p.53.
2. Scott Kinney. "Judge sentences Kevin L. Lawrence to 20 years prison in Znetix/HMC stock scam". Washington State Department of Financial Institutions, Comunicado de Imprensa, 25 nov 2003, on-line em: http://www.dfi.wa.gov/sd/kevin_laurence_ sentence.htm.

3. Entrevista com Darrell Dorrell, 1º ago 2005.

4. Lee Berton. "He's got their number: scholar uses math to foil financial fraud", *The Wall Street Journal*, 10 jul 1995.

5. Charles Sanders Peirce, Max Harold Fisch e Christian J.W. Kloesel. *Writings of Charles S. Peirce: A Chronological Edition*. Bloomington, Indiana University Press, 1982, p.427.

6. Rand Corporation. *A Million Random Digits with 100,000 Normal Deviates*. Santa Monica (Califórnia), Rand, 2001 [1955], p.ix-x. Ver também L.L. Lopes, "Doing the impossible: A note on induction and the experience of randomness", *Journal of Experimental Psychology: Learning, Memory, and Cognition*, 8, n.6, nov 1982, p.626-36.

7. O relato de Joseph Jagger (por vezes grafado Jaggers) é de J. Grochowski. "House has a built-in edge when roulette wheel spins", *Chicago Sun-Times*, 21 fev 1997.

8. Para mais detalhes sobre a família Bernoulli e a vida de Jakob, ver E.S. Pearson (org.). *The History of Statistics in the 17th and 18th Centuries Against the Changing Background of Intellectual, Scientific and Religious Thought: Lectures by Karl Pearson Given at University College, London, during the Academic Sessions 1921-1933*. Nova York, Macmillan, 1978, p.221-37; J.O. Fleckenstein, "Johann und Jakob Bernoulli", in *Elemente der Mathematik, Beihefte zur Zeitschrift*, n.6, Basileia, 1949; e Stephen Stigler, "The Bernoullis of Basel", *Journal of Econometrics*, 75, n.1, 1996, p.7-13.

9. Citado em Pearson, *The History of Statistics in the 17th and 18th Centuries*, p.224.

10. Stephen Stigler. *The History of Statistics: The Measurement of Uncertainty before* 1900. Cambridge (Massachusetts), Harvard University Press, 1986, p.65.

11. Pearson, *The History of Statistics in the 17th and 18th Centuries*, p.226.

12. William H. Cropper. *The Great Physicists: The Life and Times of Leading Physicists from Galileo to Hawking*. Londres, Oxford University Press, 2001, p.31.

13. Johann Bernoulli, citado em Pearson, *The History of Statistics in the 17th and 18th Centuries*, p.232.

14. Isso depende, é claro, do que identificamos como "o conceito moderno". Estou usando uma definição empregada pela história de Hankel sobre o tema escrita em 1871 e descrita em grandes detalhes por Gert Schubring.

Conflicts between Generalization, Rigor, and Intuition: Number Concepts Underlying the Development of Analysis in 17th-19th Century France and Germany. Nova York, Springer, 2005, p.22-32.

15. David Freedman, Robert Pisani e Roger Purves. *Statistics*. Nova York, Norton, 3ª ed., 1998, p.274-5.
16. A citação de Hacking é de Ian Hacking. *The Emergence of Probability*. Cambridge, Cambridge University Press, 1975, p.143. A citação de Bernoulli é de David, *Gods, Games and Gambling*, p.136.
17. Para uma discussão sobre o que Bernoulli de fato provou, ver Stigler, *The History of Statistics*, p.63-78, e I. Hacking, *The Emergence of Probability*, p.155-65.
18. Amos Tversky e Daniel Kahneman. "Belief in the law of small numbers", *Psychological Bulletin*, 76, n.2, 1971, p.105-10.
19. Jakob Bernoulli, citado em L.E. Maistrov. *Probability Theory: A Historical Sketch*. Nova York, Academic Press, 1974, p.68.
20. Stigler, *The History of Statistics*, p.77.
21. E.T. Bell. *Men of Mathematics*. Nova York, Simon & Schuster, 1937, p.134.

6. Falsos positivos e verdadeiras falácias (p.137 a 161)

1. O relato do estudante de Harvard é de Hastie e Dawes, *Rational Choice in an Uncertain World*, p.320-1.
2. Falaram-me sobre uma variante desse problema feita por Mark Hillery, do Departamento de Física do Hunter College, na Universidade da Cidade de Nova York, que ouviu falar dele durante uma viagem a Bratislava, Eslováquia.
3. Citado em Stigler, *The History of Statistics*, p.123.
4. Ibid., p.121-31.
5. U.S. Social Security Administration. "Popular baby names: popular names by birth year; popularity in 1935", on-line em: http://www.ssa.gov/cgi-bin/popularnames.cgi.
6. Division of HIV/AIDS, Center for Infectious Diseases. *HIV/AIDS Surveillance Report*. Atlanta, Centers for Disease Control, jan 1990. Calculei a estatística citada com base nos dados apresentados, mas também precisei usar algumas estimativas. Em particular, os dados citados se referem a

casos de Aids, e não de infecção por HIV, mas isso é suficiente para o propósito de ilustrar o conceito.

7. Mais precisamente, a probabilidade de que A ocorra se B ocorrer é igual à probabilidade de que B ocorra se A ocorrer multiplicada por um fator de correção igual à razão entre a probabilidade de A e a probabilidade de B.
8. Gerd Gigerenzer. *Calculated Risks: How to Know When Numbers Deceive You*. Nova York, Simon & Schuster, 2002, p.40-4.
9. Donald A. Barry e LeeAnn Chastain. "Inferences about testosterone abuse among athletes", *Chance*, 17, n.2, 2004, p.5-8.
10. John Batt. *Stolen Innocence*. Londres, Ebury Press, 2005.
11. Stephen J. Watkins. "Conviction by mathematical error? Doctors and lawyers should get probability theory right", *BMJ* 320, 1º jan 2000, p.2-3.
12. Royal Statistical Society. "Royal Statistical Society concerned by issues raised in Sally Clark case". Londres, comunicado de imprensa, 23 out 2001, on-line em: http://www.rss.org.uk/TDF/RSS%20Statement%20regarding%20statistical%20issues%20in%20the%20Sallv%20Clark%20case%20October%2023rd%202001.pdf.
13. Ray Hill. "Multiple sudden infant deaths – coincidence or beyond coincidence?", *Paediatric and Perinatal Epidemiology*, 15, n.5, set 2004, p.320-6.
14. Citado em A. Dershowitz. *Reasonable Doubts: The Criminal Justice System and the O. J. Simpson Case*. Nova York, Simon & Schuster, 1996, p.101.
15. Federal Bureau of Investigation. "Uniform crime reports", on-line em: http://www.fbi.gov/ucr/ucr.htm.
16. Alan Dershowitz. *The Best Defense*. Nova York, Vintage, 1983, p.xix.
17. P.S. de Laplace, citado em J. Newman (org.). *The World of Mathematics*. Mineola (Nova York), Dover, 1956, 2:1323.

7. A medição e a Lei dos Erros (p.162 a 188)

1. Sarah Kershaw e Eli Sanders. "Recounts and partisan bickering bring election fatigue to Washington voters", *The New York Times*, 26 dez 2004; e Timothy Egan. "Trial for Governor's seat set to start in Washington", *The New York Times*, 23 mai 2005.
2. Jed Z. Buchwald. "Discrepant measurements and experimental knowledge in the early modern era", *Archive for History of Exact Sciences* 60, n.6, nov 2006, p.565-649.

3. Eugene Frankel. "J.B. Biot and the mathematization of experimental physics in Napoleonic France", in Russell McCormmach (org.). *Historical Studies in the Physical Sciences*. Princeton (Nova Jersey), Princeton University Press, 1977.
4. Charles C. Gillispie (org.). *Dictionary of Scientific Biography*. Nova York, Charles Scribner's Sons, 1981, p.85.
5. Para uma discussão sobre os erros cometidos por radares de trânsito, ver Nicole W. Egan. "Takin' aim at radar guns", *Philadelphia Daily News*, 9 mar 2004.
6. Charles T. Clotfelter e Jacob L. Vigdor. "Retaking the SAT", artigo SAN01-20, Durham (Carolina do Norte), Terry Sanford Institute of Public Policy, Duke University, jul 2001.
7. Eduardo Porter. "Jobs and wages increased modestly last month", *The New York Times*, 2 set 2006.
8. Gene Epstein sobre "Mathemagicians", *On the Media*, Rádio WNYC, transmitido em 25 ago 2006.
9. Legene Quesenberry et al. "Assessment of the writing component within a university general education program", 1º nov 2000, on-line em: http://wac.colost.ate.edu/aw/articles/quesenberry2000/quesenberry2000.pdf.
10. Kevin Saunders. "Report to the Iowa State University Steering Committee on the assessment of ISU Comm-English 105 course essays", set 2004, on-line em: www.iastate.edu/~isucomm/InYears/ISUcomm_essays.pdf, acessado em 2005 (site atualmente desativado).
11. Universidade do Texas, Departamente de Admissão. "Inter-rater reliability of holistic measures used in the freshman admissions process of the University of Texas at Austin", 22 fev 2005, on-line em: http://www.utexas.edu/smdent/admissions/research/Inter-raterReliabiIity2005.pdf.
12. Emily J. Shaw e Glenn B. Milewski. "Consistency and reliability in the individualized review of college applicants", College Board, Office of Research and Development, *Research Notes* RN-20, out 2004, 3, on-line em: http://www.collegeboard.com/research/pdf/RN-20.pdf.
13. Gary Rivlin. "In vino veritas", *The New York Times*, 13 ago 2006.
14. William James. *The Principles of Psychology*. Nova York, Henry Holt, 1890, p.509.
15. Robert Frank e Jennifer Byram. "Taste-smell interactions are tastant and odorant dependent", *Chemical Senses*, 13, 1988, p.445-55.

16. A. Rapp. "Natural flavours of wine: Correlation between instrumental analysis and sensory perception", *Fresenius' Journal of Analytic Chemistry*, 337, n.7, jan 1990, p.777-85.
17. D. Laing e W. Francis. "The capacity of humans to identify odors in mixtures", *Physiology and Behavior*, 46, n.5, nov 1989, p.809-14; e D. Laing et al. "The limited capacity of humans to identify the components of taste mixtures and taste-odour mixtures", *Perception*, 31, n.5, 2002, p.617-35.
18. Com relação ao estudo sobre o vinho rosé, ver Rose M. Pangborn, Harold W. Berg e Brenda Hansen. "The influence of color on discrimination of sweetness in dry table-wine", *American Journal of Psychology*, 76, n.3, set 1963, p.492-5. Para o estudo sobre a antocianina, ver G. Morrot, F. Brochet e D. Dubourdieu. "The color of odors", *Brain and Language*, 79, n.2, nov 2001, p.309-20.
19. Hike Plassman, John O'Doherty, Baba Shia e Antonio Rongel. "Marketing actions can modulate neural representations of experienced pleasantness", *Proceedings of the National Academy of Sciences*, 14 jan 2008, on-line em: http:// www.pnas.org.
20. M.E. Woolfolk, W. Castellan e C. Brooks. "Pepsi versus Coke: labels, not tastes, prevail", *Psychological Reports*, 52, 1983, p.185-6.
21. M. Bende e S. Nordin. "Perceptual learning in olfaction: professional wine tasters versus controls", *Physiology and Behavior*, 62, n.5, nov 1997, p.1065-70.
22. Gregg E.A. Solomon. "Psychology of novice and expert wine talk", *American Journal of Psychology*, 103, n.4, inverno de 1990, p.495-517.
23. Rivlin, "In vino veritas".
24. Idem.
25. Hal Stern. "On the probability of winning a football game", *American Statistician*, 45, n.3, ago 1991, p.179-82.
26. O gráfico é do Index Funds Advisors, "Index funds.com: take the risk capacity survey", on-line em: http://www.indexfunds3.corn/step3page2.php, onde está creditado a Walter Good e Roy Hermansen. *Index Your Way to Investment Success*. Nova York, New York Institute of Finance, 1997. O desempenho de 300 administradores de fundos mútuos foi tabulado durante dez anos (1987-1996) considerando a base de dados da Morningstar Principia.
27. Polling Report. "President Bush–Overall Job Rating", on-line em: http://pollingreport.com/BushJob.htm.

28. "Poll: Bush apparently gets modest bounce", CNN, 8 set 2004, on-line em: http://www.cnn.com/2004/ALLPOLITICS/09/06/presidential.poll/index.html.
29. "Harold von Braunhut", *Telegraph*, 23 dez 2003, on-line em: http://www.telegraph.co.uk/news/main.jhrml?xml=/new-s/2003/12/24/db2403.xml.
30. James J. Fogarty. "Why is expert opinion on wine valueless?", artigo de discussão 02.17, Perth, Departamento de Economia, Universidade do Oeste da Austrália, 2001.
31. Stigler, *The History of Statistics*, p.143.

8. A ordem no caos (p.189 a 218)

1. Holland, *What are the chances?*, p.51.
2. Isto é apenas uma aproximação, com base em estatísticas americanas mais recentes. Ver U.S. Social Security Administration, "Actuarial publications: period life table". A tabela mais recente está disponível on-line em: http://www.ssa.gov/OACT/STATS/ table4c6.html.
3. Immanuel Kant, citado em Theodore Porter. *The Rise of Statistical Thinking: 1820-1900*. Princeton (Nova Jersey), Princeton University Press, 1988, p.51.
4. U.S. Department of Transportation, Federal Highway Administration. "Licensed drivers, vehicle registrations and resident population", on-line em: http://www.fhwa.dot.gov/policy/ohim/hs03/hhn/dlchrt.htm.
5. U.S. Department of Transportation, Research and Innovative Technology Administration, Bureau of Transportation Statistics. "Motor vehicle safety data", on-line em: http://vvww.bts.gov/publications/national_transportation_statistics/2002/lihnl/table_02_17.html.
6. "The Domesday Book", *History Magazine*, out/nov 2001.
7. Para a história de Graunt, ver Hacking, *The Emergence of Probability*, p.103-9; David, *Gods, Games and Gambling*, p.98-109; e Newman, *The World of Mathematics*, 3, p.1416-8.
8. Hacking, *The Emergence of Probability*, p.102.
9. Porter, *The Rise of Statistical Thinking*, p.19.
10. Para conhecer a tabela original de Graunt, ver Hacking, *The Emergence of Probability*, p.108. Para os dados atuais, ver Organização Mundial da

Saúde, "Life tables for WHO member states", on-line em: http://www.who.int/whosis/database/life_tables/life_tables.cfm. Os números citados foram retirados de tabelas abreviadas e arredondadas.

11. Ian Hacking. *The Taming of Chance*. Cambridge, Cambridge University Press, 1990, p.VII.

12. H.A. David. "First (?) occurrence of common terms in statistics and probability", in H.A. David e A.W.F. Edwards (orgs.). *Annotated Readings in the History of Statistics*. Nova York, Springer, 2001, Apêndice B e p.219-28.

13. Noah Webster. *American Dictionary of the English Language* (fac-símile da 1ª ed., 1828). Chesapeake (Virgínia), Foundation for American Christian Education, 1967.

14. O material sobre Quételet foi retirado principalmente de Stigler, *The History of Statistics*, p.161-220; Stephen Stigler. *Statistics on the Table: The History of Statistical Concepts and Methods*. Cambridge (Massachusetts), Harvard University Press, 1999, p.51-66; e Porter, *The Rise of Statistical Thinking*, p.100-9.

15. Louis Menand. *The Metaphysical Club*. Nova York, Farrar, Straus & Giroux, 2001, p.18.

16. Holland, *What Are the Chances?*, p.41-2.

17. David Yermack. "Good timing: CEO stock option awards and company news announcements", *Journal of Finance*, 52, n.2, jun 1997, p.449-76; e Erik Lie, "On the timing of CEO stock option awards", *Management Science*, 51, n.5, mai 2005, p.802-12. Ver também Charles Forelle e James Bandler. "The perfect payday – Some CEOs reap millions by landing stock options when they are most valuable: luck – or something else?", *The Wall Street Journal*, 18 mar 2006.

18. Justin Wolfers. "Point shaving: corruption in NCAA basketball", *American Economic Review*, 96, n.2, mai 2006, p.279-83.

19. Stern, "On the probability of winning a football game".

20. David Leonhardt. "Sad suspicions about scores in basketball", *The New York Times*, 8 mar 2006.

21. Richard C. Hollinger et al. *National Retail Security Survey: Final Report*. Gainesville, Security Research Project, Department of Sociology and Center for Studies in Criminal Law, University of Florida, 2002-2006.

22. Adolphe Quételet, citado em Porter, *The Rise of Statistical Thinking*, p.54.

23. Quételet, citado em Menand, *The Metaphysical Club*, p.187.

24. Jeffrey Kluger. "Why we worry about the things we shouldn't... and ignore the things we should", *Time*, 4 dez 2006, p.65-71.
25. Gerd Gigerenzer. *Empire of Chance: How Probability Changed Science and Everyday Life*. Cambridge, Cambridge University Press, 1989, p.129.
26. Menand, *The Metaphysical Club*, p.193.
27. De Vany, *Hollywood Economics*. Ver parte IV, "A business of extremes".
28. Ver Derek William Forrest. *Francis Galton: The Life and Work of a Victorian Genius*. Nova York, Taplinger, 1974; Jeffrey M. Stanton. "Galton, Pearson, and the Peas: a brief history of linear regression for statistics instructors", *Journal of Statistics Education*, 9, n.3, 2001; e Porter, *The Rise of Statistical Thinking*, p.129-46.
29. Francis Galton, citado em Porter. *The Rise of Statistical Thinking*, p.130.
30. Peter Doskoch, "The winning edge", *Psychology Today*, nov/dez 2005, p.44-52.
31. Deborah J. Bennett. *Randomness*. Cambridge (Massachusetts), Harvard University Press, 1998, p.123.
32. Abraham Pais. *The Science and Life of Albert Einstein*. Londres, Oxford University Press, 1982, p.17. Ver também a discussão na p.89.
33. Sobre Brown e a história do movimento browniano, ver D.J. Mabberley. *Jupiter Botanicus: Robert Brown of the British Museum*. Braunschweig (Alemanha) e Londres, Verlag von J. Cramer/Natural History Museum, 1985; Brian J. Ford. "Brownian movement in clarkia pollen: A reprise of the first observations", *Microscope*, 40, n.4, 1992, p.235-41; e Stephen Brush. "A history of random processes. I. Brownian movement from Brown to Perrin", *Archive for History of Exact Sciences*, 5, n.34, 1968.
34. Pais, *Albert Einstein*, p.88-100.
35. Albert Einstein, citado em Ronald W. Clark. *Einstein: The Life and Times*. Nova York, HarperCollins, 1984, p.77.

9. Ilusões de padrões e padrões de ilusão (p.219 a 247)

1. Ver Arthur Conan Doyle. *The History of Spiritualism*. Nova York, G.H. Doran, 1926; e R.L. Moore. *In Search of White Crows: Spiritualism, Parapsychology, and American Culture*. Londres, Oxford University Press, 1977.
2. Ray Hyman. "Parapsychological research: a tutorial review and critical appraisal", *Proceedings of the IEEE*, 74, n.6, jun 1986, p.823-49.

3. Michael Faraday. "Experimental investigation of table-moving", *Athenaeum*, 2 jul 1853, p.801-3.
4. Faraday, citado em Hyman, "Parapsychological research", p.826.
5. Idem.
6. Ver Frank H. Durgin. "The Tinkerbell Effect: motion perception and illusion", *Journal of Consciousness Studies*, 9, n.5 e 6, mai-jun de 2002, p.88-101.
7. Christof Koch. *The Quest for Consciousness: A Neurobiological Approach*. Englewood (Colorado), Roberts, 2004, p.51-4.
8. O estudo foi D.O. Clegg et al. "Glucosamine, chondroitin sulfate, and the two in combination for painful knee osteoarthritis", *New England Journal of Medicine*, 354, n.8, fev 2006, p.795-808. A entrevista foi "Slate's medical examiner: doubts on supplements", *Day to Day*, NPR broadcast, 13 mar 2006.
9. Ver Paul Slóvic, Howard Kunreuther e Gilbert F. White. "Decision processes, rationality, and adjustment to natural hazards", in G.F. White (orgs). *Natural Hazards: Local, National, and Global*. Londres, Oxford University Press, 1974; ver também Willem A. Wagenaar. "Generation of random sequences by human subjects: a critical survey of literature", *Psychological Bulletin*, 77, n.1, jan 1972, p.65-72.
10. Ver Hastie e Dawes, *Rational Choice in an Uncertain World*, p.19-23.
11. George Spencer-Brown. *Probability and Scientific Inference*. Londres, Longmans, Green, 1957, p.55-6. Na verdade, 10 é uma subestimação grosseira.
12. Janet Maslin. "His heart belongs to (adorable) iPod", *The New York Times*, 19 out 2006.
13. Hans Reichenbach. *The Theory of Probability*. Berkeley, University of California Press, 1934.
14. O texto clássico que expõe esse ponto de vista é Burton G. Malkiel. *A Random Walk Down Wall Street*, agora completamente revisto numa 8ª ed. atualizada (Nova York, Norton, 2003).
15. John R. Nofsinger. *Investment Blunders of the Rich and Famous – and What You Can Learn from Them*. Upper Saddle River (Nova Jersey), Prentice Hall, Financial Times, 2002, p.62.
16. Hemang Desai e Prem C. Jain. "An analysis of the recommendations of the 'superstar' money managers at Barron's annual roundtable", *Journal of Finance*, 50, n.4, set 1995, p.1257-73.

17. Jess Beltz e Robert Jennings. "Wall Street week with Louis Rukeyser's recommendations: Trading activity and performance", *Review of Financial Economics*, 6, n.1, 1997, p.15-27; e Robert A. Pari. "Wall Street week recommendations: yes or no?", *Journal of Portfolio Management*, 14, n.1, 1987, p.74-6.
18. Andrew Metrick. "Performance evaluation with transactions data: the stock selection of investment newsletters", *Journal of Finance*, 54, n.5, out 1999, p.1743-75; e "The equity performance of investment newsletters", artigo n.1805, Cambridge (Massachusetts), Harvard Institute of Economic Research, nov 1997.
19. James J. Choi, David Laibson e Brigitte Madrian. "Why does the law of one price fail? An experiment on index mutual funds", artigo n.W12261, Cambridge (Massachusetts), National Bureau of Economic Research, 4 mai 2006.
20. Leonard Koppett. "Carrying statistics to extremes", *Sporting News*, 11 fev 1978.
21. Segundo algumas definições, considera-se que o sistema de Koppett falhou em 1970; segundo outras, foi bem-sucedido. Ver Chance News, 13.04, 18 abr 2004-7 jun 2004, on-line em: http://www.dartmouth.edu/~chance/chance_news/recent_news/chance_news_13.04.html.
22. Como anunciado no site da Legg Mason Capital Management Web, on-line em: http://www.leggmasoncapmgmt.com/awards.htm.
23. Lisa Gibbs. "Miller: He did it again", CNNMoney, 11 jan 2004, on-line em: http://money.cnn.eom/2004/01/07/funds/ultimateguide_billmiller_0204.
24. Thomas R. Gilovich, Robert Vallone e Amos Tversky. "The hot hand in basketball: on the misperception of random sequences", *Cognitive Psychology*, 17, n.3, jul 1985, p.295-314.
25. A pesquisa de Purcell é discutida em Gould, "The streak of streaks".
26. Mark Hulbert. "Not all stocks are created equal", www.MarketWatch.com, 18 jan 2005, acessado em mar 2005 (site atualmente desativado).
27. Kunal Kapoor. "A look at who's chasing Bill Miller's streak", *Morningstar*, 30 dez 2004, on-line em: http://wavw.morningstar.com.
28. Michael Mauboussin e Kristen Bartholdson. "On streaks: perception, probability, and skill", *Consilient Observer*, Credit Suisse-First Boston, 2, n.8, 22 abr 2003.
29. Merton Miller sobre a "Trillion dollar bet", NOVA, transmissão da PBS, 8 fev 2000.

30. R.D. Clarke. "An application of the poisson distribution", *Journal of the Institute of Actuaries*, 72, 1946, p.48.
31. Atul Gawande. "The cancer cluster myth", *The New Yorker*, 28 fev 1998, p.34-7.
32. Idem.
33. Bruno Bettelheim. "Individual and mass behavior in extreme situations", *Journal of Abnormal and Social Psychology*, 38, 1943: p.417-32.
34. Curt P. Richter. "On the phenomenon of sudden death in animals and man", *Psychosomatic Medicine*, 19, 1957, p.191-8.
35. E. Stotland e A. Blumenthal. "The reduction of anxiety as a result of the expectation of making a choice", *Canadian Review of Psychology*, 18, 1964, p.139-45.
36. Ellen Langer e Judith Rodin. "The effects of choice and enhanced personal responsibility for the aged: a field experiment in an institutional setting", *Journal of Personality and Social Psychology*, 34, n.2, 1976, p.191-8.
37. Ellen Langer e Judith Rodin. "Long-term effects of a control-relevant intervention with the institutionalized aged", *Journal of Personality and Social Psychology*, 35, n.12, 1977, p.897-902.
38. L.B. Alloy e L.Y. Abramson. "Judgment of contingency in depressed and nondepressed students: sadder but wiser?", *Journal of Experimental Psychology: General*, 108, n.4, dez 1979, p.441-85.
39. Durgin, "The Tinkerbell Effect".
40. Ellen Langer. "The illusion of control", *Journal of Personality and Social Psychology*, 32, n.2, 1975, p.311-28.
41. Ellen Langer e Jane Roth. "Heads I win, tails it's chance: the illusion of control as a function of outcomes in a purely chance task", *Journal of Personality and Social Psychology*, 32, n.6, 1975, p.951-5.
42. Langer, "The illusion of control".
43. Ibid., p.311.
44. Raymond Fisman, Rakesh Khurana e Matthews Rhodes-Kropf. "Governance and CEO turnover: do something or do the right thing?", artigo n.05-066, Cambridge (Massachusetts), Harvard Business School, abr 2005.
45. P.C. Wason. "Reasoning about a rule", *Quarterly Journal of Experimental Psychology*, 20, 1968, p.273-81.
46. Francis Bacon, *Novum Organon*. Chicago, Open Court, 1994 [1620], p.57.

47. Charles G. Lord, Lee Ross e Mark Lepper. "Biased assimilation and attitude polarization: the effects of prior theories on subsequently considered evidence", *Journal of Personality and Social Psychology*, 37, n.11, 1979, p. 2098-109.
48. Matthew Rabin. "Psychology and economics", artigo, University of California, Berkeley, 28 set 1996.
49. E.C. Webster. *Decision Making in the Employment Interview*. Montreal, Industrial Relations Centre, McGill University, 1964.
50. Beth E. Haverkamp, "Confirmatory bias in hypothesis testing for client-identified and counselor self-generated hypotheses", *Journal of Counseling Psychology*, 40, n.3, jul 1993, p.303-15.
51. David L. Hamilton e Terrence L. Rose. "Illusory correlation and the maintenance of stereotypic beliefs", *Journal of Personality and Social Psychology*, 39, n.5, 1980, p.832-45; Galen V. Bodenhausen e Robert S. Wyer. "Effects of stereotypes on decision making and information-processing strategies", *Journal of Personality and Social Psychology*, 48, n.2, 1985, p.267-82; e C. Stangor e D.N. Ruble. "Strength of expectancies and memory for social information: what we remember depends on how much we know", *Journal of Experimental Social Psychology*, 25, n.1, 1989, p.18-35.

10. O andar do bêbado (p.248 a 283)

1. Pierre-Simon de Laplace, citado em Stigler, *Statistics on the Table*, p.56.
2. James Gleick. *Chaos: Making a New Science*. Nova York, Penguin, 1987; ver cap.1.
3. Max Born. *Natural Philosophy of Cause and Chance*. Oxford, Clarendon Press, 1948, p.47. Born se referia à natureza em geral e à teoria quântica em particular.
4. A análise do incidente de Pearl Harbor é de Roberta Wohlstetter. *Pearl Harbor: Warning and Decision*. Palo Alto (Califórnia), Stanford University Press, 1962.
5. Richard Henry Tawney. *The Agrarian Problem in the Sixteenth Century*. Nova York, Burt Franklin, 1961 [1912].
6. Wohlstetter, *Pearl Harbor*, p.387.

7. A descrição dos eventos em Three Mile Island é de Charles Perrow. *Normal Accidents: Living with High-Risk Technologies*. Princeton (Nova Jersey), Princeton University Press, 1999; e U.S. Nuclear Regulatory Commission. "Fact sheet on the Three Mile Island accident", on-line em: http://www.nrc.gov/reading-nn/doc-collections/fact-sheets/3mile-isle.html.
8. Perrow, *Normal Accidents*.
9. W. Brian Arthur. "Positive feedbacks in the economy", *Scientific American*, fev 1990, p.92-9.
10. Mathew J. Salganik, Peter Sheridan Dodds e Duncan J. Watts. "Experimental study of inequality and unpredictability in an artificial cultural market", *Science*, 311, 10 fev 2006; e Duncan J. Watts, "Is Justin Timberlake a product of cumulative advantage?", *The New York Times Magazine*, 15 abr 2007.
11. Mlodinow, "Meet Hollywood's latest genius".
12. John Steele Gordon e Michael Maiello. "Pioneers die broke", *Forbes*, 23 dez 2002; e "The man who could have been Bill Gates", *BusinessWeek*, 25 out 2004.
13. Floyd Norris. "Trump deal fails, e shares fall again", *The New York Times*, 6 jul 2007.
14. Melvin J. Lerner e Leo Montada. "An overview: advances in belief in a just world theory and methods", in Leo Montada e Melvin J. Lerner (orgs.), *Responses to Victimizations and Belief in a Just World*. Nova York, Plenum Press, 1998, p.1-7.
15. Melvin J. Lerner. "Evaluation of performance as a function of performer's reward and attractiveness", *Journal of Personality and Social Psychology*, 1, 1965, p.355-60.
16. Melvin J. Lerner e C.H. Simmons. "Observer's reactions to the 'innocent victim': compassion or rejection?", *Journal of Personality and Social Psychology*, 4, 1966, p.203-10.
17. Lener, "Evaluation of performance as a function of performer's reward and attractiveness".
18. Wendy Jean Harrod. "Expectations from unequal rewards", *Social Psychology Quarterly*, 43, n.1, mar 1980, p.126-30; Penni A. Stewart e James C. Moore Jr. "Wage disparities and performance expectations", *Social Psychology Quarterly*, 55, n.1, mar 1992, p.78-85; e Karen S. Cook. "Ex-

pectations, evaluations and equity", *American Sociological Review*, 40, n.3, jun 1975, p.372-88.

19. Lerner e Simmons, "Observer's reactions to the 'innocent victim'".

20. David L. Rosenhan. "On being sane in insane places", *Science*, 179, 19 jan 1973, p.237-55.

21. Elisha Y. Babad. "Some correlates of teachers' expectancy bias", *American Educational Research Journal*, 22, n.2, verão de 1985, p.175-83.

22. Eric Asimov. "Spirits of the times: a humble old label ices its rivals", *The New York Times*, 26 jan 2005.

23. Jonathan Calvert e Will Iredale. "Publishers toss Booker winners into the reject pile", *London Sunday Times*, 1º jan 2006.

24. Peter Doskoch. "The winning edge", *Psychology Today*, nov-dez 2005, p.44.

25. Rosenhan, "On being sane in insane places", p.243.

Sobre o autor

Leonard Mlodinow é, como todos nós, fruto do aleatório: foi pura sorte seu pai e sua mãe terem sobrevivido ao Holocausto e emigrado da Polônia para os Estados Unidos, onde se conheceram.

Doutor em física pela Universidade da Califórnia, Berkeley, foi professor no Instituto de Tecnologia da Califórnia e pesquisador no Instituto Max Planck, em Munique. Escreveu para a televisão, colaborando em séries famosas como *MacGyver* e *Jornada nas estrelas: a nova geração*, e criou games premiados, alguns deles com Steven Spielberg. Além de *O andar do bêbado* – best-seller com mais de 200 mil exemplares vendidos no Brasil –, entre seus livros destacam-se *Subliminar* e *Elástico*, todos publicados com enorme sucesso pela Zahar.

Por puro acaso, Mlodinow estava no World Trade Center na hora dos ataques terroristas do 11 de Setembro, e, também por puro acaso, sobreviveu.

Índice remissivo

Números de páginas a partir de 287 indicam referências; números de paginas em *itálico* indicam gráficos ou tabelas.

1ª EDIÇÃO [2011]
2ª EDIÇÃO [2018] 14 reimpressões

ESTA OBRA FOI COMPOSTA POR MARI TABOADA EM
META PRO E MINION PRO E IMPRESSA EM OFSETE PELA
GRÁFICA BARTIRA SOBRE PAPEL ALTA ALVURA DA SUZANO S.A.
PARA A EDITORA SCHWARCZ EM SETEMBRO DE 2025

FSC
www.fsc.org
MISTO
Papel | Apoiando o manejo florestal responsável
FSC® C105484

A marca FSC® é a garantia de que a madeira utilizada na fabricação do papel deste livro provém de florestas que foram gerenciadas de maneira ambientalmente correta, socialmente justa e economicamente viável, além de outras fontes de origem controlada.